苗大文　杜明成　赵　权　编著

从三角形五心
到勃罗卡点

中国科学技术大学出版社

内 容 简 介

本书共12章,前7章探讨三角形的重心、内心、垂心、外心、旁心五个心,简称三角形"五心",内容包括定义、性质、相互关系及心距.这些内容非常古典,作者尽可能兼顾古典韵味与现代风尚,并按一定的逻辑关联,使内容相对独立完整.重点还是这些问题的最新研究成果的介绍.

从第8章到第11章探讨了三角形的勃罗卡点,这些问题不过150年历史,不乏趣味性和新颖性,作者希望能对勃罗卡点常见问题做系统整理,使本书成为勃罗卡点问题的专门论述材料.第12章介绍了凸四边形的勃罗卡点和Yff点问题.

本书内容源于课本,高于课本,终于高考、竞赛.内容详细且独立,可读性强.一册在手,总揽三角形常见六心基本问题.本书可以作为竞赛教学的参考资料、强基计划考试的学习资料,也可供教师培训班参考使用.

图书在版编目(CIP)数据

从三角形五心到勃罗卡点/苗大文,杜明成,赵权编著. —合肥:中国科学技术大学出版社,2022.12

ISBN 978-7-312-05407-5

Ⅰ. 从…　Ⅱ. ① 苗…　② 杜…　③ 赵…　Ⅲ. 几何—研究　Ⅳ. O18

中国版本图书馆 CIP 数据核字(2022)第 040433 号

从三角形五心到勃罗卡点
CONG SANJIAOXING WU XIN DAO BOLUOKA DIAN

出版	中国科学技术大学出版社
	安徽省合肥市金寨路96号,230026
	http://press.ustc.edu.cn
	https://zgkxjsdxcbs.tmall.com
印刷	合肥市宏基印刷有限公司
发行	中国科学技术大学出版社
开本	710 mm×1000 mm　1/16
印张	17.75
字数	366 千
版次	2022 年 12 月第 1 版
印次	2022 年 12 月第 1 次印刷
定价	58.00 元

前　　言

　　三角形的巧合点通常指与三角形有关的三条直线恰好相交于一点的那个点.三角形有各种巧合点,常见的有三条中线的交点(三角形的重心)、三条内角平分线的交点(三角形的内心)、三条高的交点(三角形的垂心)、三条边的垂直平分线的交点(三角形的外心)、三条外角平分线的交点(三角形的旁心),统称三角形的"五心".这些"心"有各种性质和关系,与三角形的边与角有深刻而广泛的联系.

　　"五心"内容在初中数学中也有介绍,但是这些内容显得过于浅显,也不那么系统.在中考中也不是重点考查内容,导致中学生对"五心"的认识不充分,其直接后果是知识凌乱,概念混淆,在遇到许多涉及这些点的问题的时候,出现东拼西凑、错误百出等状况.所以,三角形的巧合点历来都是初高中教材的衔接内容,更是继续学习数学必须掌握的基础知识.

　　与"五心"相关的问题,是各类各级考试常见几何题的命题对象,更是几何学习很好的类比材料.本书从三角形的"五心"展开,对每一个巧合点提出最基本的定义,然后给出各种性质,目的是希望学习者对这些巧合点有一个系统的认识.

　　本书也是研究人员很好的参考资料,因为作者尽其所能对相关问题做了系统整理.

　　"五心"问题之后,也就是第 8 章到第 11 章,我们进入三角形的另一个巧合点——勃罗卡点(Brocard point)的内容.这个问题比较"年轻",却不如其他巧合点被人们所熟悉.正是因为如此,围绕勃罗卡点的命题,可以使得命题背景公平,于是逐渐被各种考试的命题者所青睐,进入了高考、强基计划考试、竞赛的命题范畴.因此本书内容具有很强的针对性,对参加高考、强基计划考试和竞赛的同学具有很好的参考价值.

本书的第 12 章介绍了凸四边形的勃罗卡点和 Yff 点问题,这是一个有待开发的丰富宝藏,极富挑战性,希望能给读者带来启发.

读者在阅读中不应该囿于本书所采用的方法,也不应该局限于书中研究的问题,应该勇敢地提出问题,并尝试解决问题,相信自己在三角形知识的宝库中也能发现和证明所提出的问题,努力构建自己的知识系统.独立思考,是学习数学的优良品质之一.

作者研究这个问题历经数十年,本书是在对讲义材料不断完善的基础上形成的,所引用资料的详细标注多有遗失,所以书后所列的参考文献难免有遗漏,这并非作者的原意.在此向所有被引用的作者提出特别感谢,是你们的研究成果,才使得本书内容翔实而丰富.

祝你有一个愉快的阅读体验,欢迎你进入一个绚丽多彩的三角形巧合点的世界.

本书成书时间仓促,谬误在所难免,欢迎读者批评指正.

编　者

2022 年 11 月

符号、记法说明

本书采用如下通用符号、记法:

(1) $\triangle ABC$ 的三边 BC,CA,AB 分别用 a,b,c 表示;三个角分别用 A,B,C 表示.

(2) $\triangle ABC$ 的面积用 $\triangle$ 表示;半周长用 p 表示,$p = \dfrac{a+b+c}{2}$.

(3) $\triangle ABC$ 边 a 上的高用 h_a 表示;同理有 h_b,h_c.

(4) a 边上的中线长为 m_a;同理有 m_b,m_c.

(5) A 角平分线的长为 ω_a;同理有 ω_b,ω_c.

(6) $\triangle ABC$ 的外接圆半径用 R 表示;内切圆半径用 r 表示.

(7) a 边对应的旁切圆半径用 r_a 表示;同理有 r_b,r_c.

(8) $\triangle ABC$ 的重心用 G 表示,外心用 O 表示,垂心用 H 表示,内心用 I 表示;三边 BC,CA,AB 对应的旁心分别用 I_a,I_b,I_c 表示;(正)勃罗卡点(Brocard point)用 P 表示,(负)勃罗卡点用 Q 表示,勃罗卡角用 α 表示.

(9) 符号 2.1 表示第 2 章第 1 节,2.1(9)指第 2 章第 1 节的第(9)个结论,而 2.1(9)②指第 2 章第 1 节第(9)个结论中的②$\Big($即② $3r \leqslant d_G \leqslant \dfrac{3R}{2}\Big)$.

(10) 图 11.2(3)表示第 11 章第 2 节的第 3 个图.

目　　录

第1章 预备知识

这一章我们学习预备知识,为后面的学习做好知识上的准备.以后用到时将直接引用.如果这部分内容读者熟悉,可以跳过去,直接阅读后面的内容.作者认为,按顺序读下去会更好.

1.1 平均不等式与两个重要不等式

量与量之间除了相等关系外,还有不等关系.任意两个实数 a 与 b 一定存在下列三个关系之一:

$$a > b \iff a - b > 0;$$
$$a < b \iff a - b < 0;$$
$$a = b \iff a - b = 0.$$

上述不等式中的前两个不等式,实际上给出了证明不等式的原理和方法,也就是"作差法"比较原理.也有人叫"差比法"比较原理.

对任意两个实数 a, b,显然有 $a^2 + b^2 - 2ab = (a-b)^2$,而 $(a-b)^2 \geqslant 0$,所以 $a^2 + b^2 - 2ab \geqslant 0$,即 $a^2 + b^2 \geqslant 2ab$,于是:

> (1) 对任意 $a, b \in \mathbf{R}$,都有 $a^2 + b^2 \geqslant 2ab$,等号当且仅当 $a = b$ 时成立.

因为对任意 $a, b \in \mathbf{R}$,有 $a^2 + b^2 \geqslant 2ab$,所以两边都加上 $a^2 + b^2$,得 $(a+b)^2 \leqslant 2(a^2 + b^2)$,两边除以 4,得 $\left(\dfrac{a+b}{2}\right)^2 \leqslant \dfrac{a^2 + b^2}{2}$.

另一方面,注意到 $a^2 + b^2 \geqslant 2ab$, $b^2 + c^2 \geqslant 2bc$, $c^2 + a^2 \geqslant 2ca$,三式相加,得 $a^2 + b^2 + c^2 \geqslant ab + bc + ca$.显然,等号当且仅当 $a = b = c$ 时成立.继续由 $a^2 + b^2 + c^2 \geqslant ab + bc + ca$,两边乘以 2,得

$$2(a^2 + b^2 + c^2) \geqslant 2ab + 2bc + 2ca,$$

两边再加上 $a^2 + b^2 + c^2$,得

$$3(a^2 + b^2 + c^2) \geqslant (a^2 + b^2 + c^2) + 2ab + 2bc + 2ca = (a + b + c)^2$$
$$\geqslant 3(ab + bc + ca).$$

因为 $3(a^2+b^2+c^2)\geqslant(a+b+c)^2$，所以两边除以 9 再开平方，得

$$\frac{a+b+c}{3}\leqslant\sqrt{\frac{a^2+b^2+c^2}{3}},$$

等号显然当且仅当 $a=b=c$ 时成立.

由此可得到以下结论：

> (2) 对任意 $a,b,c\in\mathbf{R}$，有
>
> ① $(a+b)^2\leqslant2(a^2+b^2)$，等号当且仅当 $a=b$ 时成立；
>
> ② $\left(\dfrac{a+b}{2}\right)^2\leqslant\dfrac{a^2+b^2}{2}$，等号当且仅当 $a=b$ 时成立；
>
> ③ $a^2+b^2+c^2\geqslant ab+bc+ca$，等号当且仅当 $a=b=c$ 时成立；
>
> ④ $3(a^2+b^2+c^2)\geqslant(a+b+c)^2\geqslant3(ab+bc+ca)$，等号当且仅当 $a=b=c$ 时成立；
>
> ⑤ $\dfrac{a+b+c}{3}\leqslant\sqrt{\dfrac{a^2+b^2+c^2}{3}}$，等号当且仅当 $a=b=c$ 时成立.

当 a,b 为正数时，将(1)中的 a,b 换成 $\sqrt{a},\sqrt{b}(a,b>0)$，则有 $\dfrac{a+b}{2}\geqslant\sqrt{ab}$，等号当且仅当 $a=b$ 时成立.

直接将两个正数 $\dfrac{x}{y},\dfrac{y}{x}$ 代入 $\dfrac{a+b}{2}\geqslant\sqrt{ab}$，得 $\dfrac{x}{y}+\dfrac{y}{x}\geqslant2\sqrt{\dfrac{x}{y}\cdot\dfrac{y}{x}}=2$，等号当且仅当 $\dfrac{x}{y}=\dfrac{y}{x}\Leftrightarrow x=y$ 时成立.

由 $x+y\geqslant2\sqrt{xy}$，$\dfrac{1}{x}+\dfrac{1}{y}\geqslant2\sqrt{\dfrac{1}{x}\cdot\dfrac{1}{y}}$，两式相乘，得 $(x+y)\left(\dfrac{1}{x}+\dfrac{1}{y}\right)\geqslant4$.

于是对正数 a,b，有下列结论：

> (3) 当 $a,b>0$ 时，有
>
> ① $\dfrac{a+b}{2}\geqslant\sqrt{ab}$，等号当且仅当 $a=b$ 时成立；
>
> ② $\dfrac{a}{b}+\dfrac{b}{a}\geqslant2$，等号当且仅当 $a=b$ 时成立；
>
> ③ $(a+b)\left(\dfrac{1}{a}+\dfrac{1}{b}\right)\geqslant4$，等号当且仅当 $a=b$ 时成立.

同样，当 a,b 是正数时，对(2)中的②两边开平方可得 $\dfrac{a+b}{2}\leqslant\sqrt{\dfrac{a^2+b^2}{2}}$，等号当且仅当 $a=b$ 时成立；而不等式 $\dfrac{1}{a}+\dfrac{1}{b}\geqslant2\sqrt{\dfrac{1}{a}\cdot\dfrac{1}{b}}$ 显然成立，即 $\sqrt{ab}$

$$\geqslant \frac{2}{\dfrac{1}{a}+\dfrac{1}{b}}.$$

于是,结合(3)得:

> (4) 当 $a,b>0$ 时,有 $\dfrac{2}{\dfrac{1}{a}+\dfrac{1}{b}} \leqslant \sqrt{ab} \leqslant \dfrac{a+b}{2} \leqslant \sqrt{\dfrac{a^2+b^2}{2}}$,等号当且仅当 $a=b$ 时成立.

在(3)中,$\dfrac{a+b}{2},\sqrt{ab},\sqrt{\dfrac{a^2+b^2}{2}},\dfrac{2}{\dfrac{1}{a}+\dfrac{1}{b}}$ 分别叫 a,b 的算数平均、几何平均、平方平均、调和平均.

(3)①又叫算术平均-几何平均不等式,简称平均不等式.(4)反映了各种平均之间的关系,可以用图 1.1(1)所示的数轴(设 $a>b$)来刻画它们的几何直观(它们为什么都在 a,b 之间呢? 请读者思考).

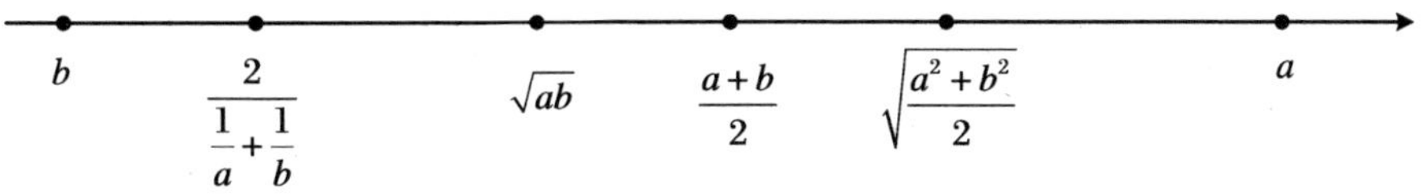

图 1.1(1)

对于三个正实数 a,b,c,也有类似于(3)的那些不等式.下面的演算看上去有点难度,实际上还是大小比较中的作差、分解、判断"三部曲",其中用到了两数和的立方公式、两数的立方和公式以及配方手段.

因为

$$a^3 + b^3 + c^3 - 3abc$$
$$= (a^3 + 3a^2b + 3ab^2 + b^3) + c^3 - 3a^2b - 3ab^2 - 3abc$$
$$= (a+b)^3 + c^3 - 3ab(a+b+c)$$
$$= [(a+b)+c][(a+b)^2 - (a+b)c + c^2] - 3ab(a+b+c)$$
$$= (a+b+c)(a^2 + b^2 + c^2 - ab - bc - ca),$$

又 $a+b+c>0$,再由(2)③知 $a^2+b^2+c^2 \geqslant ab+bc+ca$,即 $a^2+b^2+c^2-ab-bc-ca \geqslant 0$,所以 $a^3+b^3+c^3-3abc \geqslant 0$,故得到如下结论:

> (5) 设 $a,b,c>0$,则 $a^3+b^3+c^3 \geqslant 3abc$,等号当且仅当 $a=b=c$ 时成立.

用 $\sqrt[3]{a},\sqrt[3]{b},\sqrt[3]{c}$ 分别替换(5)中的 a,b,c,得 $a+b+c \geqslant 3\sqrt[3]{abc}$.

将三个正数 $\sqrt[3]{\dfrac{b}{a}},\sqrt[3]{\dfrac{c}{b}},\sqrt[3]{\dfrac{a}{c}}$ 代入(5)中的不等式,显然有 $\dfrac{b}{a}+\dfrac{c}{b}+\dfrac{a}{c}\geqslant 3$.

又

$$a+b+c\geqslant 3\sqrt[3]{abc},$$

$$\frac{1}{a}+\frac{1}{b}+\frac{1}{c}\geqslant 3\sqrt[3]{\frac{1}{a}\cdot\frac{1}{b}\cdot\frac{1}{c}},$$

故两式相乘,得

$$(a+b+c)\left(\frac{1}{a}+\frac{1}{b}+\frac{1}{c}\right)\geqslant 9,$$

等号当且仅当 $a=b=c$ 且 $\dfrac{1}{a}=\dfrac{1}{b}=\dfrac{1}{c}$,即 $a=b=c$ 时成立.

于是,得到下述结论:

---

(6) 设 $a,b,c>0$,则

① $\dfrac{a+b+c}{3}\geqslant\sqrt[3]{abc}$,等号当且仅当 $a=b=c$ 时成立;

② $\dfrac{b}{a}+\dfrac{c}{b}+\dfrac{a}{c}\geqslant 3$,等号当且仅当 $a=b=c$ 时成立;

③ $(a+b+c)\left(\dfrac{1}{a}+\dfrac{1}{b}+\dfrac{1}{c}\right)\geqslant 9$,等号当且仅当 $a=b=c$ 时成立.

---

(5)也可以写成:当 $a,b,c>0$ 时,$a+b+c\geqslant 3\sqrt[3]{abc}$ 或 $abc\leqslant\left(\dfrac{a+b+c}{3}\right)^3$,等号当且仅当 $a=b=c$ 时成立,应用时各有所取.

不等式(6)①叫三个正数 a,b,c 的平均不等式.

一般地,对 $n(n\geqslant 2)$ 个正数 $a_i(i=1,2,\cdots,n)$,$A=\dfrac{a_1+a_2+\cdots+a_n}{n}$ 叫算数平均,$G=\sqrt[n]{a_1a_2\cdots a_n}$ 叫几何平均.不等式 $A\geqslant G$ 也是成立的,这里略去证明过程.

以下不等式叫柯西不等式,在本书中有多次应用.

---

(7) (柯西不等式)对两组数 $a_1,a_2,\cdots,a_n;b_1,b_2,\cdots,b_n$,有

$$\left(\sum_{i=1}^{n}a_ib_i\right)^2\leqslant\left(\sum_{i=1}^{n}a_i^2\right)\left(\sum_{i=1}^{n}b_i^2\right),$$

等号当且仅当 $\dfrac{a_i}{b_i}=c(i=1,2,\cdots,n)$ 时成立.

证明 先对两组数 $a_1,a_2;b_1,b_2$,证明柯西不等式.

对熟悉平面向量的读者来说,可设 $\boldsymbol{m}=(a_1,a_2),\boldsymbol{n}=(b_1,b_2)$.

因为 $|\pmb{m}\cdot\pmb{n}|=|\,|\pmb{m}|\,|\pmb{n}|\cos\theta\,|\leqslant|\pmb{m}|\,|\pmb{n}|$，即 $|\pmb{m}\cdot\pmb{n}|\leqslant|\pmb{m}|\,|\pmb{n}|$，所以通常写成下面的形式：

$$(a_1b_1+a_2b_2)^2\leqslant(a_1^2+a_2^2)(b_1^2+b_2^2).$$

一般性的证明：一般地，对于 $a_1,a_2,\cdots,a_n$ 与 $b_1,b_2,\cdots,b_n$，因为 $\forall x\in\mathbf{R}$，显然有

$$(a_1x-b_1)^2+(a_2x-b_2)^2+\cdots+(a_nx-b_n)^2\geqslant 0,$$

即 $\forall x\in\mathbf{R}$，

$$(a_1^2+a_2^2+\cdots+a_n^2)x^2-2(a_1b_1+a_2b_2+\cdots+a_nb_n)x+(b_1^2+b_2^2+\cdots+b_n^2)$$
$$\geqslant 0$$

恒成立，所以

$$\Delta=[-2(a_1b_1+a_2b_2+\cdots+a_nb_n)]^2$$
$$-4(a_1^2+a_2^2+\cdots+a_n^2)(b_1^2+b_2^2+\cdots+b_n^2)\leqslant 0,$$

即

$$(a_1b_1+\cdots+a_nb_n)^2\leqslant(a_1^2+\cdots+a_n^2)(b_1^2+\cdots+b_n^2).$$

上述不等式是一般形式的柯西不等式，其等号当且仅当 $\dfrac{a_i}{b_i}=c\,(i=1,2,\cdots,n)$ 时成立.

> (8)（排序不等式）对两组实数 $a_1\leqslant a_2\leqslant a_3$；$b_1\leqslant b_2\leqslant b_3$，而 b_{j_1},b_{j_2},b_{j_3} 是 b_1,b_2,b_3 的任意一个排列，则有不等式
> $$a_1b_1+a_2b_2+a_3b_3\geqslant a_1b_{j_1}+a_2b_{j_2}+a_3b_{j_3}\geqslant a_1b_3+a_2b_2+a_3b_1,$$
> 其中，$a_1b_1+a_2b_2+a_3b_3$ 叫正序和，$a_1b_{j_1}+a_2b_{j_2}+a_3b_{j_3}$ 叫乱序和，$a_1b_3+a_2b_2+a_3b_1$ 叫反序和.

显然，上面所说的顺序是指 b_1,b_2,b_3 的顺序，而 a_1,a_2,a_3 顺序一定（增大顺序）；排序不等式可以说是"正序和 $\geqslant$ 乱序和 $\geqslant$ 反序和". 上述(8)是对三个数的两数组的不等式，可以推广到 $n\,(n\geqslant 2,n\in\mathbf{N}^*)$ 个.

定理的理解与证明：在 $a_1\leqslant a_2\leqslant\cdots\leqslant a_n$ 与 $b_{j_1}\leqslant b_{j_2}\leqslant\cdots\leqslant b_{j_n}$ 中，考察 $a_k\leqslant a_{k+1}$，$b_{j_k}\leqslant b_{j_{k+1}}$，显然 $(a_k-a_{k+1})(b_{j_k}-b_{j_{k+1}})\geqslant 0$，即

$$a_kb_{j_k}+a_{k+1}b_{j_{k+1}}\geqslant a_kb_{j_{k+1}}+a_{k+1}b_{j_k}.$$

这个式子的意义是在 $a_kb_{j_{k+1}}+a_{k+1}b_{j_k}$ 中，当 $a_k\leqslant a_{k+1}$ 时，调整 $b_{j_{k+1}},b_{j_k}$ 顺序，如果 $b_{j_k}\leqslant b_{j_{k+1}}$，则乘积变大. 由此可知，当 $a_1\leqslant a_2\leqslant\cdots\leqslant a_n$ 时，逐步调整 $b_1,b_2,\cdots,b_n$ 的顺序（从小到大），和 $\sum' a_ib_{j_k}$ 变大.

下面给出三个例题，让我们体会一下如何应用上面的不等式.

例 1 设 a,b,c 是三角形的三边，证明：
$$3(bc+ca+ab)\leqslant(a+b+c)^2<4(bc+ca+ab).$$

证明 一方面,利用(2),因为

$$(a + b + c)^2 = (a^2 + b^2 + c^2) + 2ab + 2bc + 2ca$$
$$\geqslant ab + bc + ca + 2ab + 2bc + 2ca$$
$$= 3(ab + bc + ca),$$

所以 $3(bc + ca + ab) \leqslant (a + b + c)^2$ 证毕.

另一方面,因为 a, b, c 为三边,所以

$$|b - c| < a, \quad |c - a| < b, \quad |a - b| < c,$$

平方得

$$(b - c)^2 < a^2, \quad (c - a)^2 < b^2, \quad (a - b)^2 < c^2,$$

相加得

$$2(a^2 + b^2 + c^2 - ab - bc - ca) < a^2 + b^2 + c^2,$$

即

$$a^2 + b^2 + c^2 < 2(bc + ca + ab),$$

两边再加上 $2ab + 2bc + 2ca$,得

$$(a + b + c)^2 < 4(bc + ca + ab).$$

综上所述,不等式证毕.

例 2 设 a, b, c 是三角形的三边,证明:

$$\frac{3}{2} \leqslant \frac{a}{b + c} + \frac{b}{c + a} + \frac{c}{a + b} < 2.$$

证明 利用(6)③,对 $x, y, z > 0$,有

$$(x + y + z)\left(\frac{1}{x} + \frac{1}{y} + \frac{1}{z}\right) \geqslant 9.$$

令 $x = a + b, y = b + c, z = c + a$,则上式变为

$$[(a + b) + (b + c) + (c + a)]\left(\frac{1}{a + b} + \frac{1}{b + c} + \frac{1}{c + a}\right) \geqslant 9,$$

即

$$2(a + b + c)\left(\frac{1}{a + b} + \frac{1}{b + c} + \frac{1}{c + a}\right) \geqslant 9$$

$$\Rightarrow \quad \frac{a + b + c}{a + b} + \frac{a + b + c}{b + c} + \frac{a + b + c}{c + a} \geqslant \frac{9}{2}$$

$$\Rightarrow \quad 1 + \frac{c}{a + b} + 1 + \frac{a}{b + c} + 1 + \frac{b}{c + a} \geqslant \frac{9}{2},$$

亦即 $\dfrac{a}{b + c} + \dfrac{b}{c + a} + \dfrac{c}{a + b} \geqslant \dfrac{3}{2}$,等号当且仅当 $a = b = c$,即为正三角形时成立.

另一方面,因为 $b + c > a$,所以 $2(b + c) > a + b + c$,即

$$\frac{1}{b + c} < \frac{2}{a + b + c} \quad \Rightarrow \quad \frac{a}{b + c} < \frac{2a}{a + b + c},$$

同理

$$\frac{b}{c+a} < \frac{2b}{a+b+c}, \quad \frac{c}{a+b} < \frac{2c}{a+b+c}.$$

相加得 $\dfrac{a}{b+c} + \dfrac{b}{c+a} + \dfrac{c}{a+b} < 2.$

综上所述,原不等式证毕.

例 3　已知 $5x_1 + 6x_2 - 7x_3 + 4x_4 = 1$,求 $u = 3x_1^2 + 2x_2^2 + 5x_3^2 + x_4^2$ 的最小值.

解　因为

$$1^2 = (5x_1 + 6x_2 - 7x_3 + 4x_4)^2$$

$$= \left(\frac{5}{\sqrt{3}} \cdot \sqrt{3}x_1 + \frac{6}{\sqrt{2}} \cdot \sqrt{2}x_2 + \frac{-7}{\sqrt{5}} \cdot \sqrt{5}x_3 + 4 \cdot x_4 \right)^2$$

$$\leqslant \left[\left(\frac{5}{\sqrt{3}}\right)^2 + \left(\frac{6}{\sqrt{2}}\right)^2 + \left(\frac{-7}{\sqrt{5}}\right)^2 + 4^2 \right] \left[(\sqrt{3}x_1)^2 + (\sqrt{2}x_2)^2 + (\sqrt{5}x_3)^2 + x_4^2 \right]$$

$$= \frac{782}{15} \cdot u,$$

所以 $u \geqslant \dfrac{15}{782}$,$u$ 取得最小值时,当且仅当

$$\frac{\frac{5}{\sqrt{3}}}{\sqrt{3}x_1} = \frac{\frac{6}{\sqrt{2}}}{\sqrt{2}x_2} = \frac{\frac{-7}{\sqrt{5}}}{\sqrt{5}x_3} = \frac{4}{x_4} \Leftrightarrow \frac{5}{3x_1} = \frac{6}{2x_2} = \frac{-7}{5x_3} = \frac{4}{x_4}, \tag{①}$$

且

$$5x_1 + 6x_2 - 7x_3 + 4x_4 = 1. \tag{②}$$

满足式①、式②的解显然存在(这里略去解答过程).

所以 $u_{\min} = \dfrac{15}{782}.$

1.2　三角形边、角的基本关系

正余弦定理刻画了三角形的边角关系,还有一些看起来简单的关系,也是我们在阅读本书的过程中必须掌握的知识.

不是任意三条线段都可以围成一个三角形的,能够围成三角形是有条件的.

三角形有三条边 a, b, c 以及三个角 A, B, C,共六个基本元素(图 1.2(1)).在给定的 $\triangle ABC$ 中,因为在平面上两点 B, C 之间的连线中,以线段 BC 最短,所以 $AB + AC > BC$,即 $c + b > a$.同理,$a + b > c, c + a > b$.而在任意一个三角形中,三个角的和永远是 $180°$.于是下列结论显然成立:

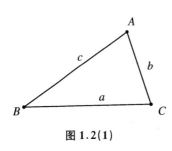

图 1.2(1)

① $\begin{cases} a+b>c \\ b+c>a\,; \\ c+a>b \end{cases}$

② $A+B+C=180°$；

③ $A>B \Leftrightarrow a>b$（大边对大角）.

②即三角形内角和定理,而③就是所谓的大边对大角.显然有正弦定理(后面会有论述)：$a>b \Leftrightarrow A>B \Leftrightarrow \sin A>\sin B$.

若 a,b,c 为三条边,则有 $a+b-c>0,b+c-a>0,c+a-b>0$.

令 $k=pa^2+qb^2-pqc^2$,其中 $p+q=1$,所以 $q=1-p$,$k=c^2p^2+(a^2-b^2-c^2)p+b^2$,对于右端关于 p 的二次三项式,其判别式为

$$\Delta=(a^2-b^2-c^2)^2-4b^2c^2$$
$$=(a+b+c)(a-b+c)(a+b-c)(a-b-c)<0.$$

所以 $k>0$,即 $pa^2+qb^2>pqc^2$.

上述证明表明,若 a,b,c 为三条边,则存在实数 p,q 且 $p+q=1$,使得 $pa^2+qb^2>pqc^2$.

反之,我们证明：若存在实数 p,q 且 $p+q=1$,使得 $pa^2+qb^2>pqc^2$ 成立,则三个数 a,b,c 可以构成三角形.

显然要证明这个结论,只要证明 $a+b-c>0,b+c-a>0,c+a-b>0$ 即可.

事实上,对满足 $p+q=1$ 的 p,q,使得 $pa^2+qb^2-pqc^2>0$,将 $q=1-p$ 代入,则存在 p 使得 $c^2p^2+(a^2-b^2-c^2)p+b^2>0$,$p$ 是任意实数,所以

$$\Delta=(a+b+c)(a-b+c)(a+b-c)(a-b-c)<0$$
$$\Leftrightarrow (a+b-c)(b+c-a)(c+a-b)>0.$$

上式不可能有两项为负,比如,若 $a+b-c<0,b+c-a<0$,相加知 $b<0$,不可能.因此,当 $(a+b-c)(b+c-a)(c+a-b)>0$ 时,一定有 $a+b-c>0$,$b+c-a>0,c+a-b>0$.于是,a,b,c 可以构成三角形.这就证明了下述结论中的②.

---

(1) ① 三条长为 a,b,c 的线段可以围成一个三角形 $\Leftrightarrow \begin{cases} a+b>c \\ b+c>a\,; \\ c+a>b \end{cases}$

② 正数 a,b,c 可以构成一个三角形 $\Leftrightarrow$ 存在实数 p,q,$p+q=1$,使得 $pa^2+qb^2>pqc^2$.

结论①简单而不平凡；而②给出了三个正数可以构成一个三角形的一个条件.我们给出以下几个性质：

（2）设点 P 是 $\triangle ABC$ 内一点,则有 $AB + AC > PB + PC$.

证明　因为点 P 在 $\triangle ABC$ 内,所以延长 BP 交 AC 于点 D,如图 1.2(2)所示,则

$$AB + AC = AB + AD + DC > BD + DC = BP + PD + DC > BP + PC.$$

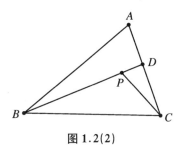

图 1.2(2)

（3）在 $\triangle ABC$ 中,D 为 BC 边上的中点,AD 是中线,则

① $\dfrac{1}{2}|AB - AC| < AD < \dfrac{1}{2}(AB + AC)$;

② 若 AD,BE,CF 是 $\triangle ABC$ 的三条中线,则 $AD + BE + CF < AB + BC + CA$.

证明　延长 AD 到点 A',使得 $AA' = 2AD$,如图 1.2(3)所示.因为四边形 $ABA'C$ 是平行四边形,所以在 $\triangle AA'C$ 中,$|AB - AC| < AA' < AB + AC$,即 $|AB - AC| < 2AD < AB + AC$.①证毕.

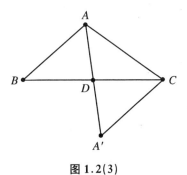

图 1.2(3)

由①可知 $AD < \dfrac{1}{2}(AB + AC)$,$BE < \dfrac{1}{2}(BA + BC)$,$CF < \dfrac{1}{2}(CA + CB)$,相加得②.

我们知道 AD 是 $\triangle ABC$ 的中线,而(3)给出了中线 AD 长度与边长的一个基本关系.

(4) 设 a,b,c 是一个三角形的三条边.

① 当常数 $k \geqslant 0$ 时,设 $a' = a + kb, b' = b + kc, c' = c + ka$,证明: a', b', c' 可以围成一个三角形;

② 设 $a' = a^2 + bc, b' = b^2 + ca, c' = c^2 + ab$,证明: a', b', c' 可以围成一个三角形.

证明 (1) $k = 0$ 显然.由题意得

$$
\begin{aligned}
a' + b' - c' &= a + kb + b + kc - (c + ka) \\
&= k(b + c - a) + (a + b - c),
\end{aligned}
$$

因为 $a + b - c > 0, b + c - a > 0, k > 0$,所以 $a' + b' > c'$.

同理可证,$b' + c' > a', c' + a' > b'$.证毕.

(2) 因为 $a + b > c$ 以及基本不等式,所以

$$
\begin{aligned}
a' + b' &= a^2 + bc + b^2 + ca = a^2 + b^2 + c(a + b) \geqslant 2ab + c(a + b) \\
&> ab + c(a + b) > ab + cc = c^2 + ab = c',
\end{aligned}
$$

即 $a' + b' > c'$.

同理可证,$b' + c' > a', c' + a' > b'$.证毕.

(5) 在 $\triangle ABC$ 中,$\sin A, \sin B, \sin C$ 以及 $\sqrt{\sin A}, \sqrt{\sin B}, \sqrt{\sin C}$ 均可以构成三角形.

证明 因为由正弦定理(下面的(6))知

$$
\sin A + \sin B = \frac{a}{2R} + \frac{b}{2R} = \frac{1}{2R}(a + b) > \frac{1}{2R} \cdot c = \sin C,
$$

所以 $\sin A + \sin B > \sin C$.同理,$\sin B + \sin C > \sin A, \sin C + \sin A > \sin B$,即 $\sin A, \sin B, \sin C$ 可以构成三角形.显然该三角形与原三角形相似.

因为

$$
\begin{aligned}
(\sqrt{\sin A} + \sqrt{\sin B})^2 &= \sin A + \sin B + 2\sqrt{\sin A}\sqrt{\sin B} \\
&> \sin A + \sin B > \sin C,
\end{aligned}
$$

所以 $\sqrt{\sin A} + \sqrt{\sin B} > \sqrt{\sin C}$.同理,$\sqrt{\sin B} + \sqrt{\sin C} > \sqrt{\sin A}$,$\sqrt{\sin C} + \sqrt{\sin A} > \sqrt{\sin B}$,即 $\sqrt{\sin A}, \sqrt{\sin B}, \sqrt{\sin C}$ 可以构成三角形.

注意,实际上可以证明:对任意 $n \in \mathbf{N}(n \geqslant 2)$,$\sqrt[n]{\sin A}, \sqrt[n]{\sin B}, \sqrt[n]{\sin C}$ 都可以构成三角形.

(6) 在 $\triangle ABC$ 中,证明:

① $\dfrac{a}{\sin A} = \dfrac{b}{\sin B} = \dfrac{c}{\sin C} = 2R$($R$ 是 $\triangle ABC$ 的外接圆半径)(正弦定理);

> ② $a^2 = b^2 + c^2 - 2bc\cos A$，$b^2 = c^2 + a^2 - 2ca\cos B$，$c^2 = a^2 + b^2 - 2ab\cos C$（余弦定理）；
>
> ③ $c\cos B + b\cos C = a$，$b\cos A + a\cos B = c$，$a\cos C + c\cos A = b$（射影定理）.

证明 ① 如图 1.2(4)所示，AD 为直径，在 Rt$\triangle ACD$ 中，$\sin B = \sin D = \dfrac{b}{2R}$，即 $\dfrac{b}{\sin B} = 2R$. 同理，$\dfrac{a}{\sin A} = 2R$，$\dfrac{c}{\sin C} = 2R$（钝角情形也是正确的）.

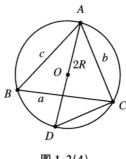

图 1.2(4)

② 在$\triangle ABC$ 中，$\overrightarrow{BC} = \overrightarrow{AC} - \overrightarrow{AB}$，则
$$\overrightarrow{BC}^2 = (\overrightarrow{AC} - \overrightarrow{AB})^2 = \overrightarrow{AC}^2 + \overrightarrow{AB}^2 - 2\,\overrightarrow{AC} \cdot \overrightarrow{AB}\cos A,$$
即 $a^2 = b^2 + c^2 - 2bc\cos A$. 同理可证其他两个.

③
$$c\cos B + b\cos C = 2R\sin C\cos B + 2R\sin B\cos C$$
$$= 2R\sin(C + B) = 2R\sin A = a.$$
同理可证其他两个.

注意，结论(6)中的三个结论，都反映了三角形边与角的基本关系. 在三角形问题的解决中，都可以直接应用. 余弦定理是勾股定理的推广.

利用上述结论(6)中的余弦定理，可以证明下述结论，这个结论表明满足余弦定理的三个正数和三个正角，就是三角形的三条边和三个角.

> (7) ① 设 a,b,c 是三条线段，A,B,C 是三个正角，若满足关系
> $$\begin{cases} a^2 = b^2 + c^2 - 2bc\cos A \\ b^2 = c^2 + a^2 - 2ca\cos B, \\ c^2 = a^2 + b^2 - 2ab\cos C \end{cases}$$
> 证明：a,b,c 可以围成一个三角形，且三个内角就是 A,B,C；
>
> ② 用余弦定理证明正弦定理.

证明 ① 因为 $|\cos A| < 1$，所以

$$a^2 = b^2 + c^2 - 2bc\cos A < b^2 + c^2 + 2bc = (b+c)^2,$$

即 $a < b + c$. 同理，$b < a + c$，$c < a + b$. 由余弦定理知这个三角形的三个角就是 A，B，C.

② 注意到当 $p = \dfrac{a+b+c}{2}$ 时，$p - a = \dfrac{a+b+c}{2} - a = \dfrac{b+c-a}{2}$，同理可得 $p - b$，$p - c$. 因为

$$\left(\frac{a}{\sin A}\right)^2 = \frac{a^2}{1-\cos^2 A} = \frac{a^2}{1 - \left(\dfrac{b^2+c^2-a^2}{2bc}\right)^2} = \frac{4a^2b^2c^2}{(2bc)^2 - (b^2+c^2-a^2)^2}$$

$$= \frac{4a^2b^2c^2}{[2bc + (b^2+c^2-a^2)][2bc - (b^2+c^2-a^2)]}$$

$$= \frac{4a^2b^2c^2}{[(b+c)^2 - a^2][a^2 - (b-c)^2]}$$

$$= \frac{4a^2b^2c^2}{(a+b+c)(b+c-a)(a+b-c)(a+c-b)}$$

$$= \frac{4a^2b^2c^2}{16p(p-a)(p-b)(p-c)} = \frac{4a^2b^2c^2}{16\Delta^2} = 4\left(\frac{abc}{4\Delta}\right)^2 = 4R^2,$$

所以 $\dfrac{a}{\sin A} = 2R$. 同理可证，$\dfrac{b}{\sin B} = 2R$，$\dfrac{c}{\sin C} = 2R$. 正弦定理证毕.

上述证明用到了下一节结论(3)，(4)中的公式. 同理，由正弦定理也可以证明余弦定理. 请读者自己思考.

> (8) 在 $\triangle ABC$ 中，有
> $$b^2 + c^2 - a^2 > 0 \quad \Leftrightarrow \quad A \text{ 为锐角};$$
> $$b^2 + c^2 - a^2 < 0 \quad \Leftrightarrow \quad A \text{ 为钝角};$$
> $$b^2 + c^2 - a^2 = 0 \quad \Leftrightarrow \quad A \text{ 为直角}.$$

结论(8)给出了判断一个内角是钝角(锐角、直角)的方法.

作为应用，我们用余弦定理证明平行四边形中的一个非常重要的结论：

> (9) 设 $ABCD$ 是平行四边形(图 1.2(5))，则
> $$AC^2 + BD^2 = 2(AB^2 + BC^2).$$

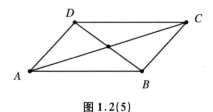

图 1.2(5)

证明 在 $\triangle ABC$ 中,
$$AC^2 = AB^2 + BC^2 - 2AB \cdot BC \cos\angle ABC.$$
同理,
$$BD^2 = AB^2 + AD^2 - 2AB \cdot AD \cos\angle BAD.$$

因为 $\cos\angle ABC + \cos\angle BAD = 0$,所以将以上两式相加,并注意 $BC = AD$,即得结果.

1.3 三角形面积公式和三角形的外接圆及内切圆半径

三角形面积的计算方法有很多,下面的公式估计是我们最早学习的三角形面积公式了.

> (1) $S_{\triangle ABC} = \dfrac{1}{2}ah_a = \dfrac{1}{2}bh_b = \dfrac{1}{2}ch_c$.

结论(1)表明,要计算三角形的高,用面积法是比较明智的.

如图 1.3(1) 和图 1.3(2) 所示,不论 C 是锐角、钝角还是直角,都有 $h_a = c\sin B = b\sin C$,因此 $S_{\triangle ABC} = \dfrac{1}{2}ac\sin B = \dfrac{1}{2}ab\sin C$.同理,$S_{\triangle ABC} = \dfrac{1}{2}bc\sin A$.这表明,三角形面积可以用两边及其夹角正弦乘积的一半表示.于是得到如下的结论:

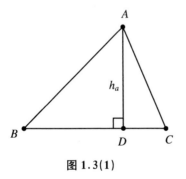

图 1.3(1)

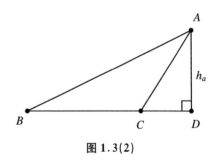

图 1.3(2)

> (2) ① $S_{\triangle ABC} = \dfrac{1}{2}ac\sin B = \dfrac{1}{2}ab\sin C = \dfrac{1}{2}bc\sin A$;
>
> ② 对于一般的(凸)四边形 $ABCD$,两条对角线 AC,BD 的夹角为 θ(锐角或直角),则四边形的面积为 $\dfrac{1}{2}AC \cdot BD\sin\theta$.

可以先画出四边形 $ABCD$,对角线将四边形分成四个三角形,分别用(2)①,然后相加得到上述②.这是常用的四边形面积的求法.

由正弦定理知 $a = 2R\sin A$,$b = 2R\sin B$,$c = 2R\sin C$,将其代入 $S_{\triangle ABC} = \frac{1}{2}ab\sin C$,得到 $S_{\triangle ABC} = 2R^2\sin A\sin B\sin C$.又因 $\sin A = \frac{a}{2R}$,$\sin B = \frac{b}{2R}$,$\sin C = \frac{c}{2R}$,所以 $S_{\triangle ABC} = \frac{1}{2}ab\sin C = \frac{1}{2}ab \cdot \frac{c}{2R} = \frac{abc}{4R}$,即有以下结论:

$$(3)\ S_{\triangle ABC} = 2R^2\sin A\sin B\sin C = \frac{abc}{4R}.$$

前者是关于三个角的(正弦),后者是关于三边的,它们都与外接圆的半径有关.

已知三边也可以求三角形的面积.

$$S_{\triangle ABC} = \frac{1}{2}ab\sin C = \frac{1}{2}ab\sqrt{1 - \cos^2 C} = \frac{1}{2}ab\sqrt{1 - \left(\frac{a^2 + b^2 - c^2}{2ab}\right)^2}$$

$$= \frac{1}{4}\sqrt{(2ab)^2 - (a^2 + b^2 - c^2)^2}$$

$$= \frac{1}{4}\sqrt{(2ab + a^2 + b^2 - c^2)(2ab - a^2 - b^2 + c^2)}$$

$$= \frac{1}{4}\sqrt{[(a + b)^2 - c^2][c^2 - (a - b)^2]}$$

$$= \sqrt{\frac{(a + b + c)(a + b - c)}{4} \cdot \frac{(c - a + b)(c + a - b)}{4}}.$$

令 $p = \frac{a + b + c}{2}$,即 $a + b + c = 2p$,则 $a + b - c = a + b + c - 2c = 2p - 2c = 2(p - c)$.同理,$c + b - a = 2(p - a)$,$c + a - b = 2(p - b)$.将其代入上式,得到以下结论:

$$(4)\ S_{\triangle ABC} = \sqrt{p(p - a)(p - b)(p - c)},\ \text{其中}\ p = \frac{a + b + c}{2}.$$

这个公式叫海伦(Heron)公式,也叫海伦-秦九韶公式.

三角形的面积也可以用内切圆半径 r 表示,如图 1.3(3)所示.$\triangle ABC$ 被内心 I 分成了三个三角形,即$\triangle IAB$,$\triangle IBC$,$\triangle ICA$,它们的高都是内切圆半径 r,这三个三角形的三个面积依次为 $\frac{1}{2}cr$,$\frac{1}{2}ar$,$\frac{1}{2}br$,所以 $S_{\triangle ABC} = \frac{1}{2}ar + \frac{1}{2}br + \frac{1}{2}cr = \frac{a + b + c}{2} \cdot r$.由于 $p = \frac{a + b + c}{2}$,于是得到下面关于外接圆半径 R、内切圆半径 r、边长的三角形面积公式.本书将经常引用这个结论:

(5) $S_{\triangle ABC} = \dfrac{a+b+c}{2} \cdot r = pr = \dfrac{abc}{4R} \Leftrightarrow \dfrac{abc}{a+b+c} = 2Rr.$

下面介绍三角形几何量的另外一种表示,可以将有关结论表示得更加简洁.值得注意的是,三角形几何量的表示非常复杂,能找到一个简洁的表示方式是每个学习者的追求.读者在后面的阅读中应该有所体会.

如图 1.3(3) 所示,D,E,F 是切点,设 AF,BD,CE 的长分别为 x,y,z,则由直线与圆的切线性质知 $\begin{cases} x+y=c \\ y+z=a \\ x+z=b \end{cases}$,由此得到 $x+y+z=p$,以及 $p-a=x=\dfrac{-a+b+c}{2}$,$p-b=y=\dfrac{a-b+c}{2}$,$p-c=z=\dfrac{a+b-c}{2}$(这几个式子后面(9)将用到).所以由(4)可以得到下列公式:

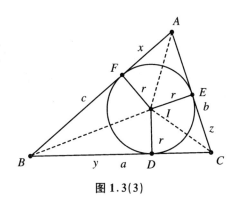

图 1.3(3)

(6) $S_{\triangle ABC} = \sqrt{xyz(x+y+z)}.$

上述关系实际上将三角形的三条边 a,b,c 变换为三个数 x,y,z,而且是一一对应的,即 $(a,b,c) \leftrightarrow (x,y,z)$.不难看出 $\begin{cases} a+b>c \\ b+c>a \\ c+a>b \end{cases} \Leftrightarrow \begin{cases} x>0 \\ y>0 \\ z>0 \end{cases}$.因此,可以实现将 a,b,c 的运算转换成 x,y,z 的运算.这样有时会获得更加简洁和整齐的表示.

下面考察 $\triangle ABC$ 的外接圆半径 R 和内切圆半径 r 与三边的关系,我们提出的问题是,内切圆半径和外接圆半径能不能用 $\triangle ABC$ 三边 a,b,c 表示呢?

利用(4)和(5),因为 $S_{\triangle ABC} = pr = \sqrt{p(p-a)(p-b)(p-c)}$,所以可得下列结论:

$$(7) \quad r = \sqrt{\frac{(p-a)(p-b)(p-c)}{p}} = \sqrt{\frac{xyz}{x+y+z}}.$$

因为 $S_{\triangle ABC} = \dfrac{abc}{4R}$，所以结合(4)得

$$R = \frac{abc}{4S_{\triangle ABC}} = \frac{abc}{4\sqrt{p(p-a)(p-b)(p-c)}} = \frac{(x+y)(y+z)(z+x)}{4\sqrt{xyz(x+y+z)}}.$$

于是得到如下结论：

$$(8) \quad R = \frac{abc}{4S_{\triangle ABC}} = \frac{abc}{4\sqrt{p(p-a)(p-b)(p-c)}} = \frac{(x+y)(y+z)(z+x)}{4\sqrt{xyz(x+y+z)}}.$$

(9) 在 $\triangle ABC$ 中，a，b，c 是三条边，A，B，C 是对应的三个角，则有下列结论：

① $\sin\dfrac{A}{2} = \sqrt{\dfrac{(p-b)(p-c)}{bc}}$，$\sin\dfrac{B}{2} = \sqrt{\dfrac{(p-c)(p-a)}{ca}}$，$\sin\dfrac{C}{2}$

$= \sqrt{\dfrac{(p-a)(p-b)}{ab}}$；

② $\cos\dfrac{A}{2} = \sqrt{\dfrac{p(p-a)}{bc}}$，$\cos\dfrac{B}{2} = \sqrt{\dfrac{p(p-b)}{ca}}$，$\cos\dfrac{C}{2} = \sqrt{\dfrac{p(p-c)}{ab}}$；

③ $\tan\dfrac{A}{2} = \dfrac{r}{p-a}$，$\tan\dfrac{B}{2} = \dfrac{r}{p-b}$，$\tan\dfrac{C}{2} = \dfrac{r}{p-c}$．

证明 ① 由半角公式可得 $\sin\dfrac{A}{2} = \sqrt{\dfrac{1-\cos A}{2}} = \sqrt{\dfrac{1 - \dfrac{b^2+c^2-a^2}{2bc}}{2}} =$

$\sqrt{\dfrac{2bc - b^2 - c^2 + a^2}{4bc}} = \sqrt{\dfrac{a^2 - (b-c)^2}{4bc}} = \sqrt{\dfrac{(a+b-c)(a-b+c)}{4bc}}$

$= \sqrt{\dfrac{(p-b)(p-c)}{bc}}.$

② $\cos\dfrac{A}{2} = \sqrt{\dfrac{1+\cos A}{2}} = \sqrt{\dfrac{1 + \dfrac{b^2+c^2-a^2}{2bc}}{2}} = \sqrt{\dfrac{p(p-a)}{bc}}.$

③ 利用 $\tan\dfrac{A}{2} = \dfrac{\sin\dfrac{A}{2}}{\cos\dfrac{A}{2}} = \sqrt{\dfrac{(p-b)(p-c)}{p(p-a)}}$，再由图1.3(3)得 $\tan\dfrac{A}{2} = \dfrac{r}{x} =$

$\dfrac{r}{p-a}$,所以③证毕.

以上结论对 B,C 也成立,它们在字母上有对称关系,比如 $\sin\dfrac{C}{2} = \sqrt{\dfrac{(p-a)(p-b)}{ab}}$,等等;读者还可以用前面的 x,y,z 表示上面的半角三角函数的值.

下面再看几个三角形的面积公式,先引入几个记号.在前面的海伦公式中,我们用到了 $p,p-a,p-b,p-c$ 等.记 $p_a = p-a$,同理 $p_b = p-b$,$p_c = p-c$.容易知道,$p = p_a + p_b + p_c$.r_a 是 $\triangle ABC$ 中 BC 边一侧的旁切圆半径(更多内容,请见本书第 6 章),因此,海伦公式又可以表示为更简洁的形式 $\Delta = \sqrt{pp_a p_b p_c}$($\Delta^2 = pp_a p_b p_c$).

我们证明以下性质:

> (10) ① $\Delta = pr = p_a r_a$;
>
> ② $\Delta = \sqrt{rr_a r_b r_c}$;
>
> ③ $\Delta = \dfrac{2abc}{a+b+c}\cos\dfrac{A}{2}\cos\dfrac{B}{2}\cos\dfrac{C}{2} = 4Rr\cos\dfrac{A}{2}\cos\dfrac{B}{2}\cos\dfrac{C}{2}$.

证明　① 由图 1.3(4)可知

$$2AF_1 = AF_1 + AE_1 = (AB + BF_1) + (AC + CE_1)$$
$$= AB + AC + BF_1 + CE_1 = AB + AC + BD_1 + CD_1$$
$$= AB + AC + BC = a + b + c,$$

所以 $AF_1 = \dfrac{a+b+c}{2} = p$.

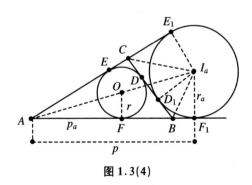

图 1.3(4)

又由图 1.3(3)可知 $AF = x = p - a = p_a$,所以由图 1.3(4)易知 $\dfrac{r_a}{p} = \dfrac{r}{p_a}$,故 $pr = p_a r_a$.证毕.

② 因为

$$\Delta^4 = pr \cdot p_a r_a \cdot p_b r_b \cdot p_c r_c = p p_a p_b p_c \cdot r r_a r_b r_c = \Delta^2 \cdot r r_a r_b r_c,$$

所以 $\Delta = \sqrt{r r_a r_b r_c}$.

③ 由下一节 1.4(1)知 $\sin A + \sin B + \sin C = 4\cos \dfrac{A}{2} \cos \dfrac{B}{2} \cos \dfrac{C}{2}$, 所以

$$\Delta = pr = \frac{1}{2}(a + b + c)r = R(\sin A + \sin B + \sin C)r$$

$$= 4Rr\cos \frac{A}{2} \cos \frac{B}{2} \cos \frac{C}{2}.$$

又因 $pr = \dfrac{abc}{4R} \Rightarrow 4Rr = \dfrac{abc}{p} = \dfrac{2abc}{a + b + c}$, 所以 $\Delta = \dfrac{2abc}{a + b + c} \cos \dfrac{A}{2} \cos \dfrac{B}{2} \cos \dfrac{C}{2}$.

1.4　三角形边、角的恒等式与简单的三角不等式

△ABC 中有一些有趣的恒等式, 这些三角恒等式对建立三角形的几何不等式有重要用处. 比如, 下列等式是我们熟知的:

$$\sin(A + B) = \sin C,$$

$$\cos(A + B) = -\cos C,$$

$$\sin \frac{A + B}{2} = \cos \frac{C}{2},$$

$$\tan \frac{A}{2} \tan \frac{B}{2} + \tan \frac{B}{2} \tan \frac{C}{2} + \tan \frac{C}{2} \tan \frac{A}{2} = 1,$$

$$\cdots.$$

它们都是恒等式. 三角形中的恒等式十分丰富, 它们是三角形几何的基础.

我们先看一个简单而有趣的运算:

$$\sin x + \sin y = \sin\left(\frac{x + y}{2} + \frac{x - y}{2}\right) + \sin\left(\frac{x + y}{2} - \frac{x - y}{2}\right)$$

$$= \left(\sin \frac{x + y}{2} \cos \frac{x - y}{2} + \cos \frac{x + y}{2} \sin \frac{x - y}{2}\right)$$

$$+ \left(\sin \frac{x + y}{2} \cos \frac{x - y}{2} - \cos \frac{x + y}{2} \sin \frac{x - y}{2}\right)$$

$$= 2\sin \frac{x + y}{2} \cos \frac{x - y}{2}.$$

通过这个运算, 实际上我们得到了如下结论:

① $\sin x + \sin y = 2\sin \dfrac{x + y}{2} \cos \dfrac{x - y}{2}$.

这个等式左端是和的形式,右端是积的形式.

在上述推导中,我们用到了 $\begin{cases} x = \dfrac{x+y}{2} + \dfrac{x-y}{2} \\ y = \dfrac{x+y}{2} - \dfrac{x-y}{2} \end{cases}$;类似地,还有

$\begin{cases} 2x = (x+y) + (x-y) \\ 2y = (x+y) - (x-y) \end{cases}$.以后我们将经常用到这种变形思想.

与①类似,我们可以证明如下结论:

② $\sin x - \sin y = 2\cos \dfrac{x+y}{2} \sin \dfrac{x-y}{2}$;

③ $\cos x + \cos y = 2\cos \dfrac{x+y}{2} \cos \dfrac{x-y}{2}$;

④ $\cos x - \cos y = -2\sin \dfrac{x+y}{2} \sin \dfrac{x-y}{2}$.

上述①～④统称和差化积公式,以下直接运用.

利用两角和与差的公式,容易从右端直接证明如下结论,这些结论统称积化和差公式:

① $\sin x \cos y = \dfrac{1}{2} \left[\sin(x+y) + \sin(x-y) \right]$;

② $\cos x \sin y = \dfrac{1}{2} \left[\sin(x+y) - \sin(x-y) \right]$;

③ $\cos x \cos y = \dfrac{1}{2} \left[\cos(x+y) + \cos(x-y) \right]$;

④ $\sin x \sin y = -\dfrac{1}{2} \left[\cos(x+y) - \cos(x-y) \right]$.

上面的和差化积与积化和差公式是非常重要的恒等变形公式,应该记住.

利用这个思想,我们看下面的运算:

$$\sin A + \sin B + \sin C = \sin\left(\frac{A+B}{2} + \frac{A-B}{2} \right) + \sin\left(\frac{A+B}{2} - \frac{A-B}{2} \right) + \sin C.$$

①

利用两角和与差的公式将上式展开,并注意到 $\sin C = 2\sin \dfrac{C}{2} \cos \dfrac{C}{2}$,以及

$\sin \dfrac{A+B}{2} = \cos \dfrac{C}{2}$,$\sin \dfrac{C}{2} = \cos \dfrac{A+B}{2}$,得

$$\text{式 ①} = 2\sin \frac{A+B}{2} \cos \frac{A-B}{2} + 2\sin \frac{C}{2} \cos \frac{C}{2}$$

$$= 2\cos \frac{C}{2} \cos \frac{A-B}{2} + 2\sin \frac{C}{2} \cos \frac{C}{2}$$

$$= 2\cos \frac{C}{2} \left(\cos \frac{A-B}{2} + \cos \frac{A+B}{2} \right)$$

$$= 2\cos\frac{C}{2}\left[\cos\left(\frac{A}{2} - \frac{B}{2}\right) + \cos\left(\frac{A}{2} + \frac{B}{2}\right)\right]$$

$$= 2\cos\frac{C}{2} \cdot 2\cos\frac{A}{2}\cos\frac{B}{2}$$

$$= 4\cos\frac{A}{2}\cos\frac{B}{2}\cos\frac{C}{2}.$$

于是我们得到了如下恒等式：

> (1) 在任意△ABC 中，$\sin A + \sin B + \sin C = 4\cos\dfrac{A}{2}\cos\dfrac{B}{2}\cos\dfrac{C}{2}$.

类似地，有

$$\cos A + \cos B + \cos C = \cos\left(\frac{A+B}{2} + \frac{A-B}{2}\right) + \cos\left(\frac{A+B}{2} - \frac{A-B}{2}\right)$$

$$+ \cos[\pi - (A + B)]$$

$$= 2\cos\frac{A+B}{2}\cos\frac{A-B}{2} - \cos(A + B)$$

$$= 2\cos\frac{A+B}{2}\cos\frac{A-B}{2} - \left(2\cos^2\frac{A+B}{2} - 1\right)$$

$$= 1 + 2\cos\frac{A+B}{2}\left(\cos\frac{A-B}{2} - \cos\frac{A+B}{2}\right)$$

$$= 1 + 2\cos\frac{A+B}{2}\left[\cos\left(\frac{A}{2} - \frac{B}{2}\right) - \cos\left(\frac{A}{2} + \frac{B}{2}\right)\right]$$

$$= 1 + 4\sin\frac{A}{2}\sin\frac{B}{2}\sin\frac{C}{2}.$$

上述证明可以直接利用和差化积公式，这里为了突出"角变换"的本质特性，用了角变换方法．上述过程表明，下列结论是正确的：

> (2) 在任意△ABC 中，$\cos A + \cos B + \cos C = 1 + 4\sin\dfrac{A}{2}\sin\dfrac{B}{2}\sin\dfrac{C}{2}$.

利用上面的结论我们再建立三个结果，这些结果在本书后面的叙述中将直接应用．以下运算，直接利用和差化积公式．

首先，证明：$\sin 2A + \sin 2B + \sin 2C = 4\sin A\sin B\sin C$.

$$\sin 2A + \sin 2B + \sin 2C$$

$$= 2\sin\frac{2A + 2B}{2}\cos\frac{2A - 2B}{2} + \sin[2\pi - (2A + 2B)]$$

$$= 2\sin(A + B)\cos(A - B) - \sin 2(A + B)$$

$$= 2\sin(A + B)\cos(A - B) - 2\sin(A + B)\cos(A + B)$$

$$= 2\sin(A + B)[\cos(A - B) - \cos(A + B)]$$

$$= 2\sin(A + B)[-2\sin A\sin(-B)] = 4\sin A\sin B\sin C.$$

其次,证明:$\sin^2 A + \sin^2 B + \sin^2 C = 2 + 2\cos A\cos B\cos C.$

$$\sin^2 A + \sin^2 B + \sin^2 C$$

$$= \frac{1 - \cos 2A}{2} + \frac{1 - \cos 2B}{2} + \frac{1 - \cos 2C}{2}$$

$$= \frac{3}{2} - \frac{1}{2}(\cos 2A + \cos 2B + \cos 2C)$$

$$= \frac{3}{2} - \frac{1}{2}\{2\cos(A + B)\cos(A - B) + \cos[2\pi - (2A + 2B)]\}$$

$$= \frac{3}{2} - \frac{1}{2}[2\cos(A + B)\cos(A - B) + 2\cos^2(A + B) - 1]$$

$$= 2 - \cos(A + B)[\cos(A - B) + \cos(A + B)]$$

$$= 2 - \cos(A + B) \cdot 2\cos A\cos B = 2 + 2\cos A\cos B\cos C.$$

利用同样的方法,可以得到

$$\cos 2A + \cos 2B + \cos 2C = -1 - 4\cos A\cos B\cos C.$$

于是得到以下结论:

> (3) ① 在任意 $\triangle ABC$ 中,$\sin 2A + \sin 2B + \sin 2C = 4\sin A\sin B\sin C$;
> ② 在任意 $\triangle ABC$ 中,$\sin^2 A + \sin^2 B + \sin^2 C = 2 + 2\cos A\cos B\cos C$;
> ③ 在任意 $\triangle ABC$ 中,$\cos 2A + \cos 2B + \cos 2C = -1 - 4\cos A\cos B\cos C$.

再看一个正切关系. 在非直角三角形中,因为 $A + B = \pi - C$,所以 $\tan(A + B) = \tan(\pi - C)$,展开得 $\dfrac{\tan A + \tan B}{1 - \tan A\tan B} = -\tan C$,整理得

$$\tan A + \tan B + \tan C = \tan A\tan B\tan C.$$

类似地,由 $\dfrac{A + B}{2} = \dfrac{\pi}{2} - \dfrac{C}{2}$,得

$$\tan\left(\frac{A}{2} + \frac{B}{2}\right) = \tan\left(\frac{\pi}{2} - \frac{C}{2}\right)$$

$$\Leftrightarrow \frac{\tan\dfrac{A}{2} + \tan\dfrac{B}{2}}{1 - \tan\dfrac{A}{2}\tan\dfrac{B}{2}} = \frac{1}{\tan\dfrac{C}{2}}$$

$$\Leftrightarrow \tan\frac{A}{2}\tan\frac{B}{2} + \tan\frac{B}{2}\tan\frac{C}{2} + \tan\frac{C}{2}\tan\frac{A}{2} = 1.$$

同理,$\cot(A + B) = \dfrac{1}{\tan(A + B)} = \dfrac{1 - \tan A\tan B}{\tan A + \tan B} = \dfrac{\cot A\cot B - 1}{\cot A + \cot B} = -\cot C$,整理得 $\cot A\cot B + \cot B\cot C + \cot C\cot A = 1.$

于是得到以下结论:

(4) ① 在非直角△ABC 中,$\tan A + \tan B + \tan C = \tan A \tan B \tan C$;

② 在任意△ABC 中,$\tan \dfrac{A}{2} \tan \dfrac{B}{2} + \tan \dfrac{B}{2} \tan \dfrac{C}{2} + \tan \dfrac{C}{2} \tan \dfrac{A}{2} = 1$;

③ 在任意△ABC 中,$\cot A \cot B + \cot B \cot C + \cot C \cot A = 1$.

利用上述结论,我们再建立几个有趣而又经典的不等式,它们具有基础性,十分重要.考察下列推导:

推导 1

$$\sin \frac{A}{2} \sin \frac{B}{2} \sin \frac{C}{2} = -\frac{1}{2}\left(\cos \frac{A+B}{2} - \cos \frac{A-B}{2}\right) \sin\left(\frac{\pi}{2} - \frac{A+B}{2}\right)$$

$$= -\frac{1}{2}\cos^2 \frac{A+B}{2} + \frac{1}{2}\cos \frac{A-B}{2}\cos \frac{A+B}{2}$$

$$= -\frac{1}{2}\left(\cos \frac{A+B}{2} - \frac{1}{2}\cos \frac{A-B}{2}\right)^2 + \frac{1}{8}\cos^2 \frac{A-B}{2}$$

$$\leqslant \frac{1}{8}\cos^2 \frac{A-B}{2} \leqslant \frac{1}{8},$$

等号当且仅当 $\begin{cases} \cos \dfrac{A+B}{2} = \dfrac{1}{2}\cos \dfrac{A-B}{2} \\ \cos \dfrac{A-B}{2} = 1 \end{cases} \Leftrightarrow A = B = C$ 时成立.

这就证明了不等式 $\sin \dfrac{A}{2}\sin \dfrac{B}{2}\sin \dfrac{C}{2} \leqslant \dfrac{1}{8}$,等号当且仅当△ABC 是正三角形时成立.

下面是这个不等式的其他证法,比如:

推导 2 由 1.3(9)知 $\sin \dfrac{A}{2} = \sqrt{\dfrac{(p-b)(p-c)}{bc}}$,又由 1.1(3)知对正数 x,y,有 $\sqrt{xy} \leqslant \dfrac{x+y}{2}$,所以

$$\sin \frac{A}{2} = \sqrt{\frac{(p-b)(p-c)}{bc}} = \frac{1}{\sqrt{bc}} \cdot \sqrt{(p-b)(p-c)}$$

$$\leqslant \frac{1}{\sqrt{bc}} \cdot \frac{(p-b)+(p-c)}{2} = \frac{a}{2\sqrt{bc}},$$

即 $\sin \dfrac{A}{2} \leqslant \dfrac{a}{2\sqrt{bc}}$,等号当且仅当 $p-b = p-c$,即 $b = c$ 时成立,最后得到等号成立的条件是当且仅当 $B = C$ 时.同理,$\sin \dfrac{B}{2} \leqslant \dfrac{b}{2\sqrt{ac}}$,等号当且仅当 $C = A$ 时成立;$\sin \dfrac{C}{2} \leqslant \dfrac{c}{2\sqrt{ab}}$,等号当且仅当 $A = B$ 时成立.

因此，$\sin\dfrac{A}{2}\sin\dfrac{B}{2}\sin\dfrac{C}{2}\leqslant\dfrac{a}{2\sqrt{bc}}\cdot\dfrac{b}{2\sqrt{ab}}\cdot\dfrac{c}{2\sqrt{ab}}=\dfrac{1}{8}$（等号当且仅当$\triangle ABC$是正三角形时成立）.

类似地，有

$$\cos A\cos B=\frac{1}{2}\big[\cos(A+B)+\cos(A-B)\big],$$

$$\cos A\cos B\cos C=\frac{1}{2}\big[\cos(A+B)+\cos(A-B)\big]\cos C$$

$$=\frac{1}{2}\big[-\cos^2 C+\cos(A-B)\cos C\big]$$

$$=-\frac{1}{2}\Big[\cos C-\frac{1}{2}\cos(A-B)\Big]^2+\frac{1}{8}\cos^2(A-B)$$

$$\leqslant\frac{1}{8}\cos^2(A-B)\leqslant\frac{1}{8}.$$

再由(2)得 $\cos A+\cos B+\cos C=1+4\sin\dfrac{A}{2}\sin\dfrac{B}{2}\sin\dfrac{C}{2}\leqslant 1+4\times\dfrac{1}{8}=\dfrac{3}{2}$.

于是得到以下结论：

---

(5) 在任意$\triangle ABC$中，有

① $\sin\dfrac{A}{2}\sin\dfrac{B}{2}\sin\dfrac{C}{2}\leqslant\dfrac{1}{8}$，等号当且仅当$\triangle ABC$是正三角形时成立；

② $\cos A+\cos B+\cos C\leqslant\dfrac{3}{2}$，等号当且仅当$\triangle ABC$是正三角形时成立；

③ $\cos A\cos B\cos C\leqslant\dfrac{1}{8}$，等号当且仅当$\triangle ABC$是正三角形时成立.

上述不等式是很经典的三角形中的不等式，不等式中的等号当且仅当三角形是正三角形时成立.这可从证明过程看出，留给读者自己思考.

在锐角三角形中，$\tan A,\tan B,\tan C>0$，由 1.4(4)知

$$\tan A+\tan B+\tan C=\tan A\tan B\tan C,$$

再由 1.1(5)知

$$\tan A+\tan B+\tan C\geqslant 3\sqrt[3]{\tan A\tan B\tan C}=3\sqrt[3]{\tan A+\tan B+\tan C},$$

所以

$$(\tan A+\tan B+\tan C)^3\geqslant 27(\tan A+\tan B+\tan C),$$

整理得 $\tan A+\tan B+\tan C\geqslant 3\sqrt{3}$，显然等号当且仅当 $\tan A=\tan B=\tan C\Leftrightarrow A=B=C$，即$\triangle ABC$为正三角形时成立.

于是得到以下结论：

(6) 在锐角 $\triangle ABC$ 中，$\tan A + \tan B + \tan C \geqslant 3\sqrt{3}$，等号当且仅当 $\triangle ABC$ 是正三角形时成立.

下面用一个有趣的图形证明一个几何不等式，我们将用这个不等式导出三角形中另外几个经典不等式，为后面的叙述做好伏笔.

在曲线 $y = \sin x (0 < x < \pi)$ 上取三点 $P_1(A, \sin A)$，$P_2(B, \sin B)$，$P_3(C, \sin C)$，由 2.3(3) 知重心 $G\left(\dfrac{A+B+C}{3}, \dfrac{\sin A + \sin B + \sin C}{3}\right)$ 一定在 $\triangle ABC$ 内，所以从图 1.4(1) 看，有

$$y_P \geqslant y_G \quad \Leftrightarrow \quad \sin \frac{A+B+C}{3} \geqslant \frac{\sin A + \sin B + \sin C}{3}.$$

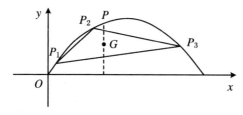

图 1.4(1)

因为 $A + B + C = \pi$，所以 $\sin A + \sin B + \sin C \leqslant \dfrac{3\sqrt{3}}{2}$，等号当且仅当图中的四个点缩成一个点，即 $A = B = C$，$\triangle ABC$ 为正三角形时成立.

这就得到了下面的结论：

(7) 在任意 $\triangle ABC$ 中，$\sin A + \sin B + \sin C \leqslant \dfrac{3\sqrt{3}}{2}$，等号当且仅当 $A = B = C$，即 $\triangle ABC$ 是正三角形时成立.

上述 (7) 也可由琴生不等式证明.

下面我们将建立三角形中的边与面积有关的不等式，这几个不等式是几何不等式的基础.

(8) 在 $\triangle ABC$ 中，a, b, c 为三边，R, r 分别是 $\triangle ABC$ 的外接圆和内切圆半径，$\triangle ABC$ 的面积为 Δ，则

① $ab + bc + ca \geqslant 4\sqrt{3}\,\Delta$，$\dfrac{1}{a} + \dfrac{1}{b} + \dfrac{1}{c} \geqslant \dfrac{\sqrt{3}}{R}$，等号当且仅当 $\triangle ABC$ 是正三角形时成立；

② $a^2 + b^2 + c^2 \geqslant 4\sqrt{3}\Delta$(外森比克(Weitzenbock)不等式),等号当且仅当 $\triangle ABC$ 是正三角形时成立;

③ $3\sqrt{3}R \geqslant a + b + c \geqslant 6\sqrt{3}r$,等号当且仅当 $\triangle ABC$ 是正三角形时成立;

④ $\dfrac{1}{ab} + \dfrac{1}{bc} + \dfrac{1}{ca} = \dfrac{1}{2Rr}$, $\dfrac{1}{a^2} + \dfrac{1}{b^2} + \dfrac{1}{c^2} \geqslant \dfrac{1}{2Rr}$;

⑤ $9R^2 \geqslant ab + bc + ca \geqslant 36r^2$, $36r^2 \leqslant a^2 + b^2 + c^2 \leqslant 9R^2$,等号当且仅当 $\triangle ABC$ 是正三角形时成立.

证明　① **证法1**　由 1.4(7)及三个数的基本不等式 1.1(6),得

$$\sin A \sin B \sin C \leqslant \left(\frac{\sin A + \sin B + \sin C}{3}\right)^3 \leqslant \left(\frac{1}{3} \cdot \frac{3\sqrt{3}}{2}\right)^3 = \frac{3\sqrt{3}}{8},$$

即 $\dfrac{1}{\sin A \sin B \sin C} \geqslant \dfrac{8}{3\sqrt{3}}$,所以

$$\frac{1}{\sin A} + \frac{1}{\sin B} + \frac{1}{\sin C} \geqslant 3\sqrt[3]{\frac{1}{\sin A} \cdot \frac{1}{\sin B} \cdot \frac{1}{\sin C}} \geqslant 3\sqrt[3]{\frac{8}{3\sqrt{3}}} = 2\sqrt{3}.$$

又因 $\Delta = \dfrac{1}{2}bc\sin A$,所以 $bc = \dfrac{2\Delta}{\sin A}$.同理,对 ca, ab 也有类似的结论.故

$$ab + bc + ca = 2\Delta\left(\frac{1}{\sin A} + \frac{1}{\sin B} + \frac{1}{\sin C}\right) \geqslant 4\sqrt{3}\Delta.$$

不难看出,等号当且仅当 $\triangle ABC$ 是正三角形时成立.而由 3(3), $\Delta = \dfrac{abc}{4R}$,

$$\frac{1}{a} + \frac{1}{b} + \frac{1}{c} = \frac{ab + bc + ca}{abc} \geqslant \frac{4\sqrt{3}\Delta}{abc} = \frac{4\sqrt{3} \cdot \dfrac{abc}{4R}}{abc} = \frac{\sqrt{3}}{R}.$$

证毕.

证法2　因为 $\cos C = \dfrac{a^2 + b^2 - c^2}{2ab}$, $\Delta = \dfrac{1}{2}ab\sin C$,所以

$$ab \geqslant ab\sin(C + 30°) = ab\sin C \cdot \cos 30° + ab\sin 30° \cdot \cos C$$

$$= \sqrt{3}\Delta + \frac{1}{4}(a^2 + b^2 - c^2).$$

同理,

$$bc \geqslant \sqrt{3}\Delta + \frac{1}{4}(b^2 + c^2 - a^2), \quad ca \geqslant \sqrt{3}\Delta + \frac{1}{4}(c^2 + a^2 - b^2).$$

三式相加,得

$$ab + bc + ca \geqslant 3\sqrt{3}\Delta + \frac{1}{4}(a^2 + b^2 + c^2).$$

另一方面,由 1.1(2)③知 $a^2 + b^2 + c^2 \geqslant ab + bc + ca$,所以

$$ab + bc + ca \geqslant 3\sqrt{3}\Delta + \frac{1}{4}(a^2 + b^2 + c^2) \geqslant 3\sqrt{3}\Delta + \frac{1}{4}(ab + bc + ca),$$

即 $ab + bc + ca \geqslant 4\sqrt{3}\Delta$,易见等号当且仅当 $a = b = c$,即 $\triangle ABC$ 是正三角形时成立.

② 由于 $a^2 + b^2 + c^2 \geqslant ab + bc + ca$,故再由①即得结论.

③ 一方面,由①②得
$$(a + b + c)^2 = a^2 + b^2 + c^2 + 2(ab + bc + ca)$$
$$\geqslant 4\sqrt{3}\Delta + 8\sqrt{3}\Delta = 12\sqrt{3}\Delta,$$

又由 $\Delta = \dfrac{1}{2}(a + b + c)r$ 得
$$(a + b + c)^2 \geqslant 12\sqrt{3} \cdot \dfrac{1}{2}(a + b + c)r = 6\sqrt{3}(a + b + c)r,$$

即 $a + b + c \geqslant 6\sqrt{3}r$.

另一方面,再由 1.4(7)得
$$a + b + c = 2R(\sin A + \sin B + \sin C) \leqslant 2R \cdot \dfrac{3\sqrt{3}}{2} = 3\sqrt{3}R.$$

综合得 $3\sqrt{3}R \geqslant a + b + c \geqslant 6\sqrt{3}r$.

④ 因为 $R = \dfrac{abc}{4\Delta}, r = \dfrac{\Delta}{p}$,所以
$$\dfrac{1}{2Rr} = \dfrac{1}{2 \cdot \dfrac{abc}{4\Delta} \cdot \dfrac{\Delta}{p}} = \dfrac{a + b + c}{abc} = \dfrac{1}{ab} + \dfrac{1}{bc} + \dfrac{1}{ca},$$

故
$$\dfrac{1}{a^2} + \dfrac{1}{b^2} + \dfrac{1}{c^2} \geqslant \dfrac{1}{ab} + \dfrac{1}{bc} + \dfrac{1}{ca} = \dfrac{1}{2Rr}.$$

⑤ 一方面,由 1.1(2)④或柯西不等式知 $(a + b + c)^2 \leqslant 3(a^2 + b^2 + c^2)$,利用③得
$$a^2 + b^2 + c^2 \geqslant \dfrac{1}{3}(a + b + c)^2 \geqslant 36r^2.$$

另一方面,由 1.2(6)①,1.4(3)②,1.4(5)③得
$$a^2 + b^2 + c^2 = 4R^2(\sin^2 A + \sin^2 B + \sin^2 C)$$
$$= 4R^2(2 + 2\cos A\cos B\cos C) \leqslant 9R^2.$$

故 $36r^2 \leqslant a^2 + b^2 + c^2 \leqslant 9R^2$,等号当且仅当 $\triangle ABC$ 是正三角形时成立.

下面的(9)是很经典的结论,以后也会经常用到.

---

(9) 在 $\triangle ABC$ 中,A, B, C 是三个内角,R, r 分别是 $\triangle ABC$ 的外接圆和内切圆半径,则

① $r = 4R\sin\dfrac{A}{2}\sin\dfrac{B}{2}\sin\dfrac{C}{2}$;

② $\cos A + \cos B + \cos C = \dfrac{R + r}{R}$;

③ $R \geqslant 2r$.

证明 ① 一方面,由 1.3(3)知 $\Delta = 2R^2 \sin A \sin B \sin C$.

另一方面,由 1.3(5)知 $\Delta = \dfrac{1}{2}(a+b+c)r = R(\sin A + \sin B + \sin C)r$.

所以 $2R^2 \sin A \sin B \sin C = R(\sin A + \sin B + \sin C)r$,即

$$r = \frac{2R \sin A \sin B \sin C}{\sin A + \sin B + \sin C}.$$

再由 1.4(1)得

$$r = \frac{2R \cdot 2\sin\dfrac{A}{2}\cos\dfrac{A}{2} \cdot 2\sin\dfrac{B}{2}\cos\dfrac{B}{2} \cdot 2\sin\dfrac{C}{2}\cos\dfrac{C}{2}}{4\cos\dfrac{A}{2}\cos\dfrac{B}{2}\cos\dfrac{C}{2}} = 4R\sin\dfrac{A}{2}\sin\dfrac{B}{2}\sin\dfrac{C}{2}.$$

② 由 1.4(2)知 $\cos A + \cos B + \cos C = 1 + 4\sin\dfrac{A}{2}\sin\dfrac{B}{2}\sin\dfrac{C}{2}$,再利用①得

$$\cos A + \cos B + \cos C = 1 + \frac{r}{R} = \frac{R+r}{R}.$$

③ 由 1.4(5)①知 $\sin\dfrac{A}{2}\sin\dfrac{B}{2}\sin\dfrac{C}{2} \leqslant \dfrac{1}{8}$,所以 $r = 4R\sin\dfrac{A}{2}\sin\dfrac{B}{2}\sin\dfrac{C}{2} \leqslant$

$4R \cdot \dfrac{1}{8} = \dfrac{R}{2}$,即 $R \geqslant 2r$,等号当且仅当 $\triangle ABC$ 是正三角形时成立.不等式 $R \geqslant 2r$ 又叫三角形的欧拉不等式.

下面证明一个非常著名的不等式,这个不等式叫埃德斯-莫德尔(Erdos-Mordell)不等式.该不等式刻画了三角形内任意点到三个顶点的距离和与到三条边的距离和的一个不等关系.

---

(10) 如图 1.4(2)所示,设 P 是 $\triangle ABC$ 内任意一点,点 P 到顶点 A,B,C 的距离分别是 x,y,z,点 P 到三边的距离分别是 p,q,r,则
$$x + y + z \geqslant 2(p + q + r).$$

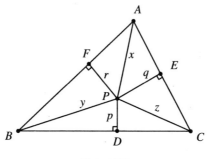

图 1.4(2)

证明 易见,A,E,P,F 四点共圆.连接 EF,则在 $\triangle PEF$ 中,由余弦定理得

$$EF^2 = q^2 + r^2 - 2qr\cos(\pi - A) = q^2 + r^2 - 2qr\cos(B+C)$$

$$= (q\sin C + r\sin B)^2 + (q\cos C - r\cos B)^2 \geqslant (q\sin C + r\sin B)^2.$$

又在 $\triangle AEF$ 中,由正弦定理得 $EF = AP\sin A$,即

$$x = \frac{EF}{\sin A} \geqslant \frac{q\sin C + r\sin B}{\sin A} = q \cdot \frac{\sin C}{\sin A} + r \cdot \frac{\sin B}{\sin A}.$$

同理,

$$y \geqslant r \cdot \frac{\sin A}{\sin B} + p \cdot \frac{\sin C}{\sin B}, \quad z \geqslant q \cdot \frac{\sin A}{\sin C} + p \cdot \frac{\sin B}{\sin C}.$$

注意到 1.1(3)②,所以

$$x + y + z \geqslant p\left(\frac{\sin C}{\sin B} + \frac{\sin B}{\sin C}\right) + q\left(\frac{\sin C}{\sin A} + \frac{\sin A}{\sin C}\right) + r\left(\frac{\sin A}{\sin B} + \frac{\sin B}{\sin A}\right)$$

$$\geqslant 2p + 2q + 2r = 2(p + q + r),$$

等号当且仅当 $\triangle ABC$ 满足 $\begin{cases} q\cos C - r\cos B = 0 \\ p\cos C - r\cos A = 0 \\ p\cos B - q\cos A = 0 \\ \sin A = \sin B = \sin C \end{cases}$ 时成立,即 $\triangle ABC$ 是正三角形,

且点 P 是正三角形的中心.

最后,我们用排序不等式证明一个以后要用到的不等式.这个不等式有难度,也没见过更简单的证法.下面的证法来自单墫教授的《三角函数》(中国科学技术大学出版社,2016 年)一书.

> (11) 在非钝角 $\triangle ABC$ 中,证明:$\cos A\cos B + \cos B\cos C + \cos C\cos A \leqslant 6\sin\dfrac{A}{2}\sin\dfrac{B}{2}\sin\dfrac{C}{2}$.

证明 首先,$6\sin\dfrac{A}{2}\sin\dfrac{B}{2}\sin\dfrac{C}{2} = \dfrac{3\sin A\sin B\sin C}{4\cos\dfrac{A}{2}\cos\dfrac{B}{2}\cos\dfrac{C}{2}}.$

而由 1.4(1)知 $\sin A + \sin B + \sin C = 4\cos\dfrac{A}{2}\cos\dfrac{B}{2}\cos\dfrac{C}{2}$. 因为 $\sin A + \sin B + \sin C > 0$,所以要证明的不等式等价于

$$(\sin A + \sin B + \sin C)(\cos A\cos B + \cos B\cos C + \cos C\cos A)$$

$$\leqslant 3\sin A\sin B\sin C. \hspace{5cm} ②$$

不妨设 $A \geqslant B \geqslant C, A < 90°$,则由三角函数单调性和简单的比较大小,得如下两个排序:

$$\sin C \leqslant \sin B \leqslant \sin A, \quad \cos A\cos B \leqslant \cos C\cos A \leqslant \cos B\cos C.$$

根据 1.1(8)排序不等式,有

$$\cos A\cos B\sin C + \cos C\cos A\sin B + \cos B\cos C\sin A$$

$$\geqslant \cos A\cos B\sin A + \cos C\cos A\sin C + \cos B\cos C\sin B,$$

以及

$$\cos A\cos B\sin C + \cos C\cos A\sin B + \cos B\cos C\sin A$$
$$\geqslant \cos A\cos B\sin B + \cos C\cos A\sin A + \cos B\cos C\sin C.$$

两式相加,得

$$\cos A\cos B\sin C + \cos C\cos A\sin B + \cos B\cos C\sin A$$
$$\geqslant (\cos A\cos B + \cos B\cos C + \cos C\cos A)(\sin A + \sin B + \sin C).$$

显然

$$\cos A\cos B\sin C + \cos C\cos A\sin B + \cos B\cos C\sin A$$
$$\geqslant \frac{1}{3}(\cos A\cos B + \cos B\cos C + \cos C\cos A)(\sin A + \sin B + \sin C). \quad ③$$

下面证明恒等式

$$\cos A\cos B\sin C + \cos C\cos A\sin B + \cos B\cos C\sin A = \sin A\sin B\sin C.$$

易知

$$\sin(A + B + C) = \sin\left[(A + B) + C\right]$$
$$= \sin(A + B)\cos C + \cos(A + B)\sin C,$$

然后继续将 $\sin(A + B)$, $\cos(A + B)$ 展开,整理可得

$$\sin(A + B + C) = \cos B\cos C\sin A + \cos C\cos A\sin B$$
$$+ \cos A\cos B\sin C - \sin A\sin B\sin C.$$

因为 $\sin(A + B + C) = 0$,所以

$$\cos A\cos B\sin C + \cos C\cos A\sin B + \cos B\cos C\sin A = \sin A\sin B\sin C,$$

于是式③变为

$$(\cos A\cos B + \cos B\cos C + \cos C\cos A)(\sin A + \sin B + \sin C)$$
$$\leqslant 3\sin A\sin B\sin C.$$

这就是要证明的式②,不等式证毕.

最后我们证明一个结果,由这个结果可以理解三角形中已经讨论过的表示问题.

---

(12) ① $\triangle ABC$ 的三边 a, b, c 是一元三次方程 $x^3 - 2px^2 + (p^2 + r^2 + 4Rr)x - 4pRr = 0$ (r, R 分别是内切圆和外接圆半径, p 为半周长) 的三个根;

② $ab + bc + ca = p^2 + r^2 + 4Rr = \frac{1}{4}(a + b + c)^2 + 4Rr + r^2$.

证明 显然只要证明①,即可得出②.

要证明方程 $x^3 - 2px^2 + (p^2 + r^2 + 4Rr)x - 4pRr = 0$ 的三个根是 a, b, c,只要证明

$$x^3 - 2px^2 + (p^2 + r^2 + 4Rr)x - 4pRr = (x - a)(x - b)(x - c).$$

将右边展开,则只要证明

$$x^3 - 2px^2 + (p^2 + r^2 + 4Rr)x - 4pRr$$
$$= x^3 - (a + b + c)x^2 + (ab + bc + ca)x - abc.$$

比较对应项系数知只要证明

$$\begin{cases} a + b + c = 2p \\ ab + bc + ca = p^2 + r^2 + 4Rr. \\ abc = 4pRr \end{cases}$$

第一个式子显然成立,故只要证明第二、三个等式.

由 1.3(3),1.3(5) 知 $\Delta = \dfrac{abc}{4R} = pr \Leftrightarrow abc = 4pRr$,所以第三个等式成立.

同理,由 1.3(4),1.3(5) 知 $pr = \Delta = \sqrt{p(p-a)(p-b)(p-c)}$,所以 $r = \dfrac{\Delta}{p}$,

$r^2 = \dfrac{p(p-a)(p-b)(p-c)}{p^2}$,又 $\Delta = \dfrac{abc}{4R}$,故第二个等式右端为

$$p^2 + r^2 + 4Rr = p^2 + \frac{p(p-a)(p-b)(p-c)}{p^2} + 4 \cdot \frac{abc}{4\Delta} \cdot \frac{\Delta}{p}$$

$$= \frac{1}{4}(a + b + c)^2$$
$$+ \frac{1}{4} \cdot \frac{(a + b + c)(a + b - c)(b + c - a)(c + a - b)}{(a + b + c)^2}$$
$$+ \frac{2abc}{a + b + c}$$
$$= ab + bc + ca.$$

这样我们就证明了这个结论.

方程 $x^3 - 2px^2 + (p^2 + r^2 + 4Rr)x - 4pRr = 0$ 的解就是三条边 a, b, c. 由于方程的系数仅仅是 p, R, r 三个量,因此三角形的三条边可由 p, R, r 确定. 换言之,当 p, R, r 给定时,则三边确定. 由此得到,三角形的几何量都可以用 p, R, r 表示. 当然,这是一个理论结果,在实际表示三角形的量的时候,有的量简约,有的量复杂,从而就有了选择.

读者从 1.4(9) 的两个结论也可体会这种表示:① $r = 4R \sin \dfrac{A}{2} \sin \dfrac{B}{2} \sin \dfrac{C}{2} \Rightarrow$

$\sin \dfrac{A}{2} \sin \dfrac{B}{2} \sin \dfrac{C}{2} = \dfrac{r}{4R}$;② $\cos A + \cos B + \cos C = \dfrac{R + r}{R}$.

同样地,不难证明以下结论:

$$\sin A \sin B + \sin B \sin C + \sin C \sin A = \frac{p^2 + r^2 + 4Rr}{4R^2}.$$

1.5 塞瓦定理及逆定理

在平面几何中,关于三线共点有多种证法,本书讨论的也是三线共点的巧合点的问题,因此提供一个统一证法是有必要的.为了使得读者有更多的选择,也为了增加可读性,以下的论述中也会谈及其他证法.这个定理很经典,叫塞瓦(Giovanni Ceva,1648～1734,意大利工程师)定理.

我们先看定理和证明.

如图 1.5(1) 所示,设 D,E,F 分别是 $\triangle ABC$ 的边 BC,CA,AB 上的点,当 AD,BE,CF 交于一点时,设它们的交点为 O.

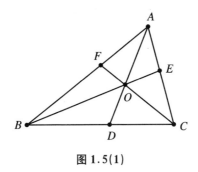

图 1.5(1)

易知

$$\frac{AF}{FB} = \frac{S_{\triangle AOF}}{S_{\triangle BOF}} = \frac{\frac{1}{2}OA \cdot OF\sin\angle AOF}{\frac{1}{2}OB \cdot OF\sin\angle BOF} = \frac{OA}{OB} \cdot \frac{\sin\angle AOF}{\sin\angle BOF}.$$

同理,

$$\frac{BD}{DC} = \frac{BO}{CO} \cdot \frac{\sin\angle BOD}{\sin\angle COD}, \quad \frac{CE}{EA} = \frac{CO}{AO} \cdot \frac{\sin\angle COE}{\sin\angle AOE}.$$

注意到 $\angle AOF = \angle COD$,$\angle BOF = \angle COE$,$\angle BOD = \angle AOE$,所以

$$\frac{AF}{FB} \cdot \frac{BD}{DC} \cdot \frac{CE}{EA} = 1.$$

于是得到下列定理:

> (1)(线型塞瓦定理)设 D,E,F 分别是 $\triangle ABC$ 的边 BC,CA,AB 上的点,若 AD,BE,CF 交于一点,则 $\dfrac{AF}{FB} \cdot \dfrac{BD}{DC} \cdot \dfrac{CE}{EA} = 1$.

这个定理的逆定理:设 D,E,F 分别是△ABC 的边 BC,CA,AB 上的点,若 $\dfrac{AF}{FB} \cdot \dfrac{BD}{DC} \cdot \dfrac{CE}{EA} = 1$,则 AD,BE,CF 交于一点.

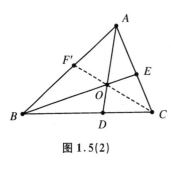

图 1.5(2)

证明的思路是,先设 AD,BE 交于一点 O,连接 CO 并延长交 AB 于点 F',证明 F 与 F' 重合(是同一个点).

如图 1.5(2)所示,设 AD 与 BE 交于点 O,延长 CO 交 AB 于点 F'.因为 AD,BE,CF' 交于一点,由塞瓦定理得 $\dfrac{AF'}{F'B} \cdot \dfrac{BD}{DC} \cdot \dfrac{CE}{EA} = 1$.又由条件知 $\dfrac{AF}{FB} \cdot \dfrac{BD}{DC} \cdot \dfrac{CE}{EA} = 1$,所以 $\dfrac{AF'}{F'B} = \dfrac{AF}{FB}$,即点 F,F'

重合,这就证明了逆定理.

> (2)(塞瓦定理的逆定理)设 D,E,F 分别是△ABC 的边 BC,CA,AB 上的点,若 $\dfrac{AF}{FB} \cdot \dfrac{BD}{DC} \cdot \dfrac{CE}{EA} = 1$,则 AD,BE,CF 相交于一点.

利用塞瓦定理的逆定理,很容易解决三线交于一点时的相关问题.例如,如图 1.5(1)所示,若 D,E,F 分别是 BC,CA,AB 的中点,则 $\dfrac{AF}{FB} \cdot \dfrac{BD}{DC} \cdot \dfrac{CE}{EA} = 1 \times 1 \times 1 = 1$,所以三条中线 AD,BE,CF 相交于一点(这个点就是△ABC 的重心,后面我们将讨论).

明显的是,AD,BE,CF 相交于一点的时候,显然与某些角有关系,这就是下面的所谓的角型塞瓦定理.

> (3)(角型塞瓦定理)如图 1.5(3)所示,设在△ABC 中,AD,BE,CF 分相应的内角为 α_1,α_2;β_1,β_2;γ_1,γ_2,那么 AD,BE,CF 共点 $\Leftrightarrow \dfrac{\sin \alpha_1 \sin \beta_1 \sin \gamma_1}{\sin \alpha_2 \sin \beta_2 \sin \gamma_2} = 1$.

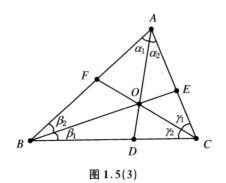

图 1.5(3)

该定理是塞瓦定理的角元形式,反映了三线共点判断的角型判定方法.这个定理可以结合正弦定理证明.给个提示:在 $\triangle AOB$ 中,由正弦定理先证明 $\dfrac{\sin \alpha_1}{\sin \beta_2} = \dfrac{OB}{OA}$ $= \cdots$,从而角型塞瓦定理证毕.读者可以给出详细证明.

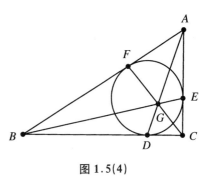

顺便地,如图 1.5(4) 所示,设 $\triangle ABC$ 的内切圆与边 BC,CA,AB 分别切于点 D,E,F.因为 $AE = AF$,$BD = BF$,$CD = CE$,所以 $\dfrac{AF}{FB} \cdot \dfrac{BD}{DC} \cdot \dfrac{CE}{EA} = 1$,即 AD,BE,CF 交于一点(这个点叫葛尔刚(Gergonne)点).这是塞瓦定理的一个简单应用.后面证明三线共点时,我们将直接运用这个定理.

图 1.5(4)

利用塞瓦定理,我们建立以下重要的距离公式:

> (4) 设 D,E 分别是 $\triangle ABC$ 的边 AC,AB 所在直线上的点,BD,CE 交于点 Q.若 $\dfrac{AD}{DC} = \lambda$,$\dfrac{AE}{EB} = \mu$,P 是 $\triangle ABC$ 所在平面内的点,则
> $$PQ^2 = \frac{PA^2 + \mu PB^2 + \lambda PC^2}{1 + \lambda + \mu} - \frac{\lambda \mu a^2 + \lambda b^2 + \mu c^2}{(1 + \lambda + \mu)^2}.$$

证明　如图 1.5(5) 所示建立平面直角坐标系.

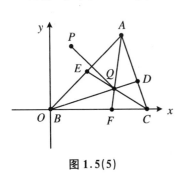

图 1.5(5)

由塞瓦定理,得 $\dfrac{AE}{EB} \cdot \dfrac{BF}{FC} \cdot \dfrac{CD}{DA} = 1$.因为 $\dfrac{AD}{DC}$ $= \lambda$,$\dfrac{AE}{EB} = \mu$,所以 $\dfrac{FC}{BF} = \dfrac{\mu}{\lambda} \Rightarrow \dfrac{BF + FC}{BF} = \dfrac{\lambda + \mu}{\lambda} \Rightarrow$ $BF = \dfrac{\lambda a}{\lambda + \mu}$,即 $F\left(\dfrac{\lambda a}{\lambda + \mu}, 0\right)$.

设 $A(a\cos B, a\sin B)$,$C(a, 0)$,又 $\dfrac{AD}{DC} = \lambda$,从而可求得点 D,进而求得直线 BD 的方程.因为 $F\left(\dfrac{\lambda a}{\lambda + \mu}, 0\right)$,所以可求得直线 AF 的方程,于是可得 $Q\left(\dfrac{\lambda a + c\cos B}{1 + \lambda + \mu}, \dfrac{c\sin B}{1 + \lambda + \mu}\right)$.

又设 $P(x, y)$,所以

$$PQ^2 - \frac{PA^2 + \mu PB^2 + \lambda PC^2}{1 + \lambda + \mu}$$

$$= \left(x - \frac{\lambda a + c\cos B}{1 + \lambda + \mu}\right)^2 + \left(y - \frac{c\sin B}{1 + \lambda + \mu}\right)^2 - \frac{1}{1 + \lambda + \mu}$$

$$\cdot \left[(x - a\cos B)^2 + (y - a\sin B)^2 + \mu(x^2 + y^2) + \lambda(x - a)^2 + \lambda y^2\right].$$

注意到 $\sin^2 B + \cos^2 B = 1, 2ac\cos B = a^2 + c^2 - b^2$, 上式右端化简可整理为

$$-\frac{1}{(1 + \lambda + \mu)^2} \cdot (\lambda\mu a^2 + \lambda b^2 + \mu c^2),$$ 从而可得

$$PQ^2 = \frac{PA^2 + \mu PB^2 + \lambda PC^2}{1 + \lambda + \mu} - \frac{\lambda\mu a^2 + \lambda b^2 + \mu c^2}{(1 + \lambda + \mu)^2}.$$

定理证毕.

上面公式中,点 Q 的位置由 λ, μ 确定,这是一个强大的公式.

两个特例 在上述 PQ^2 公式中,我们提出两个特例,即 P 是 $\triangle ABC$ 的顶点和 Q 是 $\triangle ABC$ 的内心两种情形,后面会非常有用.为方面使用,这里介绍如下.

(a) 若 P 就是顶点 A, 则 $PA = 0, PB = AB = c, PC = AC = b$, 上式 PQ^2 可化为

$$AQ^2 = \frac{\lambda(\lambda + \mu)b^2 + \mu(\lambda + \mu)c^2 - \lambda\mu a^2}{(1 + \lambda + \mu)^2}.$$

这是顶点 A 到 Q 的距离公式.而这里的 Q 可以是 O, I, G, H(有相应的 λ, μ 值),然后就可以求得顶点 A 到内心的距离.

(b) 若 Q 是内心 $I, \lambda = \dfrac{c}{a}, \mu = \dfrac{b}{a}$, 则

$$PI^2 = \frac{a \cdot PA^2 + b \cdot PB^2 + c \cdot PC^2 - abc}{a + b + c}.$$

这是任意点 P 到内心的距离公式.如果点 P 是顶点,就可求得顶点到内心的距离;如果点 P 是 O, H, G, I_a 等,就可求得 OI, HI, GI, I_aI.

结论(4)很有用,我们将在 3.3 节求 AI 以及 11.3 节求勃罗卡点到旁心 I_a 的距离时用到.

1.6 奔 驰 定 理

给定的 $\triangle ABC$ 中,在不建立平面直角坐标系的情况下,如何刻画平面中的点相对于 $\triangle ABC$ 的"位置"呢? 或者说,平面中的点与给定 $\triangle ABC$ 的关系如何? 下面我们用平面向量工具,研究如何刻画在给定的三角形内一点的关系.我们最终将看到,这个问题具有相当重要的地位.

如图 1.6(1)所示,当 D 在 $\triangle ABC$ 边 CB 所在的直线上时,设 $\overrightarrow{CD} = \lambda \overrightarrow{CB}(\lambda \in$

R),则

$$\overrightarrow{AD} = \overrightarrow{AC} + \overrightarrow{CD} = \overrightarrow{AC} + \lambda \overrightarrow{CB}$$
$$= \overrightarrow{AC} + \lambda(\overrightarrow{AB} - \overrightarrow{AC}) = (1 - \lambda)\overrightarrow{AC} + \lambda\overrightarrow{AB}.$$

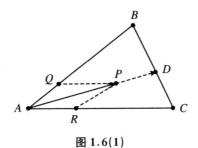

图 1.6(1)

取 $x = 1 - \lambda$,$y = \lambda$,也就是说,当点 D 在 $\triangle ABC$ 边 CB 所在的直线上时,则存在 $x,y \in \mathbf{R}$,$x + y = 1$,使得 $\overrightarrow{AD} = x\overrightarrow{AC} + y\overrightarrow{AB}$;反之,若 $x + y = 1$,且 $\overrightarrow{AD} = x\overrightarrow{AC} + y\overrightarrow{AB}$,则 $\overrightarrow{AD} = (1 - y)\overrightarrow{AC} + y\overrightarrow{AB}$,即 $\overrightarrow{AD} - \overrightarrow{AC} = y(\overrightarrow{AB} - \overrightarrow{AC})$,亦即 $\overrightarrow{CD} = y\overrightarrow{CB}$,所以点 D 在 BC 上.于是得到下列结论:

> (1) 设 D 是 $\triangle ABC$ 所在平面上的点,且 $\overrightarrow{AD} = x\overrightarrow{AC} + y\overrightarrow{AB}$,则 B,D,C 共线 $\Leftrightarrow x + y = 1$.

这个结论很重要,可称为三点共线定理.

在上述讨论中,点 D 在 $\triangle ABC$ 边 CB 上时,有 $\lambda \in [0,1]$,则可直接得到下述结果:

> (2) 若点 D 在 $\triangle ABC$ 边 CB 上,则 $\overrightarrow{AD} = x\overrightarrow{AC} + y\overrightarrow{AB} \Leftrightarrow$ 存在 $x,y \in [0,1]$,且 $x + y = 1$.

如果点 P 在 $\triangle ABC$ 内,如图 1.6(1)所示,连接 AP 并延长交 BC 于点 D,由 (2)可知,一方面,存在 $\lambda \in (0,1)$,使得 $\overrightarrow{AD} = \lambda\overrightarrow{AB} + (1 - \lambda)\overrightarrow{AC}$;另一方面,因为点 P 在 AD 内,所以存在 $\alpha \in (0,1)$,使得 $\overrightarrow{AP} = \alpha\overrightarrow{AD} = \alpha\lambda\overrightarrow{AB} + \alpha(1 - \lambda)\overrightarrow{AC}$,故存在 $x = \alpha\lambda \in (0,1)$,$y = \alpha(1 - \lambda) \in (0,1)$,且 $x + y = \alpha < 1$.由此得到点 P 在 $\triangle ABC$ 内的一个刻画结果:

若点 P 在 $\triangle ABC$ 内,则存在唯一数对 $x,y \in (0,1)$,且 $x + y < 1$,使得 $\overrightarrow{AP} = x\overrightarrow{AB} + y\overrightarrow{AC}$.

反之,若存在 $x,y \in (0,1)$,且 $x + y < 1$,使得 $\overrightarrow{AP} = x\overrightarrow{AB} + y\overrightarrow{AC}$,取 $\overrightarrow{AQ} = x\overrightarrow{AB}$,$\overrightarrow{AR} = y\overrightarrow{AC}$,如图 1.6(1)所示,显然 $\overrightarrow{AP}$ 是平行四边形 $AQPR$ 的对角线,所以点 P 在 $\triangle ABC$ 内.于是得到如下结论:

若存在 $x,y \in (0,1)$,且 $x + y < 1$,使得 $\overrightarrow{AP} = x\overrightarrow{AB} + y\overrightarrow{AC}$,则点 P 在

$\triangle ABC$ 内.

将上述两个结果合写在一起,就能得到以下刻画点 P 在 $\triangle ABC$ 内的一个结果:

> (3) 若点 P 在 $\triangle ABC$ 所在的平面内,$\overrightarrow{AP} = x\overrightarrow{AB} + y\overrightarrow{AC}$,则点 P 在 $\triangle ABC$ 内 $\Leftrightarrow$ 存在 $x, y \in (0,1)$,且 $x + y < 1$.

上面的(3)可以换一种写法.注意到当 $x, y \in (0,1)$ 且 $x + y < 1$ 时,
$$\overrightarrow{AP} = x\overrightarrow{AB} + y\overrightarrow{AC} \Leftrightarrow \overrightarrow{AP} = x(\overrightarrow{PB} - \overrightarrow{PA}) + y(\overrightarrow{PC} - \overrightarrow{PA})$$
$$\Leftrightarrow (1 - x - y)\overrightarrow{PA} + x\overrightarrow{PB} + y\overrightarrow{PC} = \mathbf{0}.$$
在此式中,因为 $x, y \in (0,1)$,所以 $1 - x - y, x, y \in (0,1)$.于是得到以下结论:

> (4) 点 P 是 $\triangle ABC$ 内一点 $\Leftrightarrow$ 存在唯一数组 $\alpha, \beta, \gamma \in (0,1)$,$\alpha + \beta + \gamma = 1$,且 $\alpha\overrightarrow{PA} + \beta\overrightarrow{PB} + \gamma\overrightarrow{PC} = \mathbf{0}$.

下面给出 α, β, γ 的几何意义.

如图 1.6(2)所示,设 $\overrightarrow{PA'} = \alpha\overrightarrow{PA}$,$\overrightarrow{PB'} = \beta\overrightarrow{PB}$,$\overrightarrow{PC'} = \gamma\overrightarrow{PC}$.

因为 $\overrightarrow{PA'} + \overrightarrow{PB'} + \overrightarrow{PC'} = \mathbf{0}$,所以 P 是 $\triangle A'B'C'$ 的重心(参见第 2 章 2.1 节 2.1(2)③).不难看出,$S_{\triangle PA'B'} = S_{\triangle PB'C'} = S_{\triangle PC'A'} = \dfrac{1}{3}S_{\triangle A'B'C'}$.

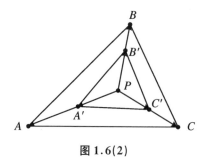

图 1.6(2)

同时,
$$\frac{S_{\triangle PB'C'}}{S_{\triangle PBC}} = \frac{\dfrac{1}{2}|\overrightarrow{PB'}||\overrightarrow{PC'}|\sin\angle B'PC'}{\dfrac{1}{2}|\overrightarrow{PB}||\overrightarrow{PC}|\sin\angle BPC} = \frac{\beta|\overrightarrow{PB}|\gamma|\overrightarrow{PC}|}{|\overrightarrow{PB}||\overrightarrow{PC}|} = \beta\gamma,$$

即 $S_{\triangle PBC} = \dfrac{S_{\triangle PB'C'}}{\beta\gamma} = \dfrac{S_{\triangle A'B'C'}}{3} \cdot \dfrac{1}{\beta\gamma}$,亦即 $\alpha = \dfrac{3\alpha\beta\gamma}{\Delta'} \cdot S_{\triangle PBC}$ $(\Delta' = S_{\triangle A'B'C'})$.

同理,$\beta = \dfrac{3\alpha\beta\gamma}{\Delta'} \cdot S_{\triangle PCA}$,$\gamma = \dfrac{3\alpha\beta\gamma}{\Delta'} \cdot S_{\triangle PAB}$.

于是由(4)可得如下结论:

> (5) (奔驰定理)点 P 在 $\triangle ABC$ 内,则
> $$S_{\triangle PBC}\overrightarrow{PA} + S_{\triangle PCA}\overrightarrow{PB} + S_{\triangle PAB}\overrightarrow{PC} = \mathbf{0}.$$

(5)中代入 $\overrightarrow{PA} = \overrightarrow{OA} - \overrightarrow{OP}$,$\overrightarrow{PB} = \overrightarrow{OB} - \overrightarrow{OP}$,$\overrightarrow{PC} = \overrightarrow{OC} - \overrightarrow{OP}$,并记 Δ_1,Δ_2,Δ_3,Δ 分别是 $\triangle PBC$,$\triangle PCA$,$\triangle PAB$,$\triangle ABC$ 的面积,则(5)可以写成下列形式:

> (6) 设点 P 是 $\triangle ABC$ 内一点,O 是平面内任意一点,Δ_1,Δ_2,Δ_3,Δ 分别是 $\triangle PBC$,$\triangle PCA$,$\triangle PAB$,$\triangle ABC$ 的面积,则
> $$\overrightarrow{OP} = \frac{\Delta_1}{\Delta}\overrightarrow{OA} + \frac{\Delta_2}{\Delta}\overrightarrow{OB} + \frac{\Delta_3}{\Delta}\overrightarrow{OC}.$$

对(6)取 $\lambda_i = \dfrac{\Delta_i}{\Delta}$,$i = 1,2,3$,则 $0 < \lambda_i < 1$,且 $\lambda_1 + \lambda_2 + \lambda_3 = 1$,于是可以得到如下结论:

> (7) 设点 P 是 $\triangle ABC$ 内一点,O 是平面内任意一点,则存在三个正数 λ_1,λ_2,λ_3,且 $\lambda_1 + \lambda_2 + \lambda_3 = 1$,使得 $\overrightarrow{OP} = \lambda_1\overrightarrow{OA} + \lambda_2\overrightarrow{OB} + \lambda_3\overrightarrow{OC}$.

上面的(7)表明,对给定的点 O,$\triangle ABC$ 内一点 P 的位置由三元数组 $(\lambda_1,\lambda_2,\lambda_3)$ 唯一确定. 由于 λ_i 与面积有关,故我们称 $(\lambda_1,\lambda_2,\lambda_3)$ 是点 P 的面积坐标. 我们将在第8章中学习面积坐标的应用.

由于图 1.6(3) 中的点 P 构成的 PA,PB,PC 三个方向很像奔驰车的车标,因此有人把结论(5)叫作"奔驰定理". 一个很自然的问题是,如果点 P 在 $\triangle ABC$ 外,比如,点 P 与点 A 位于 BC 的两侧,有没有类似于(6)的结论呢? 结论是肯定的.

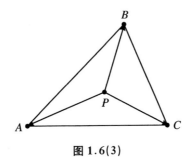

图 1.6(3)

如图 1.6(4) 所示,设点 P 在两射线 AB,AC 内,且与点 A 位于 BC 的两侧. 设 AP 交 BC 于点 P',$\overrightarrow{BP'} = \lambda\overrightarrow{BC}(0 < \lambda < 1)$,则

$$\overrightarrow{AP'} = \overrightarrow{AB} + \overrightarrow{BP'} = \overrightarrow{AB} + \lambda\overrightarrow{BC} = \overrightarrow{AB} + \lambda(\overrightarrow{AC} - \overrightarrow{AB})$$
$$= \lambda\overrightarrow{AC} + (1 - \lambda)\overrightarrow{AB}.$$

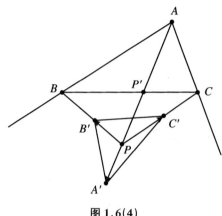

图 1.6(4)

设 $\overrightarrow{AP} = \alpha\overrightarrow{AP'} = \alpha\lambda\overrightarrow{AC} + \alpha(1-\lambda)\overrightarrow{AB}(\alpha>1)$，即

$$\overrightarrow{AP} = \alpha\lambda(\overrightarrow{PC} - \overrightarrow{PA}) + \alpha(1-\lambda)(\overrightarrow{PB} - \overrightarrow{PA}),$$

整理得

$$(1 - \alpha)\overrightarrow{PA} + \alpha(1-\lambda)\overrightarrow{PB} + \alpha\lambda\overrightarrow{PC} = \mathbf{0},$$

其中，$1-\alpha<0, \alpha(1-\lambda)>0, \alpha\lambda>0$. 设 $x = 1-\alpha<0, y = \alpha(1-\lambda), z = \alpha\lambda$，则

$$x\overrightarrow{PA} + y\overrightarrow{PB} + z\overrightarrow{PC} = \mathbf{0},$$

其中，$x + y + z = 1$.

至此，我们证明了，若点 P 与顶点 A 位于 BC 的两侧，则存在 $x<0, y, z>0$，且 $x + y + z = 1$，使得 $x\overrightarrow{PA} + y\overrightarrow{PB} + z\overrightarrow{PC} = \mathbf{0}$.

反之，若存在 $x<0, y, z>0$，且 $x + y + z = 1$，使得 $x\overrightarrow{PA} + y\overrightarrow{PB} + z\overrightarrow{PC} = \mathbf{0}$，则

$$x\overrightarrow{PA} + y(\overrightarrow{AB} - \overrightarrow{AP}) + z(\overrightarrow{AC} - \overrightarrow{AP}) = \mathbf{0},$$

所以

$$(x + y + z)\overrightarrow{AP} = y\overrightarrow{AB} + z\overrightarrow{AC}.$$

又因为 $x + y + z = 1$，所以 $\overrightarrow{AP} = y\overrightarrow{AB} + z\overrightarrow{AC}$，其中，$y + z = 1 - x>1$. 故点 P 与顶点 A 位于 BC 的两侧.

于是得到如下结论：

> (8) 设点 P 在两射线 AB, AC 内，且与点 A 位于 BC 的两侧 $\Leftrightarrow$ 存在实数 $x<0, y, z>0$，且 $x + y + z = 1$，使得 $x\overrightarrow{PA} + y\overrightarrow{PB} + z\overrightarrow{PC} = \mathbf{0}$.

和结论(6)类似，结论(8)中的 x, y, z 也有几何意义.

如图 1.6(4)所示，在(8)中，设 $\overrightarrow{PA'} = x\overrightarrow{PA}, \overrightarrow{PB'} = y\overrightarrow{PB}, \overrightarrow{PC'} = z\overrightarrow{PC}$.

因为 $\overrightarrow{PA'} + \overrightarrow{PB'} + \overrightarrow{PC'} = \mathbf{0}$, 所以由 2.3(1) 知 P 是 $\triangle A'B'C'$ 的重心, 且 $\triangle PB'C', \triangle PC'A', \triangle PA'B'$ 的面积都是 $\dfrac{1}{3} S_{\triangle A'B'C'}$, 则

$$\frac{S_{\triangle PA'C'}}{S_{\triangle PAC}} = \frac{\dfrac{1}{2} PA' \cdot PC' \sin \angle A'PC'}{\dfrac{1}{2} PA \cdot PC \sin \angle APC} = \frac{PA'}{PA} \cdot \frac{PC'}{PC} = |x|z,$$

所以

$$S_{\triangle PAC} = \frac{S_{\triangle A'B'C'}}{3 |x| z}.$$

同理,

$$S_{\triangle PCB} = \frac{S_{\triangle A'B'C'}}{3 yz}, \quad S_{\triangle PBA} = \frac{S_{\triangle A'B'C'}}{3 |x| y}.$$

因此

$$S_{\triangle PBC} : S_{\triangle PCA} : S_{\triangle PAB} = \frac{1}{yz} : \frac{1}{|x|z} : \frac{1}{|x|y} = |x| : y : z = (-x) : y : z.$$

于是得到下列结果:

> (9) 设点 P 在两射线 AB, AC 内, 且与点 A 位于 BC 的两侧 $\Leftrightarrow -S_{\triangle PBC} \overrightarrow{PA} + S_{\triangle PCA} \overrightarrow{PB} + S_{\triangle PAB} \overrightarrow{PC} = \mathbf{0}$.

同理, 当点 P 在两射线 BA, BC 内, 且点 P 与顶点 B 位于 AC 的两侧, 以及点 P 在射线 CA, CB 内, 且点 P 与顶点 C 位于 AB 的两侧时, 也有类似的结论. 请读者自己写出并体会.

第2章 三角形的重心

2.1 三角形重心的定义和性质

如图 2.1(1)所示,在 $\triangle ABC$ 中,当 D,E,F 均为中点时,AD,BE,CF 称作 $\triangle ABC$ 的中线,AD 又叫 BC 边上的中线,等等.

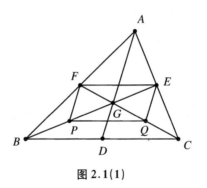

图 2.1(1)

显然 $\dfrac{AF}{FB} \cdot \dfrac{BD}{DC} \cdot \dfrac{CE}{EA} = 1 \times 1 \times 1 = 1$,由塞瓦定理知三角形的三条中线相交于一点.我们给出如下的定义:

三角形重心的定义 $\triangle ABC$ 三条中线交于一点,称这个点为 $\triangle ABC$ 的重心.通常用 G 表示(图 2.1(1)).

三角形重心具有以下性质:

> (1) 中线上,重心 G 到顶点的距离是到对边中点距离的 2 倍.

证法 1 如图 2.1(1)所示,分别取 BG,CG 的中点 P,Q,由中位线性质知 PQ // BC,EF // BC,且 $PQ = EF$,所以四边形 $EFPQ$ 是平行四边形,则 $PG = GE$,$QG = GF$,故 $BG = 2GE$,$CG = 2GF$.同理可证 $AG = 2GD$.

下面给出向量证明方法:

证法 2 因为

$$\overrightarrow{AD} = \overrightarrow{AB} + \overrightarrow{BD} = \overrightarrow{AB} + \frac{1}{2}\overrightarrow{BC} = \overrightarrow{AB} + \frac{1}{2}(\overrightarrow{AC} - \overrightarrow{AB})$$

$$= \frac{1}{2}\overrightarrow{AB} + \frac{1}{2}\overrightarrow{AC},$$

令 $\overrightarrow{AG} = \lambda\overrightarrow{AD}$，所以

$$\overrightarrow{AG} = \lambda\left(\frac{1}{2}\overrightarrow{AB} + \frac{1}{2}\overrightarrow{AC}\right) = \frac{\lambda}{2}\overrightarrow{AB} + \frac{\lambda}{2}\overrightarrow{AC} = \lambda\overrightarrow{AF} + \frac{\lambda}{2}\overrightarrow{AC}.$$

因为 C,G,F 共线，所以根据上一章的 1.6(1) 可知 $\lambda + \frac{\lambda}{2} = 1$，即 $\lambda = \frac{2}{3}$，故可得 $\overrightarrow{AG} = \frac{2}{3}\overrightarrow{AD}$.

如果不用 1.6(1) 的结论，也可以用下列向量方法证明：

证法 3　设 $\overrightarrow{AG} = \lambda\overrightarrow{AD}$. 因为

$$\overrightarrow{AD} = \overrightarrow{AB} + \overrightarrow{BD} = \overrightarrow{AB} + \frac{1}{2}\overrightarrow{BC} = \overrightarrow{AB} + \frac{1}{2}(\overrightarrow{AC} - \overrightarrow{AB})$$

$$= \frac{1}{2}\overrightarrow{AB} + \frac{1}{2}\overrightarrow{AC},$$

所以

$$\overrightarrow{AG} = \lambda\left(\frac{1}{2}\overrightarrow{AB} + \frac{1}{2}\overrightarrow{AC}\right) = \frac{\lambda}{2}\overrightarrow{AB} + \frac{\lambda}{2}\overrightarrow{AC}.$$

故

$$\overrightarrow{FG} = \overrightarrow{AG} - \overrightarrow{AF} = \frac{\lambda}{2}\overrightarrow{AB} + \frac{\lambda}{2}\overrightarrow{AC} - \frac{1}{2}\overrightarrow{AB} = \frac{\lambda-1}{2}\overrightarrow{AB} + \frac{\lambda}{2}\overrightarrow{AC},$$

而 $\overrightarrow{FC} = \overrightarrow{AC} - \overrightarrow{AF} = \overrightarrow{AC} - \frac{1}{2}\overrightarrow{AB}$. 因为向量 $\overrightarrow{FG}$ 与 $\overrightarrow{FC}$ 共线，所以存在 $k \in \mathbf{R}$，使得 $\overrightarrow{FG} = k\overrightarrow{FC}$，即

$$\frac{\lambda-1}{2}\overrightarrow{AB} + \frac{\lambda}{2}\overrightarrow{AC} = k\left(\overrightarrow{AC} - \frac{1}{2}\overrightarrow{AB}\right),$$

故 $\begin{cases} \dfrac{\lambda-1}{2} = -\dfrac{k}{2} \\ \dfrac{\lambda}{2} = k \end{cases}$，解得 $\begin{cases} k = \dfrac{1}{3} \\ \lambda = \dfrac{2}{3} \end{cases}$，即 $\overrightarrow{AG} = \frac{2}{3}\overrightarrow{AD}$，亦即 $AG = 2GD$. 同理，$CG = 2GF$，$BG = 2GE$.

$\triangle ABC$ 的重心，也是 $\triangle ABC$ 的物理重心(设想 $\triangle ABC$ 的三个顶点的重量都为 1，边没有重量). 如图 2.1(2) 所示，将 $\triangle ABC$ 悬于重心时，这时三角形处于自然水平放置的情形.

性质(1)有明显的几何意义，因为 BC 边的重量为 2，即点 D 的重量为 2，而点 A 的重量为 1，所以由杠杆原理，得到 $AG : GD = 2 : 1$.

关于中线的下列结论显然成立，证明过程留给读者.

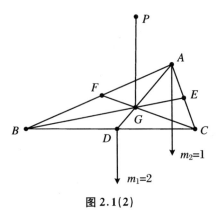

图 2.1(2)

(2) 如图 2.1(1)所示,设 AD,BE,CF 都是中线,则

① $2\overrightarrow{AD} = \overrightarrow{AB} + \overrightarrow{AC}$,$2\overrightarrow{BE} = \overrightarrow{BA} + \overrightarrow{BC}$,$2\overrightarrow{CF} = \overrightarrow{CB} + \overrightarrow{CA}$(中线向量公式);

② $\overrightarrow{AD} + \overrightarrow{BE} + \overrightarrow{CF} = 0 \Leftrightarrow \overrightarrow{GD} + \overrightarrow{GE} + \overrightarrow{GF} = 0$.

由于重心是三角形三条中线的交点,因此 G 显然也是△DEF 的重心.

(3) 设 AD,BE,CF 是△ABC 的三条中线,则△ABC 的重心也是△DEF 的重心(图 2.1(1)).

由(1)不难得到下面的结论:

(4) 设 G 是△ABC 的重心,则 $S_{\triangle GBC} = S_{\triangle GCA} = S_{\triangle GAB} = \frac{1}{3}\Delta$.

利用(4),如图 2.1(1)所示,设点 G 到边 BC 的距离为 G_a,则 $\dfrac{S_{\triangle GBC}}{S_{\triangle ABC}} = $
$\dfrac{\frac{1}{2} \cdot a \cdot G_a}{S_{\triangle ABC}} = \dfrac{1}{3}$,所以 $G_a = \dfrac{1}{a} \cdot \dfrac{2}{3} S_{\triangle ABC}$. 同理,$G_b = \dfrac{1}{b} \cdot \dfrac{2}{3} S_{\triangle ABC}$,$G_c = \dfrac{1}{c} \cdot$
$\dfrac{2}{3} S_{\triangle ABC}$.

于是得到下列结论:

(5) 若重心 G 到 a,b,c 的距离分别记为 G_a,G_b,G_c,则 $G_a : G_b : G_c$
$= \dfrac{1}{a} : \dfrac{1}{b} : \dfrac{1}{c} = bc : ca : ab$,或 $aG_a = bG_b = cG_c = \dfrac{2}{3} S_{\triangle ABC}$.

显然, $\dfrac{1}{G_a}$, $\dfrac{1}{G_b}$, $\dfrac{1}{G_c}$ 可以围成一个三角形. 如图 2.1(1) 所示, 不难看出, 下列结论显然成立:

> (6) 设 AD, BE, CF 是 $\triangle ABC$ 的三条中线, 则 $S_{\triangle DEF} = \dfrac{1}{4} S_{\triangle ABC}$.

结合重心 G 到对边的距离与到相应顶点的距离比关系和(6), 下列结论成立:

> (7) 设 AD, BE, CF 是 $\triangle ABC$ 的三条中线, 则 $S_{\triangle AEF} = S_{\triangle BDF} = S_{\triangle CDE} = S_{\triangle DEF} = \dfrac{1}{4} \Delta$.

> (8) 设 $\triangle ABC$ 的重心为 G, $\triangle ABC$ 在直线的一侧, 则 G 到直线的距离等于三个顶点到该直线距离和的 $\dfrac{1}{3}$.

证明　记点 X 到直线的距离是 d_X. 如图 2.1(3) 所示, 则易知 $d_M = \dfrac{1}{2}(d_B + d_C)$, $d_G = \dfrac{2 \cdot d_M + 1 \cdot d_A}{2 + 1}$, 消去 d_M, 得 $d_G = \dfrac{1}{3}(d_A + d_B + d_C)$.

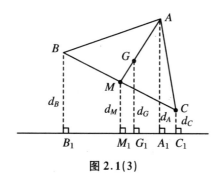

图 2.1(3)

> (9) 若 $\triangle ABC$ 的重心为 G, 外接圆、内切圆半径分别为 R, r, 点 G 在 BC, CA, AB 上的投影分别是点 P, Q, T, 各边之和 $d_G = GP + GQ + GT$, 则
> ① $\dfrac{GP}{\sin B \sin C} = \dfrac{GQ}{\sin C \sin A} = \dfrac{GT}{\sin A \sin B} = \dfrac{2R}{3}$;
> ② $3r \leqslant d_G \leqslant \dfrac{3R}{2}$.

证明　① 如图 2.1(4) 所示, 点 G 在 a, b, c 上的投影为点 P, Q, T, 则

$$GP = \frac{1}{3}AH = \frac{1}{3} \cdot AB \cdot \sin B$$

$$= \frac{1}{3} \cdot 2R\sin C \cdot \sin B = \frac{2R}{3} \cdot \sin B\sin C.$$

同理,$GQ = \frac{2R}{3} \cdot \sin C\sin A$,$GT = \frac{2R}{3} \cdot \sin A\sin B$. 证毕.

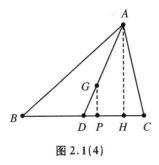

图 2.1(4)

② 一方面,

$$GP + GQ + GT = \frac{2R}{3}(\sin C\sin A + \sin A\sin B + \sin B\sin C)$$

$$\leqslant \frac{2R}{3}(\sin^2 A + \sin^2 B + \sin^2 C),$$

这里用到了 1.1(2)③中的 $a^2 + b^2 + c^2 \geqslant ab + bc + ca$.

再利用 1.4(3)②,$\sin^2 A + \sin^2 B + \sin^2 C = 2 + 2\cos A\cos B\cos C$,以及 1.4(5)③,$\cos A\cos B\cos C \leqslant \frac{1}{8}$,得

$$GP + GQ + GT \leqslant \frac{2R}{3}\left(2 + 2 \cdot \frac{1}{8}\right) = \frac{3R}{2},$$

等号当且仅当 $\triangle ABC$ 是正三角形时成立.

另一方面,因为 $\frac{1}{2}a \cdot GP = \frac{1}{2}b \cdot GQ = \frac{1}{2}c \cdot GT = \frac{\Delta}{3}$($\Delta$ 是 $\triangle ABC$ 的面积),以及 1.3(5),$\Delta = pr$,所以

$$GP + GQ + GT = \frac{2\Delta}{3}\left(\frac{1}{a} + \frac{1}{b} + \frac{1}{c}\right) = \frac{2}{3} \cdot pr \cdot \left(\frac{1}{a} + \frac{1}{b} + \frac{1}{c}\right)$$

$$= \frac{r}{3}(a + b + c)\left(\frac{1}{a} + \frac{1}{b} + \frac{1}{c}\right) \geqslant \frac{r}{3} \cdot 9 = 3r,$$

等号当且仅当 $\triangle ABC$ 是正三角形时成立.

在以上证明中,最后一步用到了 1.1(6)③,$(a + b + c)\left(\frac{1}{a} + \frac{1}{b} + \frac{1}{c}\right) \geqslant 9$.

证毕.

不等式 $3r \leqslant d_G \leqslant \frac{3R}{2}$ 是在欧拉不等式 $R \geqslant 2r$ 中间插入了一个 d_G.

（10）若 G 是 $\triangle ABC$ 内一点，过点 G 的直线分别交 AB，AC 于点 P，Q，则 G 是 $\triangle ABC$ 的重心 $\Leftrightarrow \dfrac{AB}{AP} + \dfrac{AC}{AQ} = 3$.

证明　先证 $\Rightarrow$. 这里用向量证明，读者也可以设法用纯粹的平面几何的方法证明.

如图 2.1(5) 所示，设 G 为重心，记 $\overrightarrow{AP} = m\overrightarrow{AB}$，$\overrightarrow{AQ} = n\overrightarrow{AC}$，则

$$\overrightarrow{AG} = \frac{2}{3}\overrightarrow{AD} = \frac{2}{3} \cdot \frac{1}{2}(\overrightarrow{AB} + \overrightarrow{AC})$$

$$= \frac{1}{3}\overrightarrow{AB} + \frac{1}{3}\overrightarrow{AC} = \frac{1}{3m}\overrightarrow{AP} + \frac{1}{3n}\overrightarrow{AQ}.$$

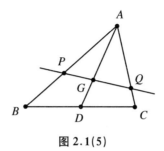

图 2.1(5)

由 1.6(1)，因为 P，G，Q 共线，所以 $\dfrac{1}{3m} + \dfrac{1}{3n} = 1$，即 $\dfrac{1}{m} + \dfrac{1}{n} = 3$，这就是结论 $\dfrac{AB}{AP} + \dfrac{AC}{AQ} = 3$.

再证 $\Leftarrow$. 设 $\overrightarrow{AG} = \lambda \overrightarrow{AD}$，$\overrightarrow{AP} = m\overrightarrow{AB}$，$\overrightarrow{AQ} = n\overrightarrow{AC}$，则

$$\overrightarrow{AG} = \lambda \overrightarrow{AD} = \frac{\lambda}{2}\overrightarrow{AB} + \frac{\lambda}{2}\overrightarrow{AC} = \frac{\lambda}{2} \cdot \frac{1}{m}\overrightarrow{AP} + \frac{\lambda}{2} \cdot \frac{1}{n}\overrightarrow{AQ}.$$

由 1.6(1)，因为 P，G，Q 共线，所以 $\dfrac{\lambda}{2} \cdot \dfrac{1}{m} + \dfrac{\lambda}{2} \cdot \dfrac{1}{n} = 1$. 又因 $\dfrac{1}{m} + \dfrac{1}{n} = 3$，所以 $\lambda = \dfrac{2}{3}$，即 $\overrightarrow{AG} = \dfrac{2}{3}\overrightarrow{AD}$，亦即 $AG = 2GD$. 于是 G 是 $\triangle ABC$ 的重心.

等式 $\dfrac{AB}{AP} + \dfrac{AC}{AQ} = 3$ 刻画了重心的一个定量特征，3 是点 G 的一个特征数.

2.2　三角形的中线长及相关不等式

如图 2.1(1) 所示，因为 $\overrightarrow{AD} = \dfrac{1}{2}\overrightarrow{AB} + \dfrac{1}{2}\overrightarrow{AC}$，所以

$$|\overrightarrow{AD}|^2 = \frac{1}{4}(|\overrightarrow{AB}|^2 + |\overrightarrow{AC}|^2 + 2\overrightarrow{AB} \cdot \overrightarrow{AC}) = \frac{1}{4}(c^2 + b^2 + 2bc\cos A)$$

$$= \frac{1}{4}\left(b^2 + c^2 + 2bc \cdot \frac{b^2 + c^2 - a^2}{2cb}\right) = \frac{1}{2}(b^2 + c^2) - \frac{1}{4}a^2,$$

即 $4m_a^2 = 2(b^2 + c^2) - a^2$. 同理, $4m_b^2 = 2(c^2 + a^2) - b^2$, $4m_c^2 = 2(a^2 + b^2) - c^2$.

或者, 在图 2.1(1) 中, 对 $\triangle ABD$ 利用余弦定理, 有

$$AD^2 = m_a^2 = AB^2 + BD^2 - 2AB \cdot BD\cos B$$

$$= c^2 + \frac{a^2}{4} - 2c \cdot \frac{a}{2} \cdot \frac{c^2 + a^2 - b^2}{2ca} = \frac{c^2 + b^2}{2} - \frac{a^2}{4},$$

即 $4m_a^2 = 2(c^2 + b^2) - a^2$. 同理, 可得 m_b^2, m_c^2.

由此, 不难验证 $BC^2 + 3GA^2 = CA^2 + 3GB^2 = AB^2 + 3GC^2$ 是成立的.

由于 $GA = \frac{2}{3}m_a = \frac{1}{3}\sqrt{2(b^2 + c^2) - a^2}$, 同理, 可得 GB, GC (注意其中字母的对应关系), 因此

$$(GA + GB + GC)^2$$

$$= \frac{1}{9}\left[\sqrt{2(b^2 + c^2) - a^2} + \sqrt{2(c^2 + a^2) - b^2} + \sqrt{2(a^2 + b^2) - c^2}\right]^2$$

$$\leqslant \frac{1}{9} \cdot 3\left[2(b^2 + c^2) - a^2 + 2(c^2 + a^2) - b^2 + 2(a^2 + b^2) - c^2\right]$$

$$= a^2 + b^2 + c^2 = 4R^2(\sin^2 A + \sin^2 B + \sin^2 C)$$

$$= 4R^2(2 + 2\cos A\cos B\cos C) \leqslant 9R^2.$$

上面的证明用到了 1.1(2)④, 1.4(3)②, 1.4(5)③, 也可以直接应用 1.4(8)⑤.

于是得中线的下述结论:

> (1)（中线长公式）设 AD, BE, CF 是 $\triangle ABC$ 的三条中线, 重心为 G, 记 AD, BE, CF 分别为 m_a, m_b, m_c, 则
> ① $4m_a^2 = 2(b^2 + c^2) - a^2$, $4m_b^2 = 2(c^2 + a^2) - b^2$, $4m_c^2 = 2(a^2 + b^2) - c^2$;
> ② $BC^2 + 3GA^2 = CA^2 + 3GB^2 = AB^2 + 3GC^2$;
> ③ $6r \leqslant GA + GB + GC \leqslant 3R$.

上述的 (1)② 可以利用 G 分中线为 $2:1$, 以及 ① 的结论直接推得, 留给读者自行推出.

> (2) ① $4(m_a^2 + m_b^2 + m_c^2) = 3(a^2 + b^2 + c^2)$;
> ② 若 G 为 $\triangle ABC$ 的重心, AG, BG, CG 的延长线与 $\triangle ABC$ 的外接圆分别交于点 D, E, F, 则 $\frac{AG}{GD} + \frac{BG}{GE} + \frac{CG}{GF} = 3$ (图 2.2(1)).

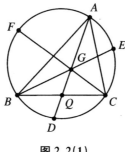

图 2.2(1)

①可以由上述(1)①直接求和得到.

②的证明如下:

由图 2.2(1)可知 $AQ \cdot QD = BQ \cdot QC$,所以 $QD = \dfrac{a^2}{4m_a}$,于是 $\dfrac{AG}{GD} =$

$\dfrac{\dfrac{2}{3}m_a}{\dfrac{1}{3}m_a + \dfrac{a^2}{4m_a}}$.由上述(1)①知 $4m_a^2 = 2(b^2 + c^2) - a^2$,则 $\dfrac{AG}{GD} = \dfrac{2(b^2 + c^2) - a^2}{a^2 + b^2 + c^2}$.同

理,$\dfrac{BG}{GE} = \dfrac{2(a^2 + c^2) - b^2}{a^2 + b^2 + c^2}$,$\dfrac{CG}{GF} = \dfrac{2(a^2 + b^2) - c^2}{a^2 + b^2 + c^2}$.将三式相加,即得(2)②.

因为 $m_a \geqslant h_a$,$m_b \geqslant h_b$,$m_c \geqslant h_c$,所以下述(3)显然成立.

（3） $m_a + m_b + m_c \geqslant h_a + h_b + h_c$.

下面的讨论非常有意思,其考虑的问题是三条中线是不是可以围成一个三角形.

如图 2.2(2)所示,设 AM,BN,CK 均为中线,$AA' = 2m_a$.过点 A 且平行于 BN 的直线交 BC 延长线于点 C',则 $AC' = 2m_b$.在 $\triangle AC'A'$ 中,B 是 CC' 的中点,$BC = BC'$.又因 $BG \parallel AC'$,所以 $\dfrac{MG}{GA} = \dfrac{MB}{BC'} = \dfrac{1}{2}$,$B$ 是 $\triangle AC'A'$ 的重心,$\dfrac{AG}{GA'} = \dfrac{AK}{KD}$

$= \dfrac{1}{2}$,故 $GK \parallel A'C'$,则四边形 $A'CKD$ 是平行四边形,从而 $A'C' = 2CK = 2m_c$.

$\triangle AC'A'$ 的三边是 $2m_a$,$2m_b$,$2m_c$,所以 m_a,m_b,m_c 也可以构成一个三角形.

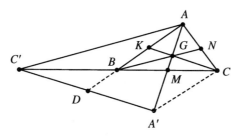

图 2.2(2)

另一方面,在 $\triangle AA'C'$ 中,B 为重心,$S_{\triangle ABC}=2S_{\triangle ABM}=2\cdot\dfrac{1}{2}S_{\triangle ABA'}=S_{\triangle ABA'}=\dfrac{1}{3}S_{\triangle AA'C'}$,即 $S_{\triangle AA'C'}=3S_{\triangle ABC}$. 因为边长为 $2m_a,2m_b,2m_c$ 的三角形与边长为 m_a,m_b,m_c 的三角形相似,相似比为 2,所以边长为 m_a,m_b,m_c 的三角形面积是 $\dfrac{3}{4}S_{\triangle ABC}$. 这就证明了如下的结论:

> (4) $\triangle ABC$ 的三条中线可以围成一个三角形,且这个三角形的面积是 $\dfrac{3}{4}S_{\triangle ABC}$.

三角形边与中线有不等式关系. 延长中线 AM 到 A'(图 2.2(2)),使得 $AA'=2m_a$. 在 $\triangle AA'C$ 中,有 $2m_a<AC+A'C=b+c$,即 $m_a<\dfrac{b+c}{2}$. 同理,$m_b<\dfrac{a+c}{2}$,$m_c<\dfrac{a+b}{2}$. 所以 $m_a+m_b+m_c<a+b+c=2p$.

另一方面,如图 2.2(2)所示,$\triangle AC'A'$ 的中线长分别是 $\dfrac{3}{2}a,\dfrac{3}{2}b,\dfrac{3}{2}c$,所以 $\dfrac{3}{2}a+\dfrac{3}{2}b+\dfrac{3}{2}c<2m_a+2m_b+2m_c$,即 $m_a+m_b+m_c>\dfrac{3}{4}(a+b+c)=\dfrac{3}{2}p$. 于是得到如下结论:

> (5) $\dfrac{3}{2}p<m_a+m_b+m_c<2p$.

> (6) 在 $\triangle ABC$ 中,$m_a=m_b\Leftrightarrow a=b$.

> (7) $\triangle ABC$ 是等边三角形 $\Leftrightarrow m_a=m_b=m_c$.

(6)和(7)直接用 2.2(1)① 就可以证明,仅仅是代数式变形.

因为

$$m_a^2=\dfrac{1}{4}(2b^2+2c^2-a^2)=\dfrac{1}{4}[(b+c)^2-a^2+b^2+c^2-2bc]$$

$$=\dfrac{1}{4}[(b+c-a)(b+c+a)+(b-c)^2]=p(p-a)+\dfrac{1}{4}(b-c)^2$$

$$\geqslant p(p-a),$$

所以 $m_a\geqslant\sqrt{p(p-a)}$. 同理,$m_b\geqslant\sqrt{p(p-b)}$,$m_c\geqslant\sqrt{p(p-c)}$. 结合海伦公式 (1.3(4)) 得 $m_am_bm_c\geqslant p\triangle$,由此得到:

(8) $m_a m_b m_c \geqslant p\Delta$.

由 1.1(2)④中 $(a+b+c)^2 \leqslant 3(a^2+b^2+c^2)$,得 $p^2 \leqslant \dfrac{3}{4}(a^2+b^2+c^2)$. 由

2.2(2)①中 $m_a^2+m_b^2+m_c^2 = \dfrac{3}{4}(a^2+b^2+c^2)$,可得 $m_a^2+m_b^2+m_c^2 \geqslant p^2$.

(9) 若 m_a,m_b,m_c 为 $\triangle ABC$ 的中线,则 $m_a^2+m_b^2+m_c^2 \geqslant p^2$.

一方面,因为

$$\frac{a^2}{m_b^2+m_c^2} = \frac{a^2}{\dfrac{2(c^2+a^2)-b^2}{4} + \dfrac{2(a^2+b^2)-c^2}{4}} = \frac{4a^2}{4a^2+c^2+b^2}$$

$$= \frac{4a^2}{2a^2+(a^2+c^2)+(b^2+a^2)} \leqslant \frac{4a^2}{2a^2+2ac+2ab} = \frac{2a}{a+b+c},$$

同理,$\dfrac{b^2}{m_c^2+m_a^2} \leqslant \dfrac{2b}{a+b+c}$,$\dfrac{c^2}{m_a^2+m_b^2} \leqslant \dfrac{2c}{a+b+c}$,所以

$$\frac{a^2}{m_b^2+m_c^2} + \frac{b^2}{m_c^2+m_a^2} + \frac{c^2}{m_a^2+m_b^2} \leqslant 2.$$

另一方面,因为

$$\frac{a^2}{m_b^2+m_c^2} = \frac{a^2}{\dfrac{2(c^2+a^2)-b^2}{4} + \dfrac{2(a^2+b^2)-c^2}{4}} = \frac{4a^2}{4a^2+c^2+b^2}$$

$$> \frac{a^2}{a^2+b^2+c^2},$$

同理,$\dfrac{b^2}{m_c^2+m_a^2} > \dfrac{b^2}{a^2+b^2+c^2}$,$\dfrac{c^2}{m_a^2+m_b^2} > \dfrac{c^2}{a^2+b^2+c^2}$,所以

$$\frac{a^2}{m_b^2+m_c^2} + \frac{b^2}{m_c^2+m_a^2} + \frac{c^2}{m_a^2+m_b^2} > 1.$$

于是有下列结论:

(10) 若 m_a,m_b,m_c 为 $\triangle ABC$ 的中线,则 $1 < \dfrac{a^2}{m_b^2+m_c^2} + \dfrac{b^2}{m_c^2+m_a^2} + \dfrac{c^2}{m_a^2+m_b^2} \leqslant 2$.

2.3　三角形重心的向量表示及坐标公式

如图 2.3(1)所示,若 G 为 $\triangle ABC$ 的重心,则

$$\overrightarrow{AG} = \frac{2}{3}\overrightarrow{AD} = \frac{2}{3} \cdot \frac{1}{2}(\overrightarrow{AB} + \overrightarrow{AC}) = \frac{1}{3}(\overrightarrow{AB} + \overrightarrow{AC}).$$

同理,

$$\overrightarrow{BG} = \frac{1}{3}(\overrightarrow{BA} + \overrightarrow{BC}), \quad \overrightarrow{CG} = \frac{1}{3}(\overrightarrow{CA} + \overrightarrow{CB}).$$

于是得到

$$\overrightarrow{AG} + \overrightarrow{BG} + \overrightarrow{CG} = \mathbf{0}.$$

另一方面,若 $\overrightarrow{AG} + \overrightarrow{BG} + \overrightarrow{CG} = \mathbf{0}$,即 $\overrightarrow{GA} + \overrightarrow{GB} + \overrightarrow{GC} = \mathbf{0}$,如图 2.3(2)所示,作平行四边形 $AGBE$,则 $\overrightarrow{GA} + \overrightarrow{GB} = \overrightarrow{GE}$,所以 $\overrightarrow{GC} + \overrightarrow{GE} = \mathbf{0}$,即 G 是 CE 的中点,所以 $\overrightarrow{GC} = -2\overrightarrow{GD}$,则 G 为 $\triangle ABC$ 的重心.

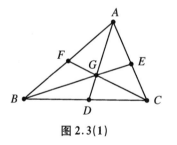

图 2.3(1)

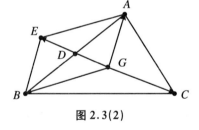

图 2.3(2)

于是得到下列结论:

> (1) G 是 $\triangle ABC$ 的重心 $\Leftrightarrow \overrightarrow{GA} + \overrightarrow{GB} + \overrightarrow{GC} = \mathbf{0}$.

G 作为 $\triangle ABC$ 的重心,还有一个向量表达式,可以通过三角形平面内的其他点刻画.因为 G 是 $\triangle ABC$ 的重心 $\Leftrightarrow \overrightarrow{GA} + \overrightarrow{GB} + \overrightarrow{GC} = \mathbf{0}$,插入点 P,如图 2.3(3)所示,所以

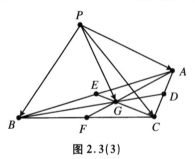

图 2.3(3)

$$G \text{ 是} \triangle ABC \text{ 的重心} \quad \Leftrightarrow \quad \overrightarrow{GP} + \overrightarrow{PA} + \overrightarrow{GP} + \overrightarrow{PB} + \overrightarrow{GP} + \overrightarrow{PC} = \mathbf{0}$$

$$\Leftrightarrow \quad \overrightarrow{PG} = \frac{1}{3}(\overrightarrow{PA} + \overrightarrow{PB} + \overrightarrow{PC}).$$

于是得到如下结论:

> (2) G 是 $\triangle ABC$ 的重心 $\Leftrightarrow \overrightarrow{PG} = \dfrac{1}{3}(\overrightarrow{PA} + \overrightarrow{PB} + \overrightarrow{PC})$.

值得指出的是,上述证明并不真的需要点 P 在 $\triangle ABC$ 所在的平面内,实际上,P 可以是空间中的任意一点,这从(2)的结果建立过程可以看到.

(1)也可以这么证明:注意到 1.6(5)(奔驰定理),则点 P 在 $\triangle ABC$ 内 $\Leftrightarrow$ $S_{\triangle PBC}\overrightarrow{PA} + S_{\triangle PCA}\overrightarrow{PB} + S_{\triangle PAB}\overrightarrow{PC} = \mathbf{0}$,所以 G 为重心时,$S_{\triangle GBC} = S_{\triangle GCA} = S_{\triangle GAB} = \dfrac{1}{3}S_{\triangle ABC}$.显然有上面的结论.

当 $\triangle ABC$ 置于平面直角坐标系时,若 $A(x_1, y_1)$,$B(x_2, y_2)$,$C(x_3, y_3)$,重心 $G(x, y)$,能用 A, B, C 的坐标表示重心 G 的坐标吗?

因为 G 是三角形的重心,所以由 2.3(1)知 $\overrightarrow{GA} + \overrightarrow{GB} + \overrightarrow{GC} = \mathbf{0}$.在直角坐标平面内,设 $A(x_1, y_1)$,$B(x_2, y_2)$,$C(x_3, y_3)$,重心 $G(x, y)$,则

$$(x_1 - x, y_1 - y) + (x_2 - x, y_2 - y) + (x_3 - x, y_3 - y) = \mathbf{0}.$$

因此 $x = \dfrac{x_1 + x_2 + x_3}{3}$,$y = \dfrac{y_1 + y_2 + y_3}{3}$.

也可以用 2.1(1)求得.因为 $\overrightarrow{AG} = 2\overrightarrow{GD}$,注意到 $D\left(\dfrac{x_2 + x_3}{2}, \dfrac{y_2 + y_3}{2}\right)$,所以

$$\overrightarrow{AG} = 2\overrightarrow{GD} \quad \Rightarrow \quad (x - x_1, y - y_1) = 2\left(\frac{x_2 + x_3}{2} - x, \frac{y_2 + y_3}{2} - y\right),$$

解得 $x = \dfrac{x_1 + x_2 + x_3}{3}$,$y = \dfrac{y_1 + y_2 + y_3}{3}$.

于是得到下列所谓的重心坐标公式:

> (3) 在平面直角坐标系内,设 $A(x_1, y_1)$,$B(x_2, y_2)$,$C(x_3, y_3)$,重心 $G(x, y)$,则 $x = \dfrac{x_1 + x_2 + x_3}{3}$,$y = \dfrac{y_1 + y_2 + y_3}{3}$.

三角形重心是三角形内一点到三个顶点距离平方和取得最小值的点.事实上,在 $\triangle ABC$ 所在的直角坐标平面内,设 $P(x, y)$ 是 $\triangle ABC$ 所在平面上的任一点,$A(x_1, y_1)$,$B(x_2, y_2)$,$C(x_3, y_3)$,则

$$PA^2 + PB^2 + PC^2 = \sum_{i=1}^{3}\left[(x - x_i)^2 + (y - y_i)^2\right]$$

$$= [3x^2 - 2(x_1 + x_2 + x_3)x + x_1^2 + x_2^2 + x_3^2]$$
$$+ [3y^2 - 2(y_1 + y_2 + y_3)y + y_1^2 + y_2^2 + y_3^2]$$
$$= 3\left(x - \frac{1}{3}\sum_{i=1}^{3} x_i\right)^2 + \left[\sum_{i=1}^{3} x_i^2 - \frac{1}{3}\left(\sum_{i=1}^{3} x_i\right)^2\right]$$
$$+ 3\left(y - \frac{1}{3}\sum_{i=1}^{3} y_i\right)^2 + \left[\sum_{i=1}^{3} y_i^2 - \frac{1}{3}\left(\sum_{i=1}^{3} y_i\right)^2\right]$$
$$= 3\left(x - \frac{1}{3}\sum_{i=1}^{3} x_i\right)^2 + 3\left(y - \frac{1}{3}\sum_{i=1}^{3} y_i\right)^2$$
$$+ \left[\sum_{i=1}^{3} x_i^2 - \frac{1}{3}\left(\sum_{i=1}^{3} x_i\right)^2 + \sum_{i=1}^{3} y_i^2 - \frac{1}{3}\left(\sum_{i=1}^{3} y_i\right)^2\right].$$

因为 x_i, y_i 都是定值,所以当 $x = \frac{1}{3}\sum_{i=1}^{3} x_i, y = \frac{1}{3}\sum_{i=1}^{3} y_i$ 时,$PA^2 + PB^2 + PC^2$ 最小,即重心是平面上到顶点距离平方和最小的点,所以下面的结论是正确的.

> (4) 若 $\triangle ABC$ 的重心为 G,点 P 为 $\triangle ABC$ 所在平面上的任一点,则 $PA^2 + PB^2 + PC^2 \geqslant GA^2 + GB^2 + GC^2$.

这个不等式具有深刻的意义,设点 G 为 $\triangle ABC$ 的重心,P 是三角形所在平面内的其他点,则点 P 到 $\triangle ABC$ 三个顶点距离平方和的最小值是 $GA^2 + GB^2 + GC^2$.相比其他的巧合点,重心这个性质很奇妙.

实际上,我们还可以得到 $\triangle ABC$ 所在平面内一点 P 到重心 G 的距离的一种表示.

接着上面的推导,则

$$PA^2 + PB^2 + PC^2 = 3\left(x - \frac{1}{3}\sum_{i=1}^{3} x_i\right)^2 + 3\left(y - \frac{1}{3}\sum_{i=1}^{3} y_i\right)^2$$
$$+ \left[\sum_{i=1}^{3} x_i^2 - \frac{1}{3}\left(\sum_{i=1}^{3} x_i\right)^2 + \sum_{i=1}^{3} y_i^2 - \frac{1}{3}\left(\sum_{i=1}^{3} y_i\right)^2\right],$$

上式中

$$3\left(x - \frac{1}{3}\sum_{i=1}^{3} x_i\right)^2 + 3\left(y - \frac{1}{3}\sum_{i=1}^{3} y_i\right)^2 = 3\left[\left(x - \frac{1}{3}\sum_{i=1}^{3} x_i\right)^2 + \left(y - \frac{1}{3}\sum_{i=1}^{3} y_i\right)^2\right]$$
$$= 3PG^2,$$

所以

$$PA^2 + PB^2 + PC^2 = 3PG^2 + \left[\sum_{i=1}^{3} x_i^2 - \frac{1}{3}\left(\sum_{i=1}^{3} x_i\right)^2 + \sum_{i=1}^{3} y_i^2 - \frac{1}{3}\left(\sum_{i=1}^{3} y_i\right)^2\right].$$

①

而

$$AB^2 + BC^2 + CA^2 = (x_1 - x_2)^2 + (y_1 - y_2)^2 + (x_2 - x_3)^2$$
$$+ (y_2 - y_3)^2 + (x_3 - x_1)^2 + (y_3 - y_1)^2$$
$$= 2\sum_{i=1}^{3} x_i^2 + 2\sum_{i=1}^{3} y_i^2 - 2\sum x_1 x_2 - 2\sum y_1 y_2, \qquad ②$$

其中,显然有

$$\sum x_1 x_2 = x_1 x_2 + x_2 x_3 + x_3 x_1 = \frac{1}{2}\left[\left(\sum_{i=1}^{3} x_i\right)^2 - \sum_{i=1}^{3} x_i^2\right],$$

以及

$$\sum y_1 y_2 = y_1 y_2 + y_2 y_3 + y_3 y_1 = \frac{1}{2}\left[\left(\sum_{i=1}^{3} y_i\right)^2 - \sum_{i=1}^{3} y_i^2\right],$$

所以

$$式② = 2\sum_{i=1}^{3} x_i^2 + 2\sum_{i=1}^{3} y_i^2 - \left(\sum_{i=1}^{3} x_i\right)^2 - \left(\sum_{i=1}^{3} y_i\right)^2 + \sum_{i=1}^{3} x_i^2 + \sum_{i=1}^{3} y_i^2$$
$$= 3\sum_{i=1}^{3} x_i^2 + 3\sum_{i=1}^{3} y_i^2 - \left(\sum_{i=1}^{3} x_i\right)^2 - \left(\sum_{i=1}^{3} y_i\right)^2,$$

即

$$\frac{1}{3}(AB^2 + BC^2 + CA^2) = \sum_{i=1}^{3} x_i^2 + \sum_{i=1}^{3} y_i^2 - \frac{1}{3}\left(\sum_{i=1}^{3} x_i\right)^2 - \frac{1}{3}\left(\sum_{i=1}^{3} y_i\right)^2.$$

该式右端是式①中中括号内的部分,代入式①,得

$$PA^2 + PB^2 + PC^2 = \frac{1}{3}(AB^2 + BC^2 + CA^2) + 3PG^2.$$

这个结果表明任意一点到重心与到三个顶点的距离和以及三边长之间的等量关系.在下面的结论中,②是①的直接推论.我们写成以下结论:

> (5) 若△ABC 的重心为 G,点 P 是△ABC 所在平面内的任意一点,则
>
> ① $PA^2 + PB^2 + PC^2 = \frac{1}{3}(AB^2 + BC^2 + CA^2) + 3PG^2$;
>
> ② $PA^2 + PB^2 + PC^2 \geqslant \frac{1}{3}(AB^2 + BC^2 + CA^2)$,等号当且仅当点 P 与重心 G 重合时成立.

上述结论中的①叫莱布尼茨(Gottfried Wilhelm Leibniz,1646~1716,德国数学家)定理,可以用来求△ABC 所在平面内的任意一点 P 到重心的距离.而②表明了到顶点距离平方和最小的点一定是重心.

在图 2.3(4)中,△A′B′C′ 的顶点分别在△ABC 的三边 AB,BC,CA 上,且 $\overrightarrow{AA'} = \lambda\overrightarrow{AB}, \overrightarrow{BB'} = \lambda\overrightarrow{BC}, \overrightarrow{CC'} = \lambda\overrightarrow{CA}$.随着 λ 的变化,△A′B′C′ 的三个顶点在△ABC 的边上运动,我们将证明这两个三角形始终有相同的重心.

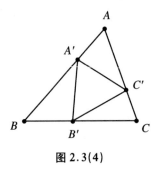

图 2.3(4)

在直角坐标平面内,设点 A,B,C 的坐标分别是 (x_i, y_i) $(i = 1, 2, 3)$. 又由 $\overrightarrow{AA'} = \lambda \overrightarrow{AB}$,得

$$(x' - x_1, y' - y_1) = \lambda(x_2 - x_1, y_2 - y_1),$$

所以 $x' = x_1 + \lambda(x_2 - x_1)$,$y' = y_1 + \lambda(y_2 - y_1)$. 此即点 A' 的坐标.

同理,$B'(x_2 + \lambda(x_3 - x_2), y_2 + \lambda(y_3 - y_2))$,$C'(x_3 + \lambda(x_1 - x_3), y_3 + \lambda(y_1 - y_3))$.

设 $\triangle A'B'C'$ 的重心为 $G'(x_{G'}, y_{G'})$,则由(3)中的重心坐标公式,得

$$x_{G'} = \frac{x_1 + \lambda(x_2 - x_1) + x_2 + \lambda(x_3 - x_2) + x_3 + \lambda(x_1 - x_3)}{3}$$

$$= \frac{x_1 + x_2 + x_3}{3} = x_G.$$

同理,$y_{G'} = y_G$. 这表明,$\triangle ABC$ 与 $\triangle A'B'C'$ 有相同的重心. 于是得到下面的结论:

---

(6) 若 $\triangle A'B'C'$ 的顶点分别在 $\triangle ABC$ 的三边 AB,BC,CA 上,且 $\overrightarrow{AA'} = \lambda \overrightarrow{AB}$,$\overrightarrow{BB'} = \lambda \overrightarrow{BC}$,$\overrightarrow{CC'} = \lambda \overrightarrow{CA}$,则 $\triangle ABC$ 与 $\triangle A'B'C'$ 有相同的重心.

第3章 三角形的内心

3.1 三角形内心的定义和性质

如图 3.1(1)所示,AD,BE,CF 是三个内角平分线,由 1.5(3)塞瓦定理的角元形式易知,AD,BE,CF 交于一点,这个交点通常记为 I.

三角形内心的定义　$\triangle ABC$ 三条内角平分线相交于一点,这个点叫$\triangle ABC$ 的内心.通常用点 I 表示.内心一定在三角形内部.

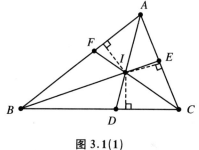

图 3.1(1)

由于内心 I 在三个角的平分线上,因此这个点到三边的距离相等,所以当以 I 为圆心、这个距离为半径的圆与三角形三边相切时,三角形内心又是三角形内切圆的圆心.

参见 1.3 节内容,易知下列结论成立:

> (1)① 三条角平分线的交点是内切圆圆心,内切圆半径就是内心到边的距离;
>
> ② 在$\triangle ABC$ 中,I 是$\triangle ABC$ 的内心$\Leftrightarrow I$ 到$\triangle ABC$ 三边的距离相等.

我们知道,I 到边的相等的距离就是$\triangle ABC$ 内切圆的半径(通常用 r 表示).由 1.3(7)知$\triangle ABC$ 内切圆的半径为

$$r = \sqrt{\frac{(p-a)(p-b)(p-c)}{p}} = \sqrt{\frac{xyz}{x+y+z}}.$$

利用面积法,可由海伦公式与 $\Delta = pr$ 得出.

对于 $\mathrm{Rt}\triangle ABC$(C 为直角),两直角边为 a,b,若其内切圆半径为 r,则由内心分$\triangle ABC$ 面积为三个部分,得到$\frac{1}{2}ab = \frac{1}{2}ar + \frac{1}{2}br + \frac{1}{2}cr$,所以 $r = \frac{ab}{a+b+c}$.

而 $\dfrac{a+b-c}{2}=\dfrac{ab}{a+b+c}\Leftrightarrow a^2+b^2=c^2$，所以下列结果是成立的：

> (2) 若 Rt$\triangle ABC$ 的两直角边是 a,b，斜边是 c，则内切圆半径（内心到边的距离）是 $r=\dfrac{a+b-c}{2}=\dfrac{ab}{a+b+c}$.

如图 3.1(2) 所示，因为 P 是角平分线 AI 与 $\triangle ABC$ 外接圆的交点，所以 $\overset{\frown}{PB}$，$\overset{\frown}{PC}$ 对应的圆周角相等（都是 $\frac{1}{2}\angle BAC$），则 $\overset{\frown}{PB}$，$\overset{\frown}{PC}$ 是相等的弧，即 P 是 $\overset{\frown}{BC}$ 的中点，所以 PO 是 BC 的垂直平分线. 而 $\angle BOC=2\angle BAC$ 显然成立，得到下面的 (3)①. 另一方面，$\angle PIB=\frac{1}{2}\angle BAC+\frac{1}{2}\angle ABC=\angle IBP$，所以 $IP=PB$. 同理，$IP=PC$.

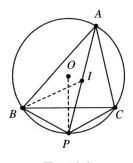

图 3.1(2)

反之，如果 $\triangle ABC$ 内一点 I 满足 $IP=PB=PC$，我们就可以证明 I 是 $\triangle ABC$ 的内心.

事实上，由 $PB=PC$，得到 AP 平分 $\angle BAC$；再由 $IP=PB$，得 $\angle PIB=\angle PBI$，即 $\angle PBC+\angle CBI=\angle IAB+\angle ABI$，而 $\angle IAB=\angle IAC=\angle PBC$，从而 $\angle CBI=\angle IBA$，即 BI 平分 $\angle ABC$. 所以 I 是 $\triangle ABC$ 两条角平分线的交点，即 I 是内心. 于是有下列结论：

> (3) 如图 3.1(2) 所示，设 I 是 $\triangle ABC$ 的内心，延长 AI 交 $\triangle ABC$ 的外接圆 O 于点 P，则
> ① PO 是 BC 的垂直平分线，且 $\angle BOC=2\angle BAC$；
> ② I 是 $\triangle ABC$ 的内心 $\Leftrightarrow IP=PB=PC$.

三角形的内心未必只能通过内角平分线的交点获得. 下面的结论说明了内心的一个性质，也说明了内心的一种作法. 这种作法显然与上述结论 (3) 有密切联系.

(4) 如图 3.1(3) 所示, 设 A 的内角平分线与 $\triangle ABC$ 的外接圆交于点 P, 以点 P 为圆心、PC 为半径作圆交 AP 于点 I, 则 I 是 $\triangle ABC$ 的内心.

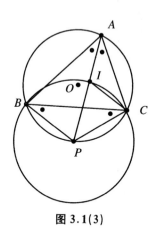

图 3.1(3)

证明　这个结果可用上述(3)②推得, 也可以直接推证. 因为 AP 是 $\angle BAC$ 的内角平分线, 所以 $\overset{\frown}{PB} = \overset{\frown}{PC}$, 得到 $\angle PCB = \angle PBC = \dfrac{1}{2}\angle BAC$, 又 $PC = PI$, 所以 $\angle PCI = \angle PIC$. 而 $\angle PIC = \dfrac{1}{2}\angle BAC + \angle ACI$, $\angle PCI = \angle BCI + \dfrac{1}{2}\angle BAC$, 所以 $\angle BCI = \angle ACI$, 即 CI 是 $\angle ACB$ 的内角平分线, 从而 I 是 $\triangle ABC$ 的内心.

过 $\triangle ABC$ 的内心作直线可将 $\triangle ABC$ 截成两个部分, 我们有理由怀疑, 截得的两个部分有某种特殊关系. 事实上, 有下列性质:

(5) 如图 3.1(4) 所示, 一条直线过 $\triangle ABC$ 的内心 I, 将 $\triangle ABC$ 的周长 l 与面积 S 截成两个部分, l 截成 l_1, l_2, S 截成 S_1, S_2, 则 $\dfrac{l_1}{l_2} = \dfrac{S_1}{S_2}$.

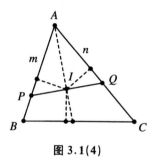

图 3.1(4)

证明　设 PQ 过内心 I, 分别交 AB, AC 于点 P, Q. 不妨设 $AP = m$, $AQ = n$,

$\triangle ABC$ 内切圆半径为 r，则 $S_{\triangle ABC} = pr = S$，$S_{\triangle APQ} = S_{\triangle API} + S_{\triangle AQI} = \dfrac{m+n}{2} \cdot r = S_1$，则 $\dfrac{S}{S_1} = \dfrac{a+b+c}{m+n} = \dfrac{l}{l_1}$，所以 $\dfrac{S}{S_1} - 1 = \dfrac{l}{l_1} - 1 \Rightarrow \dfrac{S_2}{S_1} = \dfrac{l_2}{l_1}$. 这就证明了这个结果.

显然，这个命题的逆命题也是成立的. 也就是："过 $\triangle ABC$ 内部一点 I 作直线，将 $\triangle ABC$ 的周长 l 和面积 S 截成 $l_1, l_2 ; S_1, S_2$，若 $\dfrac{l_1}{l_2} = \dfrac{S_1}{S_2}$，则 I 是 $\triangle ABC$ 的内心." 这个结果的证明留给读者.

如图 3.1(4) 所示，在 $\triangle ABI$ 中，因为 $\angle AIB = 90° + \dfrac{1}{2}C$（也可见下一节 3.2 (3)），所以由正弦定理得 $\dfrac{AI}{\sin \frac{B}{2}} = \dfrac{c}{\sin \angle AIB} = \dfrac{c}{\cos \frac{C}{2}}$，即

$$\dfrac{AI}{\sin \frac{B}{2}} = \dfrac{c}{\cos \frac{C}{2}} = \dfrac{2R\sin C}{\cos \frac{C}{2}} = \dfrac{2R \cdot 2\sin \frac{C}{2} \cdot \cos \frac{C}{2}}{\cos \frac{C}{2}} = 4R\sin \frac{C}{2},$$

故 $\dfrac{AI}{\sin \frac{B}{2}\sin \frac{C}{2}} = 4R$. 同理，$\dfrac{BI}{\sin \frac{C}{2}\sin \frac{A}{2}} = 4R$，$\dfrac{CI}{\sin \frac{A}{2}\sin \frac{B}{2}} = 4R$. （已证得下述 (6)①.）

于是

$$AI + BI + CI = 4R\left(\sin \frac{A}{2}\sin \frac{B}{2} + \sin \frac{B}{2}\sin \frac{C}{2} + \sin \frac{C}{2}\sin \frac{A}{2}\right). \qquad ①$$

由 1.4(5)② 知，对任意 $\triangle ABC$，$\cos A + \cos B + \cos C \leqslant \dfrac{3}{2}$，取 $A' = \dfrac{\pi - A}{2}$，$B' = \dfrac{\pi - B}{2}$，$C' = \dfrac{\pi - C}{2}$，则 $A' + B' + C' = \pi$，且 $0 < A', B', C' < \pi$，所以 $\cos A' + \cos B' + \cos C' \leqslant \dfrac{3}{2}$，即

$$\sin \frac{A}{2} + \sin \frac{B}{2} + \sin \frac{C}{2} \leqslant \dfrac{3}{2}. \qquad ②$$

由 1.1(2)④ 知 $(a+b+c)^2 \geqslant 3(ab+bc+ca)$. 所以

$$\left(\sin \frac{A}{2} + \sin \frac{B}{2} + \sin \frac{C}{2}\right)^2 \geqslant 3\sum \sin \frac{A}{2}\sin \frac{B}{2},$$

即

$$\sum \sin \frac{A}{2}\sin \frac{B}{2} \leqslant \dfrac{1}{3}\left(\sin \frac{A}{2} + \sin \frac{B}{2} + \sin \frac{C}{2}\right)^2,$$

其中，$\sum \sin \frac{A}{2}\sin \frac{B}{2} = \sin \frac{A}{2}\sin \frac{B}{2} + \sin \frac{B}{2}\sin \frac{C}{2} + \sin \frac{C}{2}\sin \frac{A}{2}$.

结合式②，得

$$\sum \sin \frac{A}{2} \sin \frac{B}{2} \leqslant \frac{1}{3} \left(\sin \frac{A}{2} + \sin \frac{B}{2} + \sin \frac{C}{2} \right)^2 \leqslant \frac{1}{3} \cdot \left(\frac{3}{2} \right)^2 = \frac{3}{4}.$$

结合式①得 $AI + BI + CI \leqslant 4R \cdot \dfrac{3}{4} = 3R.$

另一方面,由 1.4(5)①,$\sin \dfrac{A}{2} \sin \dfrac{B}{2} \sin \dfrac{C}{2} \leqslant \dfrac{1}{8}$,以及 1.1(6)①,$\dfrac{a+b+c}{3} \geqslant$ $\sqrt[3]{abc}$,可得(参见图 3.1(1))

$$AI + BI + CI = \frac{r}{\sin \frac{A}{2}} + \frac{r}{\sin \frac{B}{2}} + \frac{r}{\sin \frac{C}{2}} = r \cdot \left(\frac{1}{\sin \frac{A}{2}} + \frac{1}{\sin \frac{B}{2}} + \frac{1}{\sin \frac{C}{2}} \right)$$

$$\geqslant r \cdot 3 \cdot \sqrt[3]{\frac{1}{\sin \frac{A}{2} \sin \frac{B}{2} \sin \frac{C}{2}}} \geqslant r \cdot 3 \cdot \sqrt[3]{\frac{1}{\frac{1}{8}}} = 6r,$$

不难看出,等号当且仅当 $\triangle ABC$ 是正三角形时成立.

于是得到如下有意思的结论(给出了 $AI + BI + CI$ 的上下界):

> (6) ① 若 $\triangle ABC$ 的内心为 I,则 $\dfrac{AI}{\sin \frac{B}{2} \sin \frac{C}{2}} = \dfrac{BI}{\sin \frac{C}{2} \sin \frac{A}{2}} = \dfrac{CI}{\sin \frac{A}{2} \sin \frac{B}{2}}$
>
> $= 4R$;
>
> ② 若 $\triangle ABC$ 的内心为 I,外接圆和内切圆半径分别为 R, r,则 $6r \leqslant AI + BI + CI \leqslant 3R$,等号当且仅当 $\triangle ABC$ 为正三角形时成立.

3.2　三角形内角平分线定理和涉及内心 I 的不等式

如图 3.2(1)所示,AD 是 $\angle BAC$ 的内角平分线,则在 $\triangle ADC$ 中,由正弦定理得

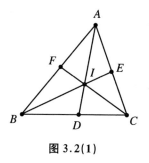

图 3.2(1)

$$\frac{DC}{AC} = \frac{\sin\left(\frac{1}{2}\angle BAC\right)}{\sin\angle ADC}.$$

在 $\triangle ADB$ 中，

$$\frac{BD}{AB} = \frac{\sin\left(\frac{1}{2}\angle BAC\right)}{\sin\angle ADB} = \frac{\sin\left(\frac{1}{2}\angle BAC\right)}{\sin(\pi - \angle ADC)} = \frac{\sin\left(\frac{1}{2}\angle BAC\right)}{\sin\angle ADC} = \frac{DC}{AC},$$

即 $\frac{BD}{CD} = \frac{AB}{AC}$. 于是得到角平分线定理.

> (1)（角平分线定理）三角形角平分线分对边两条线段的比等于相邻两个边的比. 即在图 3.2(1) 中，若 AD 是 $\angle BAC$ 的平分线，则 $\frac{BD}{DC} = \frac{AB}{AC}$.

请读者思考，$\frac{CE}{EA}$，$\frac{AF}{FB}$ 分别等于哪些边的比?

角平分线定理的逆定理也成立，就是下列的(2)，证明留给读者.

> (2)（角平分线定理的逆定理）如图 3.2(1) 所示，若过 $\triangle ABC$ 顶点的直线分对边两条线段的比等于相邻两个边的比，则该直线是过该顶点的内角平分线.

下面研究 $\triangle ABC$ 内心 I 对 $\triangle ABC$ 三个顶点的张角关系. 内心 I 对三个顶点的张角与原三角形的三个角有关系吗? 如图 3.2(2) 所示，

$$\angle BIC = \angle BID + \angle CID = \frac{A}{2} + \frac{B}{2} + \frac{A}{2} + \frac{C}{2}$$

$$= A + \frac{B+C}{2}$$

$$= A + \frac{180° - A}{2} = 90° + \frac{1}{2}A.$$

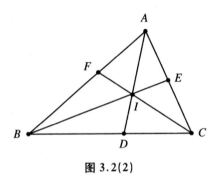

图 3.2(2)

同理, $\angle CIA = 90° + \dfrac{1}{2}B$, $\angle AIB = 90° + \dfrac{1}{2}C$. 我们写为下列性质:

> (3) 如图 3.2(2)所示, 设 I 是 $\triangle ABC$ 的内心, 则 $\angle BIC = 90° + \dfrac{1}{2}A$,
>
> $\angle CIA = 90° + \dfrac{1}{2}B$, $\angle AIB = 90° + \dfrac{1}{2}C$.

角平分线被 I 分成的两段有什么关系呢? 在 $\triangle ADC$ 和 $\triangle ADB$ 中, 分别利用角平分线定理 3.2(1), 得 $\dfrac{AI}{ID} = \dfrac{AC}{CD}$ 和 $\dfrac{AI}{ID} = \dfrac{AB}{BD}$, 从而 $\dfrac{AI}{ID} = \dfrac{AB}{BD} = \dfrac{AC}{CD}$. 利用合比定理, 得 $\dfrac{AI}{ID} = \dfrac{AB+AC}{BD+CD} = \dfrac{b+c}{a}$. 同理, $\dfrac{BI}{IE} = \dfrac{c+a}{b}$, $\dfrac{CI}{IF} = \dfrac{a+b}{c}$. 已经得到了下述的结论①.

另一方面, $\dfrac{AI}{ID} = \dfrac{b+c}{a} \Leftrightarrow \dfrac{AI}{AD} = \dfrac{AI}{AI+ID} = \dfrac{b+c}{a+b+c}$. 同理, $\dfrac{BI}{BE} = \dfrac{c+a}{a+b+c}$, $\dfrac{CI}{CF} = \dfrac{a+b}{a+b+c}$. 相加得 $\dfrac{AI}{AD} + \dfrac{BI}{BE} + \dfrac{CI}{CF} = 2$. 这就得到了下述的②. 于是得:

> (4) 如图 3.2(2)所示, 设 I 是 $\triangle ABC$ 的内心, 则
>
> ① $\dfrac{AI}{ID} = \dfrac{b+c}{a}$, $\dfrac{BI}{IE} = \dfrac{c+a}{b}$, $\dfrac{CI}{IF} = \dfrac{a+b}{c}$;
>
> ② $\dfrac{AI}{AD} + \dfrac{BI}{BE} + \dfrac{CI}{CF} = 2$.

由于 $AB+AC>BC$, 故下面的①显然是正确的, 这表明内心 I 到顶点的距离大于到该平分线与对边交点的距离; 特别地, 当 AB, BC, CA 成等差数列时, $AB+AC = 2BC$, 得到 $\dfrac{AI}{ID} = 2$ 等. 当 c, a, b 成等比数列时, $\dfrac{AI}{ID} = \dfrac{b+c}{a} \geqslant \dfrac{2\sqrt{bc}}{a} = 2$, 所以下面的结论成立:

> (5) 如图 3.2(2)所示, 设 I 是 $\triangle ABC$ 的内心, 则
>
> ① $AI>ID$, $BI>IE$, $CI>IF$.
>
> ② c, a, b 成等差数列 $\Leftrightarrow AI = 2ID$; c, a, b 成等比数列 $\Rightarrow AI \geqslant 2ID$.

由于 $\dfrac{AI}{ID} = \dfrac{b+c}{a}$, $\dfrac{BI}{IE} = \dfrac{a+c}{b}$, $\dfrac{CI}{IF} = \dfrac{a+b}{c}$, 如图 3.2(2)所示, 故

$$\dfrac{b+c}{a} + \dfrac{c+a}{b} + \dfrac{a+b}{c} = \left(\dfrac{b}{a} + \dfrac{a}{b}\right) + \left(\dfrac{c}{a} + \dfrac{a}{c}\right) + \left(\dfrac{c}{b} + \dfrac{b}{c}\right)$$

$$\geqslant 2+2+2 = 6,$$

于是 $\dfrac{AI}{ID}+\dfrac{BI}{IE}+\dfrac{CI}{IF}\geqslant 6$,等号当且仅当 $\triangle ABC$ 为正三角形时成立;而

$$\dfrac{b+c}{a}\cdot\dfrac{c+a}{b}\cdot\dfrac{a+b}{c}\geqslant\dfrac{2\sqrt{bc}}{a}\cdot\dfrac{2\sqrt{ca}}{b}\cdot\dfrac{2\sqrt{ab}}{c}=8,$$

等号当且仅当 $\triangle ABC$ 为正三角形时成立.

于是可得如下结论:

> (6) 设 I 为 $\triangle ABC$ 的内心,如图 3.2(2)所示,则
>
> ① $\dfrac{AI}{ID}+\dfrac{BI}{IE}+\dfrac{CI}{IF}\geqslant 6$,等号当且仅当 $\triangle ABC$ 为正三角形时成立;
>
> ② $\dfrac{AI}{ID}\cdot\dfrac{BI}{IE}\cdot\dfrac{CI}{IF}\geqslant 8$,等号当且仅当 $\triangle ABC$ 为正三角形时成立.

下列结论刻画了内心 I 到三个顶点距离的等量关系.

> (7) 设 I 为 $\triangle ABC$ 的内心,$\triangle ABC$ 内切圆半径为 r,则
>
> ① $abcr=pAI\cdot BI\cdot CI\Leftrightarrow AI\cdot BI\cdot CI=4Rr^2$;
>
> ② $\dfrac{AI^2}{bc}+\dfrac{BI^2}{ca}+\dfrac{CI^2}{ab}=1$.

证明 ① 由 3.1(6)① 得 $\dfrac{AI\cdot BI\cdot CI}{abc}=\tan\dfrac{A}{2}\tan\dfrac{B}{2}\tan\dfrac{C}{2}$.

再由 1.3(9)③ 知 $\tan\dfrac{A}{2}=\dfrac{r}{p-a}$,$\tan\dfrac{B}{2}=\dfrac{r}{p-b}$,$\tan\dfrac{C}{2}=\dfrac{r}{p-c}$. 所以

$$\dfrac{AI\cdot BI\cdot CI}{abc}=\dfrac{r}{p-a}\cdot\dfrac{r}{p-b}\cdot\dfrac{r}{p-c}=\dfrac{pr^3}{\Delta^2}=\dfrac{r}{p}$$

$$\Leftrightarrow\quad AI\cdot BI\cdot CI=abc\cdot\dfrac{r}{p}=4R\Delta\cdot\dfrac{r}{p}=4R\cdot pr\cdot\dfrac{r}{p}=4Rr^2.$$

② 由 3.1(6)① 得 $\dfrac{AI^2}{bc}=\dfrac{16R^2\sin^2\dfrac{B}{2}\sin^2\dfrac{C}{2}}{2R\sin B\cdot 2R\sin C}=\tan\dfrac{B}{2}\tan\dfrac{C}{2}$. 同理,$\dfrac{BI^2}{ca}=$

$\tan\dfrac{C}{2}\tan\dfrac{A}{2}$,$\dfrac{CI^2}{ab}=\tan\dfrac{A}{2}\tan\dfrac{B}{2}$. 又由 1.4(4)② 知 $\tan\dfrac{A}{2}\tan\dfrac{B}{2}+\tan\dfrac{B}{2}\tan\dfrac{C}{2}+$

$\tan\dfrac{C}{2}\tan\dfrac{A}{2}=1$. 证毕.

上述①的证明最后用了 1.3(4) 中的海伦公式.

对给定的 $\triangle ABC$,内心、外心有隐藏的关系. 如图 3.2(3)所示,我们先给出三角形半切圆的定义:与三角形的外接圆内切且与三角形两边相切的圆称为三角形的半切圆. 半切圆半径具有以下结论:

（8）如图 3.2(3)所示，$\triangle ABC$ 的外心为 O，内切圆半径为 r，则与 AB，AC 相切的半切圆半径为 $R_A = \dfrac{r}{\cos^2 \dfrac{A}{2}}$．

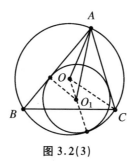

图 3.2(3)

证明　如图 3.2(3)所示，设 O_1 是与 AB，AC 相切的半切圆的圆心．在 $\triangle AOO_1$ 中，$OA = R$，$OO_1 = R - R_A$，注意到 5.1(4)①，则

$$AO_1 = R_A \csc \frac{A}{2} \quad \left(\csc \frac{A}{2} = \frac{1}{\sin \dfrac{A}{2}}\right),$$

$$\angle OAO_1 = \left| \frac{A}{2} - \angle OAB \right| = \left| \frac{A}{2} - \frac{\pi - 2C}{2} \right| = \left| \frac{C - A}{2} \right|.$$

由余弦定理得 $OO_1^2 = AO^2 + AO_1^2 - 2AO \cdot AO_1 \cos \dfrac{C - A}{2}$，即

$$(R - R_A)^2 = R^2 + \left(R_A \csc \frac{A}{2} \right)^2 - 2R \cdot R_A \csc \frac{A}{2} \cos \frac{C - A}{2},$$

整理得 $R_A \left(1 - \sin^2 \dfrac{A}{2} \right) = 2R \left(\cos \dfrac{B - C}{2} - \sin \dfrac{A}{2} \right) \sin \dfrac{A}{2}$，即

$$R_A \cos^2 \frac{A}{2} = 2R \left(\cos \frac{B - C}{2} - \cos \frac{B + C}{2} \right) \sin \frac{A}{2} = 4R \sin \frac{A}{2} \sin \frac{B}{2} \sin \frac{C}{2}.$$

由 1.4(9)①知 $r = 4R \sin \dfrac{A}{2} \sin \dfrac{B}{2} \sin \dfrac{C}{2}$，所以由上式得 $R_A = \dfrac{r}{\cos^2 \dfrac{A}{2}}$．

有了这个结论，我们就可以建立以下涉及内心 I 的一个有意义的结论，这个结论暗藏了外心、内心的一个关系．

（9）如图 3.2(4)所示，设 B_1，C_1 分别是 $\triangle ABC$ 半切圆与 AC，AB 的切点，则 $B_1 C_1$ 的中点 I 是 $\triangle ABC$ 的内心．

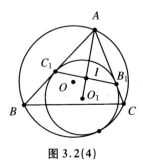

图 3.2(4)

证明 因为 $\triangle AB_1C_1$ 是等腰三角形,所以在 $\triangle AIC_1$ 中,$AI = AC_1 \cos \dfrac{A}{2} = R_A \cot \dfrac{A}{2} \cdot \cos \dfrac{A}{2}$.

由(8)知 $R_A = \dfrac{r}{\cos^2 \dfrac{A}{2}}$,所以 $AI = \dfrac{r}{\cos^2 \dfrac{A}{2}} \cdot \dfrac{\cos \dfrac{A}{2}}{\sin \dfrac{A}{2}} \cdot \cos \dfrac{A}{2} = \dfrac{r}{\sin \dfrac{A}{2}}$.故 I 是 $\triangle ABC$ 的内心.

最后,由(8)知 $R_A = \dfrac{r}{\cos^2 \dfrac{A}{2}}$,$R_B = \dfrac{r}{\cos^2 \dfrac{B}{2}}$,$R_C = \dfrac{r}{\cos^2 \dfrac{C}{2}}$,所以 $\dfrac{r}{R_A} = \cos^2 \dfrac{A}{2}$,故

$$\sum \frac{r}{R_A} = \sum \cos^2 \frac{A}{2} = \frac{3}{2} + \frac{1}{2} \sum \cos A.$$

再由 1.4(9)②③知 $\sum \cos A = \dfrac{R + r}{R}$,$R \geqslant 2r$,所以

$$\sum \frac{r}{R_A} = \frac{3}{2} + \frac{1}{2} \cdot \frac{R + r}{R} = \frac{3}{2} + \frac{1}{2} \left(1 + \frac{r}{R} \right)$$

$$\leqslant \frac{3}{2} + \frac{1}{2} \left(1 + \frac{1}{2} \right) = \frac{9}{4}.$$

得到下列(10)成立:

---

(10) 设 $\triangle ABC$ 的三个半切圆半径为 R_A,R_B,R_C,内切圆半径为 r,则 $\sum \dfrac{r}{R_A} \leqslant \dfrac{9}{4}$,等号当且仅当 $\triangle ABC$ 为正三角形时成立.

3.3　三角形内角平分线长及相关不等式

本节研究内角平分线的表示及相关的量的关系.

如图 3.2(1) 所示, 显然有面积关系: $S_{\triangle ABC} = S_{\triangle ABD} + S_{\triangle ACD}$, 即

$$\frac{1}{2}bc\sin A = \frac{1}{2}c \cdot AD\sin\frac{A}{2} + \frac{1}{2}b \cdot AD\sin\frac{A}{2}.$$

因为 $\sin A = 2\sin\frac{A}{2}\cos\frac{A}{2}$, 所以 $AD = \dfrac{2bc\cos\dfrac{A}{2}}{b+c}$, 即 $\omega_a = \dfrac{2bc\cos\dfrac{A}{2}}{b+c}$. 又由 1.3(9)

② 知 $\cos\dfrac{A}{2} = \sqrt{\dfrac{p(p-a)}{bc}}$. 所以下列结果成立:

> (1) 若 $\triangle ABC$ 三边为 a, b, c, ω_a 表示 A 的内角平分线长, 则
>
> ① $\omega_a = \dfrac{2bc\cos\dfrac{A}{2}}{b+c}$, $\omega_b = \dfrac{2ca\cos\dfrac{B}{2}}{c+a}$, $\omega_c = \dfrac{2ab\cos\dfrac{C}{2}}{a+b}$;
>
> ② $\omega_a^2 = \dfrac{4bcp(p-a)}{(b+c)^2}$, $\omega_b^2 = \dfrac{4cap(p-b)}{(c+a)^2}$, $\omega_c^2 = \dfrac{4abp(p-c)}{(a+b)^2}$.

下面求顶点到内心的距离. 我们给出两种方法, 分别得出两个不同形式的结果.

方法 1　用角平分线定理以及合比定理.

由 3.2(4)①,

$$\frac{AI}{ID} = \frac{AB+AC}{BC} \quad \Rightarrow \quad \frac{AI+ID}{ID} = \frac{AB+AC+BC}{BC} \quad \Rightarrow \quad \frac{AD}{ID} = \frac{2p}{a},$$

得

$$ID = \frac{a}{2p} \cdot AD = \frac{a}{2p} \cdot \frac{2bc\cos\dfrac{A}{2}}{b+c} = \frac{a}{p} \cdot \frac{bc}{b+c} \cdot \sqrt{\frac{p(p-a)}{bc}}$$

$$= \frac{a}{b+c}\sqrt{\frac{bc(p-a)}{p}}.$$

另一方面,

$$AI = \frac{b+c}{a} \cdot ID = \frac{b+c}{a} \cdot \frac{a\sqrt{bc}}{b+c}\sqrt{\frac{p-a}{p}}$$

$$= \sqrt{bc}\sqrt{\frac{p-a}{p}} = \sqrt{\frac{bc(p-a)}{p}},$$

同理有 BI, CI.

方法 2 用 1.5(4) 中的公式.

先做回顾. 由 1.5(4), 对平面内的一点 P, AQ, BQ, CQ 分别交对边于点 D, E, F, $\lambda = \dfrac{AE}{EC}$, $\mu = \dfrac{AF}{FB}$, 如图 3.3(1) 所示, 则

$$PQ^2 = \frac{PA^2 + \mu PB^2 + \lambda PC^2}{1 + \lambda + \mu} - \frac{\lambda\mu a^2 + \lambda b^2 + \mu c^2}{(1 + \lambda + \mu)^2}.$$

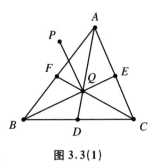

图 3.3(1)

有以下两个特例:

① 当点 P 就是点 A 时, $PA = 0$, $PB = AB = c$, $PC = AC = b$, 则上式化为

$$AQ^2 = \frac{\lambda(\lambda + \mu)b^2 + \mu(\lambda + \mu)c^2 - \lambda\mu a^2}{(1 + \lambda + \mu)^2},$$

这是顶点 A 到点 Q 的距离公式.

② 当点 Q 为内心 I 时, 由角平分线定理(3.2(1))知 $\lambda = \dfrac{c}{a}$, $\mu = \dfrac{b}{a}$, 则

$$AI^2 = \frac{a \cdot PA^2 + b \cdot PB^2 + c \cdot PC^2 - abc}{a + b + c},$$

这是顶点 A 到内心 I 的距离公式.

当公式中的点 Q 为 △ABC 的内心 I 时, $\lambda = \dfrac{c}{a}$, $\mu = \dfrac{b}{a}$, 代入①得顶点 A 到点 I 的距离是

$$AI^2 = \frac{\dfrac{c}{a} \cdot \left(\dfrac{c}{a} + \dfrac{b}{a}\right)b^2 + \dfrac{b}{a} \cdot \left(\dfrac{c}{a} + \dfrac{b}{a}\right)c^2 - \dfrac{a^2 bc}{a^2}}{\left(1 + \dfrac{b}{a} + \dfrac{c}{a}\right)^2}$$

$$= \frac{bc(a + b + c - 2a)}{a + b + c} = \frac{bc(p - a)}{p}$$

$$= bc - \frac{2abc}{a + b + c}.$$

注意到 $\Delta = \dfrac{abc}{4R} = pr = \dfrac{1}{2}(a + b + c)r$, 所以 $\dfrac{abc}{a + b + c} = 2Rr$. 上式变成 $AI^2 = bc - 4Rr$. 同理, $BI^2 = ca - 4Rr$, $CI^2 = ab - 4Rr$.

于是可得如下结论：

> （2）在 $\triangle ABC$ 中，R，r 分别是外接圆和内切圆的半径，内心 I 分角平分线 AD 为 AI，ID 两段，则
>
> ① $AI = \sqrt{\dfrac{bc(p-a)}{p}} = \sqrt{bc - 4Rr}$，$BI = \sqrt{\dfrac{ca(p-b)}{p}} = \sqrt{ca - 4Rr}$，
>
> $CI = \sqrt{\dfrac{ab(p-c)}{p}} = \sqrt{ab - 4Rr}$；
>
> ② $ID = \dfrac{a}{b+c} \sqrt{\dfrac{bc(p-a)}{p}}$，$IE = \dfrac{b}{c+a} \sqrt{\dfrac{ca(p-b)}{p}}$，$IF = \dfrac{c}{a+b}$
>
> $\sqrt{\dfrac{ab(p-c)}{p}}$.

再回到角平分线 ω_a，ω_b，ω_c. 由 1.3(1)知 $\omega_a = \dfrac{2bc\cos\dfrac{A}{2}}{b+c} < \dfrac{2bc}{b+c} \leqslant \sqrt{bc}$，所以 $\omega_a \leqslant \sqrt{bc}$，同理，$\omega_b \leqslant \sqrt{ca}$，$\omega_c \leqslant \sqrt{ab}$.

另一方面，

$$\omega_a^2 = \frac{4bcp(p-a)}{(b+c)^2} = \frac{4bc}{(b+c)^2} \cdot p(p-a)$$

$$\leqslant \frac{4bc}{(2\sqrt{bc})^2} \cdot p(p-a) = p(p-a)$$

$$= \frac{a+b+c}{2} \cdot \frac{b+c-a}{2} = \frac{(b+c)^2 - a^2}{4} < bc$$

$$\Longleftrightarrow \quad (b+c)^2 - a^2 < 4bc \quad \Longleftrightarrow \quad (b-c)^2 < a^2$$

$$\Longleftrightarrow \quad |b-c| < a.$$

这就证明了 $\omega_a \leqslant \sqrt{p(p-a)} < \sqrt{bc}$，同理，$\omega_b \leqslant \sqrt{p(p-b)} < \sqrt{ca}$，$\omega_c \leqslant \sqrt{p(p-c)} < \sqrt{ab}$.

于是得到下列结论：

> （3）若 $\triangle ABC$ 三边为 a，b，c，p 是 $\triangle ABC$ 的半周长，则有 $\omega_a \leqslant \sqrt{p(p-a)} < \sqrt{bc}$，$\omega_b \leqslant \sqrt{p(p-b)} < \sqrt{ca}$，$\omega_c \leqslant \sqrt{p(p-c)} < \sqrt{ab}$.

利用这个结果，结合 1.3(7)得

$$\omega_a \omega_b \omega_c \leqslant \sqrt{p(p-a)} \cdot \sqrt{p(p-b)} \cdot \sqrt{p(p-c)}$$

$$= p^2 \sqrt{\frac{(p-a)(p-b)(p-c)}{p}} = p^2 r.$$

又因 $abc = 4R\Delta$，所以下列结论成立：

> （4）① $\omega_a\omega_b\omega_c \leqslant p^2 r$，等号当且仅当 $\triangle ABC$ 是正三角形时成立；
>
> ② $\omega_a\omega_b\omega_c < abc$；
>
> ③ $\omega_a\omega_b\omega_c < 4R\Delta$.

因为 $\omega_a \leqslant \sqrt{p(p-a)} < \dfrac{p + p - a}{2} = p - \dfrac{a}{2}$，同理，$\omega_b < p - \dfrac{b}{2}$，$\omega_c < p - \dfrac{c}{2}$，所以 $\omega_a + \omega_b + \omega_c < 2p$，再由 1.1(2)⑤知

$$\left(\frac{\omega_a + \omega_b + \omega_c}{3}\right)^2 \leqslant \left[\frac{\sqrt{p(p-a)} + \sqrt{p(p-b)} + \sqrt{p(p-c)}}{3}\right]^2$$

$$\leqslant \frac{p(p-a) + p(p-b) + p(p-c)}{3} = \frac{p^2}{3},$$

即 $\omega_a + \omega_b + \omega_c \leqslant \sqrt{3} p$，等号当且仅当 $\triangle ABC$ 是正三角形时成立.

又因为

$$\omega_a\omega_b \leqslant \sqrt{p(p-a)} \cdot \sqrt{p(p-b)} = p\sqrt{(p-a)(p-b)}$$

$$= p \cdot \sqrt{\frac{[c - (a-b)][c + (a-b)]}{4}} = p \cdot \sqrt{\frac{c^2 - (a-b)^2}{4}} \leqslant p \cdot \frac{c}{2},$$

同理，$\omega_b\omega_c \leqslant p \cdot \dfrac{a}{2}$，$\omega_c\omega_a \leqslant p \cdot \dfrac{b}{2}$. 三式相加，得 $\omega_a\omega_b + \omega_b\omega_c + \omega_c\omega_a \leqslant p^2$. 所以下列结论成立：

> （5）① $\omega_a + \omega_b + \omega_c \leqslant \sqrt{3} p$；
>
> ② $\omega_a\omega_b + \omega_b\omega_c + \omega_c\omega_a \leqslant p^2$.

因为 $\omega_a^2 \leqslant p(p-a)$，$\omega_b^2 \leqslant p(p-b)$，$\omega_c^2 \leqslant p(p-c)$，所以三式相加，得 $\omega_a^2 + \omega_b^2 + \omega_c^2 \leqslant p(3p - a - b - c) = p^2$. 于是下列结论成立：

> （6）$\omega_a^2 + \omega_b^2 + \omega_c^2 \leqslant p^2$.

由 1.1(2)④知 $(a + b + c)^2 \leqslant 3(a^2 + b^2 + c^2)$，即 $p^2 \leqslant \dfrac{3}{4}(a^2 + b^2 + c^2)$.

由 2.2(2)①知 $m_a^2 + m_b^2 + m_c^2 = \dfrac{3}{4}(a^2 + b^2 + c^2)$，则结合(6)得 $m_a^2 + m_b^2 + m_c^2 \geqslant p^2 \geqslant \omega_a^2 + \omega_b^2 + \omega_c^2$，即有下面的结论：

> （7）$m_a^2 + m_b^2 + m_c^2 \geqslant p^2 \geqslant \omega_a^2 + \omega_b^2 + \omega_c^2$，等号当且仅当 $\triangle ABC$ 为正三角形时成立.

下面给出涉及三条高线、三条中垂线、三条内角平分线、三个旁切圆半径的不等式关系.旁切圆的更多内容见第 6 章.关于旁切圆半径的不等式,可以认为是第 6 章内容的前置,但是不影响读者阅读.

首先,由本小节 (1) 知 $\omega_a = \dfrac{2bc\cos\dfrac{A}{2}}{b+c}$,又由 1.3(9) 知 $\cos\dfrac{A}{2} = \sqrt{\dfrac{p(p-a)}{bc}} = \sqrt{\dfrac{pp_a}{bc}}$,得到

$$\omega_a = \frac{2bc}{b+c}\sqrt{\frac{pp_a}{bc}} = \frac{2\sqrt{bc}}{b+c}\sqrt{pp_a},$$

又 $b+c \geqslant 2\sqrt{bc}$,所以 $\omega_a \leqslant \sqrt{pp_a}$.同理,$\omega_b \leqslant \sqrt{pp_b}$,$\omega_c \leqslant \sqrt{pp_c}$.故 $\omega_a\omega_b\omega_c \leqslant p\sqrt{pp_ap_bp_c} = p\Delta$.而

$$m_a^2 = \frac{1}{4}(b^2 + c^2 + 2bc\cos A) \geqslant \frac{1}{4} \cdot 2bc(1+\cos A) = \frac{1}{4} \cdot 2bc \cdot 2\cos^2\frac{A}{2},$$

即 $m_a^2 \geqslant bc\cos^2\dfrac{A}{2}$.同理,可得 m_b^2,m_c^2.所以(见 1.3(10)③,1.3(5))

$$m_a^2 m_b^2 m_c^2 \geqslant a^2 b^2 c^2 \cos^2\frac{A}{2}\cos^2\frac{B}{2}\cos^2\frac{C}{2} = p^2\Delta^2 = (p \cdot pr)^2 = (p^2 r)^2,$$

这里用到了本节 (4)① $\omega_a\omega_b\omega_c \leqslant p^2 r$.因此 $m_a m_b m_c \geqslant \omega_a\omega_b\omega_c \geqslant h_a h_b h_c$,其中,后一步显然成立.

继续用 $\omega_a \leqslant \sqrt{pp_a}$,$\omega_b \leqslant \sqrt{pp_b}$,$\omega_c \leqslant \sqrt{pp_c}$,以及 1.3(4) $\Delta = \sqrt{pp_ap_bp_c}$,1.3(10),可得

$$\omega_a + \omega_b + \omega_c \leqslant \frac{\Delta}{\sqrt{p_ap_b}} + \frac{\Delta}{\sqrt{p_bp_c}} + \frac{\Delta}{\sqrt{p_cp_a}}$$
$$= \sqrt{r_ar_b} + \sqrt{r_br_c} + \sqrt{r_cr_a} \leqslant r_a + r_b + r_c.$$

于是得到下列结论:

> (8) 在 $\triangle ABC$ 中,有
> ① $m_a m_b m_c \geqslant \omega_a\omega_b\omega_c \geqslant h_a h_b h_c$;
> ② $\omega_a + \omega_b + \omega_c \leqslant r_a + r_b + r_c$.

下面给出 $AI + BI + CI$ 的上下界.一个量的上下界,说明这个量"不大也不小",恰好在某个范围内,这是人们对量的关系的一个刻画,由此产生几何不等式的一系列问题.

由上一节 3.2(7)③ 知 $\dfrac{AI^2}{bc} + \dfrac{BI^2}{ca} + \dfrac{CI^2}{ab} = 1$.

由柯西不等式 (1.1(7)) 知

$$(AI + BI + CI)^2 = \left(\frac{AI}{\sqrt{bc}} \cdot \sqrt{bc} + \frac{BI}{\sqrt{ca}} \cdot \sqrt{ca} + \frac{CI}{\sqrt{ab}} \cdot \sqrt{ab} \right)^2$$

$$\leqslant \left(\frac{AI^2}{bc} + \frac{BI^2}{ca} + \frac{CI^2}{ab} \right)^2 (ab + bc + ca)$$

$$= ab + bc + ca.$$

再由 1.4(8)⑤知 $ab + bc + ca \leqslant 9R^2$，所以 $(AI + BI + CI)^2 \leqslant 9R^2$.

设内切圆切 AB 边于点 E，则

$$AI = \sqrt{AE^2 + r^2} = \sqrt{\left(\frac{b + c - a}{2} \right)^2 + r^2} = \sqrt{(p - a)^2 + r^2}.$$

同理，$BI = \sqrt{(p - b)^2 + r^2}$，$CI = \sqrt{(p - c)^2 + r^2}$.

对于平面向量 $\boldsymbol{a}, \boldsymbol{b}, \boldsymbol{c}$，易见

$$|\boldsymbol{a} + \boldsymbol{b} + \boldsymbol{c}| = |(\boldsymbol{a} + \boldsymbol{b}) + \boldsymbol{c}| \leqslant |(\boldsymbol{a} + \boldsymbol{b})| + |\boldsymbol{c}| \leqslant |\boldsymbol{a}| + |\boldsymbol{b}| + |\boldsymbol{c}|.$$

当 $\boldsymbol{a}, \boldsymbol{b}, \boldsymbol{c}$ 分别取 (x_i, y_i) $(i = 1, 2, 3)$ 时，得

$$\sum_{i=1}^{3} \sqrt{x_i^2 + y_i^2} \geqslant \sqrt{\left(\sum_{i=1}^{3} x_i \right)^2 + \left(\sum_{i=1}^{3} y_i \right)^2}.$$

将这个结果用到 $AI + BI + CI$ 上，得

$$AI + BI + CI \geqslant \sqrt{[(p - a) + (p - b) + (p - c)]^2 + 9r^2} = \sqrt{p^2 + 9r^2},$$

即 $(AI + BI + CI)^2 \geqslant p^2 + 9r^2$.

由 1.4(8)③知 $6\sqrt{3}r \leqslant a + b + c \leqslant 3\sqrt{3}R$，所以

$$(AI + BI + CI)^2 \geqslant p^2 + 9r^2 \geqslant \frac{1}{4}(a + b + c)^2 + 9r^2 \geqslant 36r^2.$$

综合得 $36r^2 \leqslant (AI + BI + CI)^2 \leqslant 9R^2$，即 $6r \leqslant AI + BI + CI \leqslant 3R$. 所以有以下结论：

> (9) 设 $\triangle ABC$ 的内心为 I，外接圆和内切圆的半径分别为 R, r，则
> $$6r \leqslant AI + BI + CI \leqslant 3R.$$

上述证明看上去有点让人眼花缭乱，实际上却都是有章可循的. 请读者对比一下 3.1(6) 中的那个证明. 值得一提的是，这个不等式给出了欧拉不等式的一个"隔离".

另外，由 3.3(2) 知 $AI = \sqrt{bc - 4Rr}$，$BI = \sqrt{ca - 4Rr}$，$CI = \sqrt{ab - 4Rr}$，那么，从这个结果开始，能不能得到结论(9)呢? 这个留给读者思考.

3.4　三角形内心的向量表示及坐标公式

如何用向量刻画内心呢？我们先来回顾 1.6(5) 中的"奔驰定理"，这个定理给出了三角形内一点的"刻画"，那么，三角形内心的"奔驰定理"有什么样的具体形式呢？

如图 3.4(1) 所示．由 1.6(5) 知，$\triangle ABC$ 的内心 I 满足 $S_{\triangle BIC}\overrightarrow{IA}+S_{\triangle CIA}\overrightarrow{IB}+S_{\triangle AIB}\overrightarrow{IC}=0$．由于 $S_{\triangle BIC}=\dfrac{1}{2}ar$，$S_{\triangle CIA}=\dfrac{1}{2}br$，$S_{\triangle AIB}=\dfrac{1}{2}cr$，故代入得 $a\overrightarrow{IA}+b\overrightarrow{IB}+c\overrightarrow{IC}=0$．再由正弦定理可知

$$a\overrightarrow{IA}+b\overrightarrow{IB}+c\overrightarrow{IC}=0 \quad \Longleftrightarrow \quad \overrightarrow{IA}\sin A+\overrightarrow{IB}\sin B+\overrightarrow{IC}\sin C=0.$$

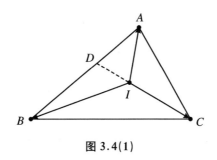

图 3.4(1)

反之，设 I 是 $\triangle ABC$ 内部一点，连接 CI 并延长交 AB 于点 D，设 $\overrightarrow{ID}=\lambda\overrightarrow{IC}$，若 $a\overrightarrow{IA}+b\overrightarrow{IB}+c\overrightarrow{IC}=0$，则

$$a(\overrightarrow{ID}+\overrightarrow{DA})+b(\overrightarrow{ID}+\overrightarrow{DB})+c\overrightarrow{IC}=0$$

$$\Longleftrightarrow \quad (\lambda a+\lambda b+c)\overrightarrow{IC}+(a\overrightarrow{DA}+b\overrightarrow{DB})=0. \tag{①}$$

记 $\overrightarrow{DA}=\beta\overrightarrow{DB}$，则

$$式 ① \quad \Longleftrightarrow \quad (\lambda a+\lambda b+c)\overrightarrow{IC}+(a\beta+b)\overrightarrow{DB}=0.$$

因为 $\overrightarrow{IC}$，$\overrightarrow{DB}$ 不共线，所以 $\begin{cases}\lambda a+\lambda b+c=0\\a\beta+b=0\end{cases}$，即 $\beta=-\dfrac{b}{a}$，亦即 $\dfrac{|\overrightarrow{DA}|}{|\overrightarrow{DB}|}=\dfrac{b}{a}$．由角平分线的逆定理知，$CI$ 是角 C 的平分线．同理，BI，AI 是角平分线．所以 I 是 $\triangle ABC$ 的内心．

于是得到下列关于内心的奔驰定理：

> (1) 在 $\triangle ABC$ 中，I 是内心 $\Longleftrightarrow a\overrightarrow{IA}+b\overrightarrow{IB}+c\overrightarrow{IC}=0\Longleftrightarrow\overrightarrow{IA}\sin A+\overrightarrow{IB}\sin B+\overrightarrow{IC}\sin C=0$．

利用内心的奔驰定理,当三角形放置于平面直角坐标系时,如果三个顶点的坐标给定(当然边长也给定),则可以轻松求得内心的坐标公式.

注意到 $\overrightarrow{IA} = \overrightarrow{IP} + \overrightarrow{PA}$, $\overrightarrow{IB} = \overrightarrow{IP} + \overrightarrow{PB}$, $\overrightarrow{IC} = \overrightarrow{IP} + \overrightarrow{PC}$, 代入(1)中等式得

$$a(\overrightarrow{IP} + \overrightarrow{PA}) + b(\overrightarrow{IP} + \overrightarrow{PB}) + c(\overrightarrow{IP} + \overrightarrow{PC}) = \mathbf{0},$$

化简得 $\overrightarrow{PI} = \dfrac{a\overrightarrow{PA} + b\overrightarrow{PB} + c\overrightarrow{PC}}{a+b+c}$.

于是可得如下结论:

> (2) 若点 P 是 $\triangle ABC$ 所在平面内任意一点,则 $\overrightarrow{PI} = \dfrac{a\overrightarrow{PA} + b\overrightarrow{PB} + c\overrightarrow{PC}}{a+b+c}$.

在平面直角坐标系中,$\triangle ABC$ 的三个顶点为 $A(x_1, y_1)$, $B(x_2, y_2)$, $B(x_3, y_3)$,内心 $I(x,y)$. 在(2)中将 P 视为原点,则 $\overrightarrow{PI} = (x,y)$, $\overrightarrow{PA} = (x_1, y_1)$, $\overrightarrow{PB} = (x_2, y_2)$, $\overrightarrow{PC} = (x_3, y_3)$,代入(2)中等式得以下结论:

> (3) 在平面直角坐标系中,设 $\triangle ABC$ 的三个顶点为 $A(x_1, y_1)$, $B(x_2, y_2)$, $C(x_3, y_3)$,内心 $I(x,y)$,则有
> $$\begin{cases} x = \dfrac{ax_1 + bx_2 + cx_3}{a+b+c} \\ y = \dfrac{ay_1 + by_2 + cy_3}{a+b+c} \end{cases}.$$

这就是已知三角形顶点的情况下,内心的坐标公式.

第4章 三角形的垂心

4.1 三角形垂心的定义和性质

$\triangle ABC$ 有三条高线,如图 4.1(1)所示,这三条高线是否交于一点呢? 由 1.5 (2)(塞瓦定理的逆定理),因为(若 H 在$\triangle ABC$ 外,情形类似)

$$\frac{AF}{FB} \cdot \frac{BD}{DC} \cdot \frac{CE}{EA} = \frac{AC\cos A}{BC\cos B} \cdot \frac{AB\cos B}{AC\cos C} \cdot \frac{BC\cos C}{AB\cos A} = 1,$$

所以 AD,BE,CF 相交于一点.于是有如下定义:

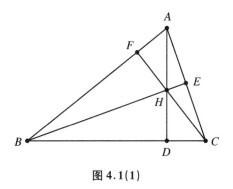

图 4.1(1)

$\triangle ABC$ 垂心的定义 $\triangle ABC$ 三条高交于一点,这个点叫三角形的垂心.垂心通常用点 H 表示.

容易看到,直角三角形的垂心是直角顶点;锐角三角形的垂心在三角形内;钝角三角形的垂心在三角形外.

由图 4.1(1),根据垂心的定义,在 H,A,B,C 四个点中,任意取三个点构成的三角形,比如$\triangle HBC$,这个三角形的垂心为 A.这就得到了下述的(1)①.

由四点共圆的判定知,以 AB 为直径的圆过点 D,E,以 BC 为直径的圆过点 E,F,以 CA 为直径的圆过点 D,F,于是得到下列性质(1)②.

综合上述讨论,得到如下结论:

（1）① 如图 4.1(1)所示，$\triangle ABC$ 的垂心为 H，则 H，A，B，C 中任意一点是其他三点构成的三角形的垂心；

② 如图 4.1(2)所示，在 $\triangle ABC$ 中，AD，BE，CF 是三条高线，点 D，E，F 为垂足，则以 AB 为直径的圆过点 D，E，以 BC 为直径的圆过点 E，F，以 CA 为直径的圆过点 D，F.

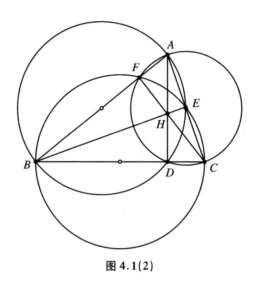

图 4.1(2)

性质（1）②也说明垂足与顶点的四点共圆关系.下列结论也成立：

（2）如图 4.1(1)所示，在 $\triangle ABC$ 中，AD，BE，CF 是三条高线，点 D，E，F 为垂足，点 H 为垂心，则 A，E，H，F；B，D，H，F；C，D，H，E 都四点共圆.这三个圆的直径分别为 AH，BH，CH.

如图 4.1(2)所示，$\angle ABE = \angle ACF$ 等.于是下列结论成立：

（3）如图 4.1(2)所示，在 $\triangle ABC$ 中，AD，BE，CF 是三条高线，点 D，E，F 为垂足，则 $\angle ABE = \angle ACF$，$\angle CBE = \angle CAD$，$\angle BCF = \angle BAD$.

如图 4.1(3)所示，在以 AB 为直径的圆中（A，E，D，B 共圆），$HA \cdot HD = HB \cdot HE$.同理，在以 BC，CA 为直径的圆中，也有类似的结论.于是得到下列结论：

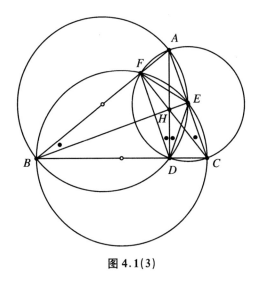

图 4.1(3)

(4) 如图 4.1(4)所示，$HA \cdot HD = HB \cdot HE = HC \cdot HF$.

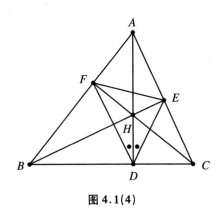

图 4.1(4)

垂心 H 到 $\triangle ABC$ 三个顶点的张角与三角形的三个角有什么关系呢？

如图 4.1(5)所示，当 $\triangle ABC$ 为锐角三角形时，H 在三角形内. 容易看到 $\angle BAD = \angle BCH = \angle BCF$，且 $\angle BHC = \angle BHD + \angle CHD = (90° - \angle HAE) + (90° - \angle HAF) = 180° - A$. 同理，$\angle CHA = 180° - B$，$\angle AHB = 180° - C$. 这就得到了下述(5)①.

但是，若 $\triangle ABC$ 中 A 为钝角，如图 4.1(6)所示，则 $\angle CHA = B$，$\angle AHB = C$，$\angle BHC = 180° - A$.

于是得到下列结果：

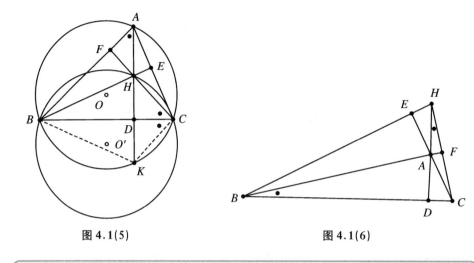

图 4.1(5)　　　　　　　图 4.1(6)

（5）① 若 $\triangle ABC$ 为锐角三角形（图 4.1(5)），则有 $\angle BHC = 180^\circ - A$，$\angle CHA = 180^\circ - B$，$\angle AHB = 180^\circ - C$；

② 若 $\triangle ABC$ 为钝角三角形（图 4.1(6)）（在 A 为钝角的情形下），则有 $\angle CHA = B$，$\angle AHB = C$，$\angle BHC = 180^\circ - A$.

当 $\triangle ABC$ 为直角三角形时，结论明显.

如图 4.1(5)所示，考察垂心 H 与 K 的关系.连接 AH 并延长交 $\triangle ABC$ 外接圆 O 于点 K，则 $AK \perp BC$.另一方面，考察外接圆 O，$\angle BCK = \angle BAK$.又在 $Rt\triangle AFH$ 和 $Rt\triangle CDH$ 中，易见 $\angle BAK = \angle BCH$，所以 $\angle BCK = \angle BCH$，因此 $\triangle HCK$ 是等腰三角形且 $HD = DK$，即点 K 是点 H 关于 BC 的对称点.同理可证，H 关于 AB，AC 的对称点都在圆 O 上.这就证明了下述结论：

（6）如图 4.1(5)所示，$\triangle ABC$ 的垂心 H 关于三边的对称点均在 $\triangle ABC$ 的外接圆上.

在图 4.1(3)和图 4.1(4)中，我们称 $\triangle DEF$ 为 $\triangle ABC$ 的垂足三角形，易见 $\angle ADF = \angle ADE$，同理，$\angle BED = \angle BEF$，$\angle CFD = \angle CFE$.所以 H 是 $\triangle DEF$ 的内心.于是有下列结论：

（7）设 $\triangle DEF$ 是 $\triangle ABC$ 的垂足三角形，则 $\triangle ABC$ 的垂心是垂足三角形 $\triangle DEF$ 的内心.

下面考察 $\triangle AHB$，$\triangle BHC$，$\triangle CHA$ 的外接半径关系（图 4.1(5)）.

在 $\triangle BHC$ 中，设其外接圆半径为 R'.由正弦定理并结合（5）①得

$$BC = 2R'\sin\angle BHC = 2R'\sin(180° - A) = 2R'\sin A.$$

而在 $\triangle ABC$ 中, $BC = 2R\sin A$, 所以 $R = R'$, 即 $\triangle ABC$, $\triangle BHC$ 的外接圆半径都相等. 同理, $\triangle CHA$, $\triangle AHB$, $\triangle ABC$ 的外接圆半径都相等. 于是得到下列结论:

> (8) 设 $\triangle ABC$ 是非直角三角形, H 是 $\triangle ABC$ 的垂心, 则 $\triangle AHB$, $\triangle BHC$, $\triangle CHA$ 的外接圆半径都与 $\triangle ABC$ 外接圆半径相等, 都等于 $\triangle ABC$ 的外接圆半径.

下面考察垂心分相应高为两段的度量关系.

如图 4.1(4) 所示, 首先易见 C, D, H, E 共圆, 所以 $\angle AHE = 180° - \angle DHE = C$, 故 $\sin\angle AHE = \sin C$.

另一方面, 在锐角 $\triangle ABC$ 中, 考虑 $Rt\triangle ABE$, 有 $AE = AB\cos A$; 在 $Rt\triangle AEH$ 中, 有

$$AH = \frac{AE}{\sin\angle AHE} = \frac{AB\cos A}{\sin C} = \frac{c \cdot \cos A}{\sin C} = \frac{c}{\sin C} \cdot \cos A = 2R\cos A,$$

即 $AH = 2R\cos A$. 同理, $BH = 2R\cos B$, $CH = 2R\cos C$. 而

$$HD = AD - AH = c \cdot \sin B - 2R\cos A = 2R\sin B\sin C - 2R\cos A$$
$$= 2R[\sin B\sin C + \cos(B + C)] = 2R\cos B\cos C.$$

同理, $HE = 2R\cos A\cos C$, $HF = 2R\cos A\cos B$.

结合 1.4(9) ② $\cos A + \cos B + \cos C = \dfrac{R + r}{R}$, 有以下结论:

> (9) 如图 4.1(4) 所示, 在锐角 $\triangle ABC$ 中, 点 H 为垂心, R 是 $\triangle ABC$ 外接圆的半径, r 是 $\triangle ABC$ 内切圆的半径, 则
> ① $AH = 2R\cos A$, $HD = 2R\cos B\cos C$;
> ② $BH = 2R\cos B$, $HE = 2R\cos A\cos C$;
> ③ $CH = 2R\cos C$, $HF = 2R\cos A\cos B$;
> ④ $AH + BH + CH = 2(R + r)$.

实际上, 只要不是直角三角形, 点 H 到三顶点的距离均可通过 $\cos A$, $\cos B$, $\cos C$ 加上绝对值求出. 也就是说, 在非直角三角形(斜三角形)中, 上述(9)①②③ 中 AH, BH, CH 可表示为下面的形式:

$$\frac{AH}{|\cos A|} = \frac{BH}{|\cos B|} = \frac{CH}{|\cos C|} = 2R.$$

再由上述的(9)知 $AH = 2R\cos A$, 所以

$$AH^2 + BC^2 = (2R\cos A)^2 + (2R\sin A)^2 = 4R^2.$$

同理, 可以证明 $BH^2 + CA^2 = 4R^2$, $CH^2 + AB^2 = 4R^2$. 这些结果表明, $\triangle ABC$ 的顶点到垂心的距离与顶点所对的边长之间有一个确定的关系, 可以写成如下结论:

(10) 若点 H 是 $\triangle ABC$ 的垂心,则 $AH^2 + BC^2 = BH^2 + CA^2 = CH^2 + AB^2 = 4R^2$.

4.2 三角形三条高的表示及不等式关系

由 1.3(4) 知

$$\Delta = \sqrt{p(p-a)(p-b)(p-c)},$$

而 $\dfrac{1}{2}ah_a = \sqrt{p(p-a)(p-b)(p-c)}$,所以

$$h_a = \frac{2}{a}\sqrt{p(p-a)(p-b)(p-c)}.$$

同理,可得 h_b, h_c. 于是得到下列结论:

(1) $\triangle ABC$ 的三条高分别为

$$h_a = \frac{2}{a}\sqrt{p(p-a)(p-b)(p-c)},$$

$$h_b = \frac{2}{b}\sqrt{p(p-a)(p-b)(p-c)},$$

$$h_c = \frac{2}{c}\sqrt{p(p-a)(p-b)(p-c)}.$$

如用 $p_a = p - a, p_b = p - b, p_c = p - c$,上述结论可更简化.

由 $\Delta = \dfrac{1}{2}ah_a = pr$,得 $h_a = \dfrac{2pr}{a} = \dfrac{r(a+b+c)}{a}$,则 $h_a + h_b + h_c = r(a+b+c)$

$\cdot \left(\dfrac{1}{a} + \dfrac{1}{b} + \dfrac{1}{c}\right)$. 所以下列结论显然成立:

(2) ① $h_a + h_b + h_c = r(a+b+c)\left(\dfrac{1}{a} + \dfrac{1}{b} + \dfrac{1}{c}\right)$;

② $\dfrac{1}{h_a}, \dfrac{1}{h_b}, \dfrac{1}{h_c}$ 可构成三角形,且该三角形与 $\triangle ABC$ 相似.

在非直角三角形中,当 $a > b$ 时,

$$a + h_a - (b + h_b) = a - b + (h_a - h_b) = a - b + \left(\frac{2\Delta}{a} - \frac{2\Delta}{b}\right)$$

$$= (a - b)\left(1 - \frac{2\Delta}{ab}\right).$$

因为 $\Delta = \frac{1}{2} ab\sin C < \frac{1}{2} ab \Leftrightarrow \frac{2\Delta}{ab} < 1$，所以 $a + h_a > b + h_b$．因此，在非直角三角形中，当 $a > b > c$ 时，有 $a + h_a > b + h_b > c + h_c$．这就证明了下述的(3)①．

由 1.1(6)③ $(a + b + c)\left(\frac{1}{a} + \frac{1}{b} + \frac{1}{c}\right) \geqslant 9$ 并结合上述(2)得 $h_a + h_b + h_c \geqslant 9r$．

于是下列结论成立：

> (3)　① 在非直角三角形中，若 $a > b > c$，则 $a + h_a > b + h_b > c + h_c$；
> ② 若 $\triangle ABC$ 的内切圆半径为 r，则 $h_a + h_b + h_c \geqslant 9r$．

下面考察三角形的高与内切圆半径和旁切圆半径的关系(旁切圆见 6.2 节)．注意，高与半径通常会与三角形面积有关系．对于下面的推导，请读者注意面积公式的灵活运用．

因为 $\frac{1}{h_a} = \frac{a}{2\Delta}$，同理，$\frac{1}{h_b} = \frac{b}{2\Delta}$，$\frac{1}{h_c} = \frac{c}{2\Delta}$，所以三式相加，并注意到 1.3(5)，得

$$\frac{1}{h_a} + \frac{1}{h_b} + \frac{1}{h_c} = \frac{a + b + c}{2} \cdot \frac{1}{\Delta} = p \cdot \frac{1}{pr} = \frac{1}{r}.$$

又由 1.3(10) $r = \frac{\Delta}{p}$，由 6.2(1) $r_a = \frac{\Delta}{p - a}$，所以

$$\frac{2rr_a}{r_a - r} = \frac{\dfrac{2\Delta^2}{p(p - a)}}{\dfrac{\Delta}{p - a} - \dfrac{\Delta}{p}} = \frac{2\Delta}{a} = h_a.$$

于是

$$\frac{h_a + h_b}{r_c} = \frac{\dfrac{2\Delta}{a} + \dfrac{2\Delta}{b}}{p\tan \dfrac{C}{2}} = \frac{\dfrac{2 \cdot \frac{1}{2} ab\sin C}{a} + \dfrac{2 \cdot \frac{1}{2} ab\sin C}{b}}{p\tan \dfrac{C}{2}} = \frac{(a + b)\sin C}{p\tan \dfrac{C}{2}}$$

$$= \frac{1}{p}\left[(a + b) \cdot 2\cos^2 \frac{C}{2}\right] = \frac{1}{p}(a + b)(1 + \cos C),$$

$$\frac{h_b + h_c}{r_a} = \frac{1}{p}(b + c)(1 + \cos A),$$

$$\frac{h_c + h_a}{r_b} = \frac{1}{p}(c + a)(1 + \cos B),$$

所以

$$\frac{h_b + h_c}{r_a} + \frac{h_c + h_a}{r_b} + \frac{h_a + h_b}{r_c} = \frac{1}{p}\left[2(a + b + c) + (b\cos A + a\cos B\right.$$

$$+ (c\cos A + a\cos C) + (c\cos B + b\cos C)].$$

由 1.2(6)③中的射影定理,知

$$上式 = \frac{1}{p}[2(a + b + c) + a + b + c] = 6.$$

于是得到下列结论:

(4) ① $\dfrac{1}{h_a} + \dfrac{1}{h_b} + \dfrac{1}{h_c} = \dfrac{1}{r}$;

② $h_a = \dfrac{2rr_a}{r_a - r}$;

③ $\dfrac{h_b + h_c}{r_a} + \dfrac{h_c + h_a}{r_b} + \dfrac{h_a + h_b}{r_c} = 6.$

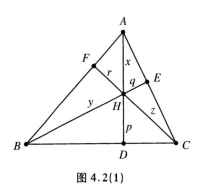

图 4.2(1)

如图 4.2(1)所示,点 H 为垂心,易得 $h_a = b\sin C$,$h_b = c\sin A$,$h_c = a\sin B$,所以 $h_a + h_b + h_c < a + b + c = 2p.$

另一方面,记 HA,HB,HC 分别为 x,y,z,点 H 到边的距离 HD,HE,HF 分别为 p,q,r,则在 $\triangle AHF$ 和 $\triangle BHF$ 中,有 $x + r > AF$,$y + r > BF$,相加得 $x + y + 2r > AB = c.$ 同理,$y + z + 2p > a$,$z + x + 2q > b.$ 三式相加,得 $2[(x + p) + (y + q) + (z + r)] > a + b + c$,即 $h_a + h_b + h_c > p$,我们已经得到 $p < h_a + h_b + h_c < 2p.$

再由 1.4(10)莫德尔不等式,参看图 4.2(1),得 $x + y + z \geqslant 2(p + q + r)$,再结合 4.1(9)得

$$2R\cos A + 2R\cos B + 2R\cos C$$
$$\geqslant 2(2R\cos B\cos C + 2R\cos C\cos A + 2R\cos A\cos B),$$

即

$$\cos A + \cos B + \cos C \geqslant 2(\cos B\cos C + \cos C\cos A + \cos A\cos B),$$

记成 $\sum \cos A \geqslant 2\sum \cos A\cos B.$

于是得到如下结论:

(5) ① 在锐角 $\triangle ABC$ 中,$p < h_a + h_b + h_c < 2p$;

② 在锐角 $\triangle ABC$ 中,有 $\sum \cos A \geqslant 2\sum \cos A\cos B$,等号当且仅当 $\triangle ABC$ 为正三角形时成立.

因为 $\dfrac{h_a}{b} + \dfrac{h_b}{c} + \dfrac{h_c}{a} = \sin A + \sin B + \sin C$，再由 1.4(7) 知 $\sin A + \sin B + \sin C$

$\leqslant \dfrac{3\sqrt{3}}{2}$，于是得到 $\dfrac{h_a}{b} + \dfrac{h_b}{c} + \dfrac{h_c}{a} \leqslant \dfrac{3\sqrt{3}}{2}$，等号当且仅当 $\triangle ABC$ 为正三角形时成立.

于是得到如下结论：

> (6) 在锐角 $\triangle ABC$ 中，若 h_a, h_b, h_c 分别是边 a, b, c 上的高，则 $\dfrac{h_a}{b} + \dfrac{h_b}{c}$
>
> $+\dfrac{h_c}{a} \leqslant \dfrac{3\sqrt{3}}{2}$，等号当且仅当 $\triangle ABC$ 为正三角形时成立.

又 $\Delta = \dfrac{1}{2} a h_a$，所以 $h_a = \dfrac{2\Delta}{a}$. 同理 $h_b = \dfrac{2\Delta}{b}, h_c = \dfrac{2\Delta}{c}$. 所以

$$h_b^2 + h_c^2 = \left(\dfrac{1}{b^2} + \dfrac{1}{c^2}\right) \cdot 4\Delta^2 = \dfrac{b^2 + c^2}{b^2 c^2} \cdot 4 \cdot \left(\dfrac{abc}{4R}\right)^2 = \dfrac{a^2(b^2 + c^2)}{4R^2},$$

即 $\dfrac{a^2}{h_b^2 + h_c^2} = \dfrac{1}{b^2 + c^2} \cdot 4R^2$. 故

$$\dfrac{a^2}{h_b^2 + h_c^2} + \dfrac{b^2}{h_c^2 + h_a^2} + \dfrac{c^2}{h_a^2 + h_b^2}$$

$$= \left(\dfrac{1}{b^2 + c^2} + \dfrac{1}{c^2 + a^2} + \dfrac{1}{a^2 + b^2}\right) \cdot 4R^2$$

$$\leqslant \left(\dfrac{1}{2ab} + \dfrac{1}{2bc} + \dfrac{1}{2ca}\right) \cdot 4R^2 = \dfrac{a + b + c}{abc} \cdot 2R^2$$

$$= \dfrac{a + b + c}{abc} \cdot 2\left(\dfrac{abc}{4\Delta}\right) \cdot R = \dfrac{a + b + c}{2pr} \cdot R = \dfrac{R}{r}.$$

于是得到如下结论：

> (7) $\dfrac{a^2}{h_b^2 + h_c^2} + \dfrac{b^2}{h_c^2 + h_a^2} + \dfrac{c^2}{h_a^2 + h_b^2} \leqslant \dfrac{R}{r}$.

4.3　垂足三角形

若 $\triangle ABC$ 的三条高为 AD, BE, CF，垂足为点 D, E, F，则称 $\triangle DEF$ 是 $\triangle ABC$ 的垂足三角形. 如图 4.3(1) 所示，在 Rt$\triangle ABE$ 和 Rt$\triangle ACF$ 中，显然 $\angle ABE = \angle ACF$. 因为 A, B, D, E 共圆，所以 $\angle ABE = \angle ADE$. 又因 A, C, D, F 共圆，所以 $\angle ADF = \angle ACF$. 于是 $\angle ADE = \angle ADF$，即 AD 是 $\angle EDF$ 的角平分线. 同理，CF 是 $\angle DFE$ 的角平分线，BE 是 $\angle DEF$ 的角平分线. 这就证明了下述的 (1)①.

如图 4.3(2)所示,△DEF 是 △ABC 的垂足三角形,B,C,E,F 共圆,则 $\angle AFE = \angle ACB$.

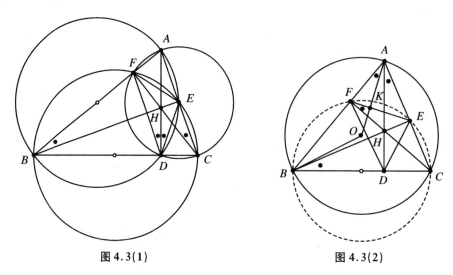

图 4.3(1)　　　　　　　　　图 4.3(2)

又在等腰 △AOB 中,

$$\angle BAO = \frac{180^\circ - \angle AOB}{2} = \frac{180^\circ - 2\angle ACB}{2} = 90^\circ - \angle ACB,$$

即 $\angle BAO + \angle ACB = 90^\circ$,$\angle CFE + \angle AFE = 90^\circ$,所以 $\angle BAO + \angle AFE = 90^\circ$,即 $AO \perp EF$.同理,$BO \perp FD$,$CO \perp DE$,这就证明了下述的(1)②.

于是得到以下结论:

> (1) 在 △ABC 中,AD,BE,CF 是三条高线,点 D,E,F 为垂足.
> ① 若 △ABC 是锐角三角形,则点 H 是 △DEF 的内心;
> ② 在任意 △ABC 中,设点 O 是 △ABC 的外心,则有 $AO \perp EF$,$BO \perp FD$,$CO \perp DE$.

下面研究垂足 △DEF 与 △ABC 有什么关系.在 △AEF 中,因为 AH 是 △AEF 外接圆的直径,所以由正弦定理可得 $EF = AH \cdot \sin A = 2R\cos A \cdot \sin A = R\sin 2A$(这里用了 4.2(9)).同理,$DE = R\sin 2C$,$DF = R\sin 2B$.于是由 1.4(3)① 和 1.3(3) 知 △DEF 的周长是

$$DE + EF + FD = R(\sin 2A + \sin 2B + \sin 2C) = 4R\sin A\sin B\sin C$$

$$= 2 \cdot \frac{2R^2\sin A\sin B\sin C}{R} = \frac{2\Delta}{R}.$$

于是得到以下结论:

(2) ① 在垂足 $\triangle DEF$ 中，$DE = R\sin 2C$，$EF = R\sin 2A$，$FD = R\sin 2B$；

② 设 $\triangle ABC$ 的垂足三角形为 $\triangle DEF$，则 $\triangle DEF$ 的周长是 $\dfrac{2\Delta}{R}$.

由图 4.3(1)，在 $\triangle DEF$ 中，$\angle EDF = \angle EDA + \angle FDA = \angle ABE + \angle FCA = (90° - A) + (90° - A) = 180° - 2A$，所以 $\angle EDF = 180° - 2A$，设其外接圆半径为 R_H. 由正弦定理得 $EF = 2R_H\sin\angle EDF = 2R_H\sin(180° - 2A) = 2R_H\sin 2A$. 又由 (2) 的证明过程知 $EF = R\sin 2A$，所以 $2R_H\sin 2A = R\sin 2A$，即 $R = 2R_H$. 于是得到 $\triangle ABC$ 的外接圆半径是它的垂足三角形外接圆半径的 2 倍，即得到下列结论：

(3) 垂足 $\triangle DEF$ 的外接圆半径为 R_H，$\triangle ABC$ 的外接圆半径为 R，则 $R = 2R_H$.

下面考虑垂足 $\triangle DEF$ 的面积. 如图 4.3(1) 所示，$\angle EDF = (90° - A) + (90° - A) = 180° - 2A$，注意到 1.3(3) 和上述 (2)①，$S_{\triangle ABC} = 2R^2\sin A\sin B\sin C$，所以可得

$$S_{\triangle DEF} = \frac{1}{2}DE \cdot DF\sin\angle EDF = \frac{1}{2} \cdot R\sin 2C \cdot R\sin 2B \cdot \sin(180° - 2A)$$

$$= \frac{1}{2}R^2\sin 2A\sin 2B\sin 2C = (2R^2\sin A\sin B\sin C) \cdot 2\cos A\cos B\cos C$$

$$= 2S_{\triangle ABC}\cos A\cos B\cos C.$$

于是得到下列结果：

(4) $\triangle ABC$ 为非直角三角形，垂足 $\triangle DEF$ 的面积为 $S_{\triangle DEF} = 2S_{\triangle ABC}\cos A \cdot \cos B\cos C$.

再由 1.4(5)③ 知 $\cos A\cos B\cos C \leqslant \dfrac{1}{8}$，所以 $S_{\triangle DEF} \leqslant \dfrac{1}{4}S_{\triangle ABC}$.

于是得到下列结论：

(5) $\triangle ABC$ 为非直角三角形，垂足 $\triangle DEF$ 的面积为 $S_{\triangle DEF} \leqslant \dfrac{1}{4}S_{\triangle ABC}$.

因为对于任意 $\triangle ABC$，由 1.4(9)③ 知 $R \geqslant 2r$，所以如果 $\triangle DEF$ 的外接圆半径为 R_H，内切圆半径为 r_H，则 $R_H \geqslant 2r_H$，结合 (3) 得 $R = 2R_H \geqslant 4r_H$.

于是得到如下结论：

(6) $\triangle ABC$ 为非直角三角形，垂足 $\triangle DEF$ 的内切圆半径为 r_H，$\triangle ABC$ 的外接圆半径为 R，则 $R \geqslant 4r_H$，等号当且仅当 $\triangle ABC$ 是正三角形时成立.

如图 4.3(3)所示,六边形 $AC'BA'CB'$ 的周长应该有"确定"关系.由 4.1(6)知 A',B',C' 是垂心 H 关于三边的对称点,所以在 $\triangle AHC'$ 中,$AH = AC' = AB'$.同理,$BH = BA' = BC'$,$CH = CA' = CB'$.所以六边形 $AC'BA'CB'$ 的周长是 $2(AH + BH + CH)$,再由 4.1(9)④知 $AH + BH + CH = 2(R + r)$,所以六边形的周长为 $4(R + r)$.

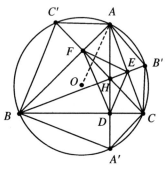

图 4.3(3)

下列问题涉及垂足 $\triangle DEF$ 的周长与 $\triangle ABC$ 的外接圆半径及其面积的关系.由 4.3(1)②知 $OA \perp EF$,所以四边形 $OEAF$ 的面积是 $\frac{1}{2} \cdot EF \cdot OA$.同理,四边形 $OFBD$ 的面积 $\frac{1}{2} \cdot BO \cdot DF$,四边形 $ODCE$ 的面积是 $\frac{1}{2} \cdot CO \cdot DE$.所以 $\triangle ABC$ 的面积 Δ 是上述三个四边形面积的和,因此 $\Delta = \frac{1}{2}(DE + EF + FD)R$,由此得到 $R(DE + EF + FD) = 2\Delta$.

而六边形 $AC'BA'CB'$ 的面积显然为 2Δ.

于是得到以下结论:

> (7) 如图 4.3(3)所示,点 H 是锐角 $\triangle ABC$ 的垂心,$\triangle DEF$ 是垂足三角形,点 A',B',C' 是 $\triangle ABC$ 的三条高与其外接圆的交点.若 $\triangle ABC$ 的外接圆半径为 R,则
> ① 六边形 $AC'BA'CB'$ 的周长是 $2(AH + BH + CH) = 4(R + r)$;
> ② $R(DE + EF + FD) = 2\Delta$;
> ③ 六边形 $AC'BA'CB'$ 的面积为 2Δ.

4.4 垂心向量表示及重心坐标公式

如图 4.1(4)所示,由 4.1(9)知点 H 到 BC 的距离为 $HD = 2R\cos B\cos C$,所以

$$S_{\triangle HBC} = \frac{1}{2}a \cdot HD = \frac{1}{2}a \cdot 2R\cos B\cos C = Ra\cos B\cos C.$$

同理,$S_{\triangle HCA} = Rb\cos A\cos C$,$S_{\triangle HAB} = Rc\cos A\cos B$.再由 1.6(5)(奔驰定理)得

$$\overrightarrow{HA}Ra\cos B\cos C + \overrightarrow{HB}Rb\cos C\cos A + \overrightarrow{HC}Rc\cos A\cos B = \mathbf{0},$$

即 $\overrightarrow{HA}\dfrac{a}{\cos A} + \overrightarrow{HB}\dfrac{b}{\cos B} + \overrightarrow{HC}\dfrac{c}{\cos C} = \mathbf{0}$.

又由正弦定理知 $\dfrac{a}{\cos A} = \dfrac{2R\sin A}{\cos A} = 2R\tan A$.同理,$\dfrac{b}{\cos B} = 2R\tan B$,$\dfrac{c}{\cos C} = 2R\tan C$.所以

$$\overrightarrow{HA}\tan A + \overrightarrow{HB}\tan B + \overrightarrow{HC}\tan C = \mathbf{0}.$$

于是得到如下结论:

> (1) 在非直角 $\triangle ABC$ 中,点 H 是 $\triangle ABC$ 的垂心,点 P 是 $\triangle ABC$ 所在平面内一点,则
>
> ① $\overrightarrow{HA}\tan A + \overrightarrow{HB}\tan B + \overrightarrow{HC}\tan C = \mathbf{0}$;
>
> ② $\overrightarrow{PH} = \dfrac{\tan A}{\tan A + \tan B + \tan C}\overrightarrow{PA} + \dfrac{\tan B}{\tan A + \tan B + \tan C}\overrightarrow{PB} + \dfrac{\tan C}{\tan A + \tan B + \tan C}\overrightarrow{PC}.$

由 1.4(4)①知,在非直角 $\triangle ABC$ 中,$\tan A + \tan B + \tan C = \tan A\tan B\tan C$.所以上述②可以写成下列形式:

> (2) 在非直角 $\triangle ABC$ 中,$\overrightarrow{PH} = \cot B\cot C\,\overrightarrow{PA} + \cot C\cot A\,\overrightarrow{PB} + \cot A\cot B\,\overrightarrow{PC}$.

利用上述结论可以求得在平面直角坐标系中 $\triangle ABC$ 三个顶点坐标已知的情况下,垂心的坐标表达式.比如,设 $A(x_1, y_1)$,$B(x_2, y_2)$,$C(x_3, y_3)$,又设垂心 $H(x, y)$,则 $\overrightarrow{HA} = (x_1 - x, y_1 - y)$,$\overrightarrow{HB} = (x_2 - x, y_2 - y)$,$\overrightarrow{HC} = (x_3 - x, y_3 - y)$,代入上面(1)①中的公式,得

$(x_1 - x, y_1 - y)\tan A + (x_2 - x, y_2 - y)\tan B + (x_3 - x, y_3 - y)\tan C = \mathbf{0}$,

整理得

$$\begin{cases} (x_1 - x)\tan A + (x_2 - x)\tan B + (x_3 - x)\tan C = 0 \\ (y_1 - y)\tan A + (y_2 - y)\tan B + (y_3 - y)\tan C = 0 \end{cases},$$

即
$$\begin{cases} x = \dfrac{x_1\tan A + x_2\tan B + x_3\tan C}{\tan A + \tan B + \tan C} \\ y = \dfrac{y_1\tan A + y_2\tan B + y_3\tan C}{\tan A + \tan B + \tan C} \end{cases}.$$

于是得到下列结论:

> (3) 设 $\triangle ABC$ 为非直角三角形,在平面直角坐标系中,$A(x_1, y_1)$,$B(x_2, y_2)$,$C(x_3, y_3)$,垂心 $H(x, y)$,则有
> $$\begin{cases} x = \dfrac{x_1\tan A + x_2\tan B + x_3\tan C}{\tan A + \tan B + \tan C} \\ y = \dfrac{y_1\tan A + y_2\tan B + y_3\tan C}{\tan A + \tan B + \tan C} \end{cases}.$$

注意,直角三角形的垂心就是直角顶点.

上述结论显然可以写成下面的形式:
$$\begin{cases} x = x_1\cot B\cot C + x_2\cot C\cot A + x_3\cot A\cot B \\ y = y_1\cot B\cot C + y_2\cot C\cot A + y_3\cot A\cot B \end{cases}.$$

第 5 章　三角形的外心

5.1　三角形外心的定义和性质

$\triangle ABC$ 三条边的垂直平分线显然是交于一点的.我们给出外心的定义:

三角形外心的定义　如图 5.1(1) 所示,$\triangle ABC$ 三条边的垂直平分线交于一点,这个点叫 $\triangle ABC$ 的外心.通常用点 O 表示.因为点 O 到三个顶点距离相等,所以点 O 是三角形外接圆的圆心,简称外心.

由于外心 O 是 $\triangle ABC$ 三条垂直平分线的交点,所以下列结论显然成立:

> (1) 当 $\triangle ABC$ 为锐角三角形时,外心 O 在 $\triangle ABC$ 内(图 5.1(1));当 $\triangle ABC$ 为钝角三角形时,外心 O 在 $\triangle ABC$ 外(图 5.1(2));当 $\triangle ABC$ 是直角三角形时,外心 O 是斜边的中点.

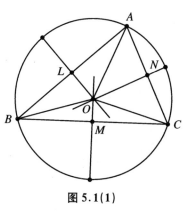

图 5.1(1)

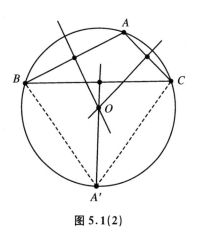

图 5.1(2)

由外接圆的定义,下列结论成立:

> (2) $\triangle ABC$ 的外心到三个顶点的距离相等.

由 1.3(8)中外接圆半径与三边的关系,下列结论显然成立:

> (3) 外心 O 就是△ABC 的外接圆圆心,△ABC 的外接圆半径通常用 R 表示,则
> $$R = OA = OB = OC = \frac{abc}{4\Delta} = \frac{abc}{4\sqrt{p(p-a)(p-b)(p-c)}}.$$

如图 5.1(1)所示,当点 O 为锐角△ABC 的外心时,由同弧上的圆周角与圆心角的关系,不难得到∠$BOC = 2A$,∠$COA = 2B$,∠$AOB = 2C$.

如图 5.1(2)所示,当 A 为钝角时,∠$BOC = 360° - 2A$,∠$COA = 2B$,∠$AOB = 2C$.

所以下列结论成立:

> (4) 在△ABC 中,
> ① 若点 O 是锐角△ABC 的外心,则∠$BOC = 2A$,∠$COA = 2B$,∠$AOB = 2C$;
> ② 若 A 为钝角,则∠$BOC = 360° - 2A$,∠$COA = 2B$,∠$AOB = 2C$.

对于直角三角形,外心 O 为斜边中点,设斜边为 c,直角边为 a,b,则由 3.1(2)知内切圆半径为 $r = \dfrac{a+b-c}{2}$,则

$$\frac{R}{r} = \frac{\dfrac{c}{2}}{\dfrac{a+b-c}{2}} = \frac{c}{a+b-c} = \frac{c}{c\sin A + c\cos A - c}$$

$$= \frac{1}{\sqrt{2}\sin\left(A + \dfrac{\pi}{4}\right) - 1}.$$

因为 $\dfrac{\sqrt{2}}{2} < \sin\left(A + \dfrac{\pi}{4}\right) \leqslant 1$,所以 $\dfrac{R}{r} \geqslant \sqrt{2}+1$,即 $R \geqslant (\sqrt{2}+1)r$.

> (5) ① 如图 5.1(3)所示,若△ABC 为直角三角形,则△ABC 的外心就是斜边的中点,外接圆的半径就是斜边的一半,且外接圆半径与内切圆半径满足 $R \geqslant (\sqrt{2}+1)r$(等号当且仅当△$ABC$ 为等腰直角三角形时成立);
> ② 正△ABC 的外心与内心重合,且外接圆半径是内切圆半径的 2 倍.

②只要简单的计算即可证得.显然,关于两个半径的关系,②也可以表述为:若△ABC 的外接圆半径是内切圆半径的 2 倍,则这个三角形是正三角形.

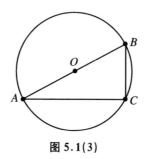

图 5.1(3)

上面①的结论也可以按照下列方法得到.

首先,由 1.1(2)①知 $(a+b)^2 \leqslant 2(a^2+b^2)$,所以 $\dfrac{a+b}{\sqrt{a^2+b^2}} \leqslant \sqrt{2}$.其次,由 3.1

(2)知 $r = \dfrac{a+b-c}{2}$,所以

$$\frac{R}{r} = \frac{\dfrac{c}{2}}{\dfrac{a+b-c}{2}} = \frac{c}{a+b-c} = \frac{\sqrt{a^2+b^2}}{a+b-\sqrt{a^2+b^2}}$$

$$= \frac{1}{\dfrac{a+b}{\sqrt{a^2+b^2}}-1} \geqslant \frac{1}{\sqrt{2}-1} = \sqrt{2}+1,$$

等号当且仅当 $A = 45°$,即为等腰直角三角形时成立.

当连接顶点 A 与外心 O,并延长交 BC 于点 D 时,点 D 分 BC 为两个部分,这两个部分有下面的性质:

> (6) 如图 5.1(4)所示,若锐角 $\triangle ABC$ 的外心为 O,连接 AO 交对边于点 D,则 $\dfrac{BD}{DC} = \dfrac{\sin 2C}{\sin 2B}$.

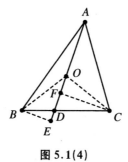

图 5.1(4)

证明　如图 5.1(4)所示,作 $BE \perp AD$ 于点 E,$CF \perp AD$ 于点 F,显然 Rt$\triangle BED$

$\backsim Rt\triangle CFD$,则

$$\frac{BD}{DC} = \frac{BE}{CF} = \frac{\frac{1}{2} \cdot BE \cdot OA}{\frac{1}{2} \cdot CF \cdot OA} = \frac{S_{\triangle AOB}}{S_{\triangle AOC}}$$

$$= \frac{\frac{1}{2} \cdot OA \cdot OB \sin \angle AOB}{\frac{1}{2} \cdot OA \cdot OC \sin \angle AOC} = \frac{\sin \angle AOB}{\sin \angle AOC}.$$

由上述(4)②知$\angle AOC = 2B$,$\angle AOB = 2C$,所以$\dfrac{BD}{DC} = \dfrac{\sin 2C}{\sin 2B}$.证毕.

注意:上述(6)对过B,C两个顶点引外心连线的情形也有相应的结论,请读者自己写出结果.不难求出 $BD = \dfrac{a\sin 2C}{\sin 2B + \sin 2C}$,$DC = \dfrac{a\sin 2A}{\sin 2A + \sin 2C}$,再由斯图尔特定理可以求出$AD$,这里略去,请读者写出相应的结论.

关于外心到三边的距离之和,有如下关系:

> (7) 若$\triangle ABC$的外心为O,其外接圆半径与内切圆半径依次为R,r,点O到AB,BC,CA的距离依次为d_1,d_2,d_3,则
>
> ① $\sum d_1 = d_1 + d_2 + d_3 = R + r$;
>
> ② $d_1 d_2 d_3 \leqslant \dfrac{1}{8} R^3$.

证明 ① 如图 5.1(5)所示,由上述(4)①知$\angle AOB = 2C$.

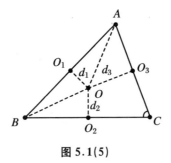

图 5.1(5)

在$\triangle BO_1 O$中,$\angle BOO_1 = \dfrac{1}{2}\angle AOB$,所以 $d_1 = OO_1 = OB\cos C = R\cos C$.同理,$d_2 = R\cos A$,$d_3 = R\cos B$.

由 1.4(2)知

$$\sum \cos A = 1 + 4\sin\frac{A}{2}\sin\frac{B}{2}\sin\frac{C}{2},$$

$$\sum d_1 = R \sum \cos A = R\left(1 + 4\sin\frac{A}{2}\sin\frac{B}{2}\sin\frac{C}{2}\right).$$

又由 1.4(9)①知 $r = 4R\sin\frac{A}{2}\sin\frac{B}{2}\sin\frac{C}{2}$，代入上式，得

$$\sum d_1 = R\left(1 + 4\cdot\frac{r}{4R}\right) = R + r.$$

② 由 1.4(5)③知 $\cos A\cos B\cos C\leqslant\dfrac{1}{8}$，所以 $\dfrac{d_1}{R}\cdot\dfrac{d_2}{R}\cdot\dfrac{d_3}{R} = \cos A\cos B\cos C\leqslant$

$\dfrac{1}{8}$，即 $d_1 d_2 d_3\leqslant\dfrac{1}{8}R^3$，等号当且仅当 $\triangle ABC$ 为正三角形时成立.

若 $\triangle ABC$ 为锐角三角形，外心 O 在 $\triangle ABC$ 内，我们来研究 $\triangle BOC$，$\triangle COA$，$\triangle AOB$ 的外接圆半径（分别记为 R_1，R_2，R_3）与 $\triangle ABC$ 的外接圆半径（R）之间的关系.

如图 5.1(1)所示，在 $\triangle BOC$ 与 $\triangle ABC$ 中，$BC = 2R_1\sin 2A = 2R\sin A$，所以 $\dfrac{R}{R_1} = 2\cos A$. 同理，$\dfrac{R}{R_2} = 2\cos B$，$\dfrac{R}{R_3} = 2\cos C$. 所以 $\dfrac{R^3}{R_1 R_2 R_3} = 8\cos A\cos B\cos C\leqslant$ 1，于是得到 $\dfrac{R^3}{R_1 R_2 R_3}\leqslant 1$，即 $R^3\leqslant R_1 R_2 R_3$，等号当且仅当 $\triangle ABC$ 为正三角形时成立.

这里用到了 1.4(5)③中的结论，$\cos A\cos B\cos C\leqslant\dfrac{1}{8}$. 下列(8)中，$\max\{x,y,z\}$ 表示 x,y,z 中最大的一个. 我们实际上得到了如下结论（这个结论不常见）：

(8) 若 $\triangle ABC$ 为锐角三角形，点 O 为 $\triangle ABC$ 的外心，记 $\triangle BOC$，$\triangle COA$，$\triangle AOB$ 的外接圆半径分别为 R_1，R_2，R_3，$\triangle ABC$ 的外接圆半径为 R，则

① $R^3 = 8R_1 R_2 R_3\cos A\cos B\cos C$；

② $R^3\leqslant R_1 R_2 R_3$ 或 $\max\{R_1,R_2,R_3\}\geqslant R$.

5.2　外心、内心、垂心的关系

本节主要研究外心、内心、垂心这三个心之间的关系. 在图 5.2(1)中，$\triangle ABC$ 的外心为 O，内心为 I，连接顶点 A 与内心并延长交外接圆于点 P，则因为 AI 是角 A 的平分线，所以点 P 等分 $\overset{\frown}{BC}$，即 $\overset{\frown}{PB} = \overset{\frown}{PC}$. 又因为 $OB = OC$，所以 $OP\perp BC$. 这个性质可以表述为多种形式.

(1) 连接 $\triangle ABC$ 的顶点和内心的直线,平分对边所在的弧;或者连接 $\triangle ABC$ 的顶点与内心的直线,与对边所在的弧交于一点,则该点与外心的连线是这条边的垂直平分线.

如图 5.2(2) 所示,点 O,I 分别为 $\triangle ABC$ 的外心及内心,点 D 为 AI 延长线与外接圆的交点,所以 $\angle BAD = \angle CAD$;$\angle DIC$ 是 $\triangle AIC$ 的一个外角,所以 $\angle DIC = \angle DAC + \angle ICA = \angle BAD + \angle ICA = \angle BCD + \angle ICB = \angle ICD$,即 $\triangle DIC$ 是等腰三角形,且 $DI = DC = DB$.于是,得到下述结论(2)①.

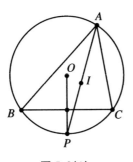
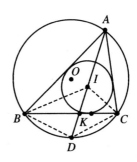

图 5.2(1)　　　　　　　　　　　图 5.2(2)

继续考察图 5.2(2),设 AD 交 BC 于点 K,则由 3.2(1) 角平分线定理,在 $\triangle ABC$ 中,AK 是角平分线,有 $\dfrac{AB}{AC} = \dfrac{BK}{KC} = \dfrac{c}{b}$.对 $\dfrac{BK}{KC} = \dfrac{c}{b}$ 用比例性质,得 $\dfrac{c+b}{b} = \dfrac{BK+KC}{KC} = \dfrac{a}{KC}$,所以 $KC = \dfrac{ab}{b+c}$,从而 $BK = \dfrac{ac}{b+c}$,故 $\dfrac{AI}{IK} = \dfrac{AB}{BK} = \dfrac{b+c}{a}$.

由所证的(2)①,$ID = BD$ 及 $\triangle BDA \backsim \triangle KCA$,得 $\dfrac{AD}{DI} = \dfrac{AD}{BD} = \dfrac{AC}{KC} = \dfrac{b+c}{a}$.同样由 $ID = BD$ 及 $\triangle BDK \backsim \triangle ACK$,得 $\dfrac{DI}{DK} = \dfrac{DB}{DK} = \dfrac{AC}{KC} = \dfrac{b+c}{a}$.

综上可知 $\dfrac{AI}{KI} = \dfrac{AD}{DI} = \dfrac{DI}{DK} = \dfrac{b+c}{a}$.这就证明了下述结论(2)②.

于是下列结论成立:

(2) ① 如图 5.2(2) 所示,若点 O,I 分别为 $\triangle ABC$ 的外心及内心,点 D 为 AI 延长线与外接圆的交点,则 $DI = DB = DC$;

② 如图 5.2(2) 所示,若 A 的角平分线交外接圆 O 于点 D,交 BC 于点 K,则

$$\frac{AI}{KI} = \frac{AD}{DI} = \frac{DI}{DK} = \frac{b+c}{a}.$$

我们将利用上述(2)求出点 O,I 之间的距离.这是所有心距离中最简洁、最漂

亮、最出人意料的结果.

如图 5.2(3) 所示,点 O,I 分别为 $\triangle ABC$ 的外心及内心,点 P 为 AI 的延长线与外接圆的交点,点 T 是内切圆与边 AC 的切点.因为 PQ 是外接圆的直径,所以 $\triangle QPC$ 是直角三角形,显然 $\triangle QPC \backsim \triangle AIT$,由此得 $\dfrac{PQ}{AI} = \dfrac{PC}{IT}$.又由上述 (2)① 的结果知 $PC = IP$,且 $PQ = 2R$,$IT = r$,所以 $\dfrac{2R}{AI} = \dfrac{IP}{r}$,即 $AI \cdot IP = 2Rr$.

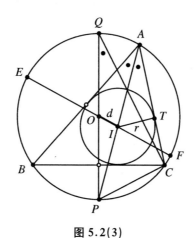

图 5.2(3)

在图 5.2(3) 中,AP 与 EF 是两条相交弦,记 $IO = d$,由相交弦定理,得
$$2Rr = AI \cdot IP = IE \cdot IF = (R + d)(R - d) = R^2 - d^2,$$
即 $d^2 = R^2 - 2Rr$.

因为 $d \geqslant 0$,所以 $R \geqslant 2r$.于是我们得到以下两个结果:

> (3) 在 $\triangle ABC$ 中,若点 O,I 分别为 $\triangle ABC$ 的外心及内心,R,r 分别为外接圆和内切圆的半径,则
> ① $IO^2 = R^2 - 2Rr$;
> ② $R \geqslant 2r$(欧拉不等式).

结论 (3)② 给出了欧拉不等式的另外一种证法以及几何意义,这个结论可由内心与外心的距离不小于零直接得出.这是得到三角形中几何不等式的一种方法,读者可留心今后遇到的心距以及相应的不等式.

下面的结论 (4) 给出了内心的一种作法.如图 5.2(4) 所示,$\triangle ABC$ 的外心为 O,圆 O' 与 AB,AC 以及外接圆 O 分别切于点 P,Q,T,线段 PQ 的中点为 I.延长 AO' 交外接圆 O 于点 S,则 AS 为 $\angle BAC$ 的角平分线.又因为 $AP = AQ$,所以 AS 也经过 PQ 的中点 I.

$\triangle ABS$ 的外接圆与 $\triangle ABC$ 的外接圆半径相同,记为 R.在 $\triangle ABS$ 中,由正弦

定理, 得 $BS = 2R\sin\dfrac{A}{2}$.

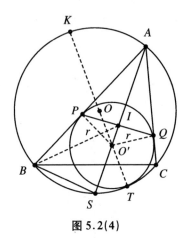

图 5.2(4)

设 $O'T = O'Q = O'P = r$, 过 OO' 作圆 O 的直径 KT. 由相交弦定理, 得 $KO' \cdot O'T = (2R - r) \cdot r = AO' \cdot O'S$, 以及 $O'P = r = AO'\sin\dfrac{A}{2}$, 所以 $O'S = \dfrac{(2R-r)r}{AO'} = (2R - r)\sin\dfrac{A}{2}$. 又因 $IO' = r\sin\dfrac{A}{2}$, 所以 $IS = IO' + O'S = 2R\sin\dfrac{A}{2}$, 即 $BS = IS$, 故点 I 是 $\triangle ABC$ 的内心(3.1(3)).

这个证法比 3.2(9)的证法复杂些.

于是得到如下结论:

> (4) 若 $\triangle ABC$ 的外心为 O, 圆 O' 与 AB, AC 以及外接圆 O 分别切于点 P, Q, T, 线段 PQ 的中点为 I, 则 I 是 $\triangle ABC$ 的内心.

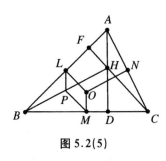

图 5.2(5)

如图 5.2(5)所示, $\triangle ABC$ 的垂心为 H, 外心为 O, OM, ON, OL 垂直相应的边. 因为 O 为外心, 所以 M, N, L 均为中点; 图中 AD, CF 垂直相应边, 取 BH 的中点 P, 得四边形 $OMPL$.

在 $\triangle AHB$ 中, LP 为中位线, 所以 $LP\ /\!/\ AH\ /\!/\ OM$; 在 $\triangle CHB$ 中, MP 为中位线, 所以 $MP\ /\!/\ CH\ /\!/\ OL$. 因此四边形 $OMPL$ 是平行四边形, 即 $OM = LP = \dfrac{1}{2}AH$.

上述表明, 垂心到顶点的距离是外心到对边距离的 2 倍. 于是得到以下结论:

> (5) 在 $\triangle ABC$ 中, 垂心到顶点的距离是外心到该顶点对边的距离的 2 倍.

利用图 5.2(6) 和图 5.2(7),可以得出上述结论(5)的另外两个证法,留给读者思考.

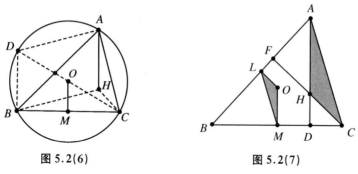

图 5.2(6)　　　　　　　　　图 5.2(7)

在图 5.2(8) 中,点 O,I,H 分别为△ABC 的外心、内心、垂心,AI 延长线交外接圆于点 P,$OA = OP$ 均为外接圆半径,所以 $\angle OPA = \angle OAP$;由 5.2(1) 知 $PO \perp BC$,所以 $PO /\!/ AH$,从而 $\angle OPA = \angle PAH$,故 AI 平分 $\angle OAH$.

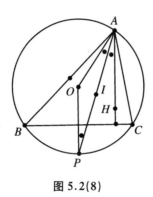

图 5.2(8)

于是我们得到下列结论:

（6）若点 O,I,H 分别为△ABC 的外心、内心、垂心,AI 延长线交外接圆于点 P,则 AI 平分 $\angle OAH$.

4.1(10) 表明

$$AH^2 + BC^2 = BH^2 + CA^2 = CH^2 + AB^2 = 4R^2,$$

所以

$$AH^2 + BH^2 + CH^2 = 12R^2 - (AB^2 + BC^2 + CA^2)$$
$$= [9R^2 - (AB^2 + BC^2 + CA^2)] + 3R^2.$$

再由 7.1(2)③ 知 $OH^2 = 9R^2 - (a^2 + b^2 + c^2)$,于是得到如下垂心与外心之间的一个关系:

(7) 若点 O, H 分别是 $\triangle ABC$ 的外心与重心, R 是 $\triangle ABC$ 的外接圆半径, 则有 $AH^2 + BH^2 + CH^2 = OH^2 + 3R^2$.

5.3 垂心、外心及欧拉线

本节介绍三角形中著名的欧拉线.

欧拉线是指三角形的重心、外心、垂心三点共线, 因由欧拉发现, 按照数学传统, 后人为纪念欧拉, 这三点所在的直线称为欧拉线. 为证明这个共线性质, 我们先证明一个涉及外心和垂心的结论, 利用这个结论可以证明欧拉线.

(1) 设 $\triangle ABC$ 的外心为 O, 则 H 是 $\triangle ABC$ 的垂心 $\Leftrightarrow \overrightarrow{OH} = \overrightarrow{OA} + \overrightarrow{OB} + \overrightarrow{OC}$.

下面给出 (1) 的三种证法.

证法 1　先证: 若 $\triangle ABC$ 的外心为 O, 则 H 是 $\triangle ABC$ 的垂心 $\Rightarrow \overrightarrow{OH} = \overrightarrow{OA} + \overrightarrow{OB} + \overrightarrow{OC}$.

如图 5.3(1) 所示, 以 $\overrightarrow{OC}$, $\overrightarrow{OB}$ 为邻边作平行四边形 $OBNC$. 因为 $|\overrightarrow{OC}| = |\overrightarrow{OB}|$, 所以四边形 $OBNC$ 是菱形. 又由 5.2(5) 知 $|\overrightarrow{AH}| = 2|\overrightarrow{OM}| = |\overrightarrow{ON}|$, 所以

$$\overrightarrow{OH} = \overrightarrow{OA} + \overrightarrow{AH} = \overrightarrow{OA} + \overrightarrow{ON} = \overrightarrow{OA} + \overrightarrow{OB} + \overrightarrow{OC}.$$

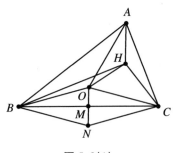

图 5.3(1)

再证: 若 $\triangle ABC$ 的外心为 O, 且 $\overrightarrow{OH} = \overrightarrow{OA} + \overrightarrow{OB} + \overrightarrow{OC} \Rightarrow H$ 是垂心.

为此先证: $AH \perp BC$.

因为 $\overrightarrow{OH} = \overrightarrow{OA} + \overrightarrow{OB} + \overrightarrow{OC} \Rightarrow \overrightarrow{AH} = \overrightarrow{OB} + \overrightarrow{OC} = \overrightarrow{ON}$, 又因为 $ON \perp BC$, 所以 $AH \perp BC$, 即点 H 在过顶点 A 的高线上. 同理, 点 H 在过顶点 B 的高线上. 这就证明了 H 是 $\triangle ABC$ 的垂心.

这个证法作为向量法不是那么纯粹,用到了 $AH = 2OM$ 这个结论.下面的证明是纯粹的向量证法.

证法 2 先证:若 $\triangle ABC$ 的外心为 O,则 H 是 $\triangle ABC$ 的垂心 $\Rightarrow \overrightarrow{OH} = \overrightarrow{OA} + \overrightarrow{OB} + \overrightarrow{OC}$.

同证法 1,得到 $AH // ON$,则 $\overrightarrow{AH} = \alpha \overrightarrow{ON} = \alpha \overrightarrow{OB} + \alpha \overrightarrow{OC}$,即

$$\overrightarrow{OH} = \overrightarrow{OA} + \alpha \overrightarrow{OB} + \alpha \overrightarrow{OC}.$$

同理,

$$\overrightarrow{OH} = \overrightarrow{OB} + \beta \overrightarrow{OA} + \beta \overrightarrow{OC}, \quad \overrightarrow{OH} = \overrightarrow{OC} + \gamma \overrightarrow{OA} + \gamma \overrightarrow{OB}.$$

比较这三个式子,得 $\alpha = \beta = \gamma = 1$,即 $\overrightarrow{OH} = \overrightarrow{OA} + \overrightarrow{OB} + \overrightarrow{OC}$.

而 $\overrightarrow{OH} = \overrightarrow{OA} + \overrightarrow{OB} + \overrightarrow{OC} \Rightarrow H$ 是垂心的证明同证法 1.

证法 3 如图 5.3(2)所示,设 O,H 分别是外心和垂心,延长 BO 交外接圆于点 D.因为 BD 是直径,所以 $AH // DC$;又因为 $DA \perp AB$,$CH \perp AB$,所以 $DA // CH$.因此,四边形 $AHCD$ 是平行四边形,所以

$$\overrightarrow{OH} = \overrightarrow{OA} + \overrightarrow{AH} = \overrightarrow{OA} + \overrightarrow{DC} = \overrightarrow{OA} + \overrightarrow{DO} + \overrightarrow{OC} = \overrightarrow{OA} + \overrightarrow{OB} + \overrightarrow{OC}.$$

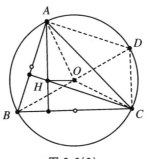

图 5.3(2)

反之,当 O 为外心,且 $\overrightarrow{OH} = \overrightarrow{OA} + \overrightarrow{OB} + \overrightarrow{OC}$ 时,如图 5.3(3)所示,则有 $\overrightarrow{OB} + \overrightarrow{OC} = 2 \overrightarrow{OM}$($M$ 是 BC 的中点),所以 $\overrightarrow{OH} - \overrightarrow{OA} = 2 \overrightarrow{OM} \Rightarrow \overrightarrow{AH} = 2 \overrightarrow{OM}$.因为 $OM \perp BC$,所以 $AH \perp BC$.同理,$BH \perp AC$.所以 H 为垂心.

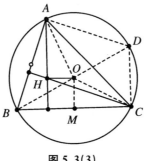

图 5.3(3)

下面结论中的线又叫欧拉线.欧拉线反映了外心、垂心、重心之间的共线关系,

同时,也给出了三个点的相对位置.这个结果对任意三角形都成立.而对某些特殊三角形,也可能存在其他三个心共线的情形.这是一个有意思的课题.

> (2) 如图 5.3(4)所示,任意三角形的外心 O、垂心 H、重心 G 都在同一条直线上(这条线叫欧拉线),且 $HG = 2GO$.

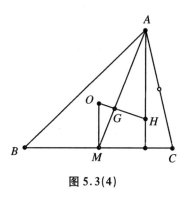

图 5.3(4)

不难看出,这个结论包括两个意义:第一,O,G,H 三点共线;第二,$HG = 2GO$.

我们给出三种不同证法.

证法 1 (据说这个证法是欧拉提出的)在图 5.3(4)中,连接外心 O 和重心 G 并延长到点 H,使得 $HG = 2GO$.在 $\triangle GOM$ 和 $\triangle GHA$ 中,因为 AM 为中线,G 为重心,所以由 2.1(1)中的重心性质知 $AG = 2GM$,$\angle OGM = \angle HGA$,则 $\triangle GOM \backsim \triangle GHA$,因此 $\angle OMG = \angle HAG$,则 $OM /\!/ AH$.又因为 $OM \perp BC$,所以 $AH \perp BC$,因此点 H 在过顶点 A 的高线上.同理,点 H 在过顶点 C 的高线上.所以 H 就是垂心,并且由相似形知 $GH = 2GO$.

证法 2 利用 2.3(2),$\overrightarrow{OG} = \dfrac{1}{3}(\overrightarrow{OA} + \overrightarrow{OB} + \overrightarrow{OC})$,而 $\overrightarrow{OH} = \overrightarrow{OA} + \overrightarrow{OB} + \overrightarrow{OC}$,所以 $\overrightarrow{OG} = \dfrac{1}{3}\overrightarrow{OH}$.证毕.

证法 3 由 2.3(2)知对任意 $\triangle ABC$ 的重心 G 以及平面上的点 P,有

$$\overrightarrow{PG} = \frac{1}{3}\overrightarrow{PA} + \frac{1}{3}\overrightarrow{PB} + \frac{1}{3}\overrightarrow{PC}.$$

同理,对垂心 H,由 4.4(2)知

$$\overrightarrow{PH} = \cot B \cot C \, \overrightarrow{PA} + \cot C \cot A \, \overrightarrow{PB} + \cot A \cot B \, \overrightarrow{PC}.$$

由下述(3),对外心 O,有

$$\overrightarrow{PO} = \frac{\sin 2A}{\sum \sin 2A} \overrightarrow{PA} + \frac{\sin 2B}{\sum \sin 2A} \overrightarrow{PB} + \frac{\sin 2C}{\sum \sin 2A} \overrightarrow{PC}.$$

其等价于

$$\overrightarrow{PO} = \frac{1 - \cot B \cot C}{2} \overrightarrow{PA} + \frac{1 - \cot C \cot A}{2} \overrightarrow{PB} + \frac{1 - \cot A \cot B}{2} \overrightarrow{PC},$$

所以

$$\overrightarrow{GO} = \overrightarrow{PO} - \overrightarrow{PG} = \left(\frac{1 - \cot B \cot C}{2} - \frac{1}{3} \right) \overrightarrow{PA} + \left(\frac{1 - \cot C \cot A}{2} - \frac{1}{3} \right) \overrightarrow{PB}$$

$$+ \left(\frac{1 - \cot A \cot B}{2} - \frac{1}{3} \right) \overrightarrow{PC},$$

$$\overrightarrow{GH} = \overrightarrow{PH} - \overrightarrow{PG}$$

$$= \cot B \cot C \overrightarrow{PA} + \cot C \cot A \overrightarrow{PB} + \cot A \cot B \overrightarrow{PC}$$

$$- \left(\frac{1}{3} \overrightarrow{PA} + \frac{1}{3} \overrightarrow{PB} + \frac{1}{3} \overrightarrow{PC} \right)$$

$$= \left(\cot B \cot C - \frac{1}{3} \right) \overrightarrow{PA} + \left(\cot C \cot A - \frac{1}{3} \right) \overrightarrow{PB}$$

$$+ \left(\cot A \cot B - \frac{1}{3} \right) \overrightarrow{PC}.$$

易见 $\overrightarrow{GH} = -2 \overrightarrow{GO}$. 这就证明了结论.

下面给出外心的坐标公式. 由 1.6(5) (奔驰定理) 知, 对锐角 $\triangle ABC$ 的外心 O, 有

$$\overrightarrow{OA} S_{\triangle BOC} + \overrightarrow{OB} S_{\triangle COA} + \overrightarrow{OC} S_{\triangle AOB} = \mathbf{0}.$$

再由 $S_{\triangle BOC} = \frac{1}{2} R^2 \sin 2A$, $S_{\triangle COA} = \frac{1}{2} R^2 \sin 2B$, $S_{\triangle AOB} = \frac{1}{2} R^2 \sin 2C$, 代入上式, 得

$$\overrightarrow{OA} \sin 2A + \overrightarrow{OB} \sin 2B + \overrightarrow{OC} \sin 2C = \mathbf{0}.$$

这是其中的一种形式, 将该式写成

$$(\overrightarrow{OP} + \overrightarrow{PA}) \sin 2A + (\overrightarrow{OP} + \overrightarrow{PB}) \sin 2B + (\overrightarrow{OP} + \overrightarrow{PC}) \sin 2C = \mathbf{0},$$

整理得

$$\overrightarrow{PO} = \frac{\sin 2A}{\sum \sin 2A} \overrightarrow{PA} + \frac{\sin 2B}{\sum \sin 2A} \overrightarrow{PB} + \frac{\sin 2C}{\sum \sin 2A} \overrightarrow{PC},$$

其中 P 为任意点, $\sum \sin 2A = \sin 2A + \sin 2B + \sin 2C$.

于是得到如下两个结论:

---

(3) 锐角 $\triangle ABC$ 的外心为 O

$\Leftrightarrow \overrightarrow{OA} \sin 2A + \overrightarrow{OB} \sin 2B + \overrightarrow{OC} \sin 2C = \mathbf{0}$

$\Leftrightarrow \overrightarrow{PO} = \dfrac{\sin 2A}{\sum \sin 2A} \overrightarrow{PA} + \dfrac{\sin 2B}{\sum \sin 2A} \overrightarrow{PB} + \dfrac{\sin 2C}{\sum \sin 2A} \overrightarrow{PC}$

$\Leftrightarrow \overrightarrow{PO} = \dfrac{1 - \cot B \cot C}{2} \overrightarrow{PA} + \dfrac{1 - \cot C \cot A}{2} \overrightarrow{PB}$

$\qquad + \dfrac{1 - \cot A \cot B}{2} \overrightarrow{PC}.$

当△ABC 是钝角三角形时,不妨设 A 为钝角,则外心 O 在△ABC 外,且与 A 位于 BC 的两侧,则同样由 1.6(9)可得类似于(3)的结论如下:

(4) 在钝角△ABC 中,外心为 O,则

① A 为钝角 $\Leftrightarrow -\overrightarrow{OA}\sin 2A + \overrightarrow{OB}\sin 2B + \overrightarrow{OC}\sin 2C = \mathbf{0}$;

② B 为钝角 $\Leftrightarrow \overrightarrow{OA}\sin 2A - \overrightarrow{OB}\sin 2B + \overrightarrow{OC}\sin 2C = \mathbf{0}$;

③ C 为钝角 $\Leftrightarrow \overrightarrow{OA}\sin 2A + \overrightarrow{OB}\sin 2B - \overrightarrow{OC}\sin 2C = \mathbf{0}$.

当△ABC 为锐角三角形时,$A(x_1, y_1), B(x_2, y_2), C(x_3, y_3)$,外心为 $O(x, y)$,当 $P(0,0)$ 时,利用(5)可直接得到外心坐标:

(5) 设△ABC 为锐角三角形,$A(x_1, y_1), B(x_2, y_2), C(x_3, y_3)$,外心为 $O(x, y)$,则

$$x = \frac{x_1 \sin 2A + x_2 \sin 2B + x_3 \sin 2C}{\sum \sin 2A},$$

$$y = \frac{y_1 \sin 2A + y_2 \sin 2B + y_3 \sin 2C}{\sum \sin 2A}.$$

上述结果也可以写成

$$\begin{cases} x = \dfrac{1 - \cot B \cot C}{2}x_1 + \dfrac{1 - \cot C \cot A}{2}x_2 + \dfrac{1 - \cot A \cot B}{2}x_3 \\ y = \dfrac{1 - \cot B \cot C}{2}y_1 + \dfrac{1 - \cot C \cot A}{2}y_2 + \dfrac{1 - \cot A \cot B}{2}y_3 \end{cases}.$$

5.4 过心的直线性质

如图 5.4(1)所示,满足 2.1(10)中的结论:G 是△ABC 内一点,过点 G 的直线分别交 AB,AC 于点 P,Q,则 G 是△ABC 的重心 $\Leftrightarrow \dfrac{AB}{AP} + \dfrac{AC}{AQ} = 3$.

设 $\overrightarrow{AB} = \lambda \overrightarrow{AP}, \overrightarrow{AC} = \mu \overrightarrow{AQ}$,上述结果可表述为 $\lambda + \mu = 3$.对重心 G 来说,这是一个不变量(任意作直线结论不变),刻画了过重心的直线交 AB,AC 分相应边的位置关系相对不变的特征.由此我们可以设想,如果过其他巧合点作类似的直线,那么相应的交点 P,Q 应该满足什么样的性质或者有什么样的关系?

我们考虑一般情形,也就是不针对 N 是三角形中的哪个巧合点.如图 5.4(2)所示,由面积关系得

$$\frac{AM}{AN} = \frac{AN + NM}{AN} = \frac{S_{\triangle APQ} + S_{\triangle MPQ}}{S_{\triangle APQ}} = \frac{S_{\triangle APM} + S_{\triangle AQM}}{\dfrac{AP \cdot AQ}{AB \cdot AC} \cdot S_{\triangle ABC}}$$

$$= \frac{\dfrac{AP}{AB} \cdot S_{\triangle ABM} + \dfrac{AQ}{AC} \cdot S_{\triangle ACM}}{\dfrac{AP \cdot AQ}{AB \cdot AC} \cdot S_{\triangle ABC}} = \frac{AC}{AQ} \cdot \frac{BM}{BC} + \frac{AB}{AP} \cdot \frac{CM}{BC},$$

即 $\lambda \dfrac{CM}{BC} + \mu \dfrac{BM}{BC} = \dfrac{AM}{AN}$.

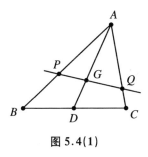

图 5.4(1)

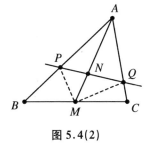

图 5.4(2)

我们把这个结果写成如下结论:

> （1）过点 N 作直线分别交 AB, AC 于点 P, Q, 连接 AN 并延长交 BC 于点 M, 则有 $\dfrac{AB}{AP} \cdot \dfrac{CM}{BC} + \dfrac{AC}{AQ} \cdot \dfrac{BM}{BC} = \dfrac{AM}{AN}$.

当 N 为重心时, M 为中点, 因此 $\dfrac{CM}{BC} = \dfrac{BM}{BC} = \dfrac{1}{2}$, $\dfrac{AM}{AN} = \dfrac{3}{2}$, 则 $\dfrac{AB}{AP} + \dfrac{AC}{AQ} = 3$.

当 N 为内心时, 由角平分线定理得

$$\frac{BM}{MC} = \frac{AB}{AC} \quad \Rightarrow \quad \frac{BM + MC}{MC} = \frac{AB + AC}{AC} \quad \Rightarrow \quad \frac{BC}{MC} = \frac{AB + AC}{AC},$$

即 $MC = \dfrac{AC}{AB + AC} \cdot BC$, 所以 $\dfrac{MC}{BC} = \dfrac{AC}{AB + AC}$. 同理, $\dfrac{BM}{BC} = \dfrac{AB}{AB + AC}$.

再由 3.2(4)①知

$$\frac{AN}{NM} = \frac{AB + AC}{BC} \quad \Rightarrow \quad \frac{AN + NM}{MN} = \frac{AB + BC + AC}{BC}$$

$$\Rightarrow \quad \frac{AM}{MN} = \frac{AB + BC + AC}{BC}$$

$$\Rightarrow \quad \frac{MN}{AM} = \frac{BC}{AB + BC + AC}$$

$$\Rightarrow \quad \frac{AM - AN}{AM} = \frac{BC}{AB + BC + AC}$$

$$\Rightarrow \quad \frac{AM}{AN} = \frac{AB + BC + AC}{AB + AC}.$$

将这些结果代入上述(1),得$\dfrac{AB}{AP} \cdot AC + \dfrac{AC}{AQ} \cdot AB = AB + BC + CA$,由 1.2

(6)正弦定理,得$\dfrac{AB}{AP}\sin B + \dfrac{AC}{AQ}\sin C = \sin A + \sin B + \sin C$.

于是得到下列结论:

> (2) 如图 5.4(3)所示,过△ABC 的内心 I 作直线分别交 AB,AC 于 P,Q
> 两点,则$\dfrac{AB}{AP}\sin B + \dfrac{AC}{AQ}\sin C = \sin A + \sin B + \sin C$.

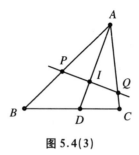

图 5.4(3)

如果过△ABC 的外心 O 作直线分别交 AB,AC 于 P,Q 两点,如图 5.4(4)所示,则由 5.1(6)知$\dfrac{BD}{DC} = \dfrac{\sin 2C}{\sin 2B}$. 因为 $BD + DC = a$,所以

$$BD = \frac{\sin 2C}{\sin 2B + \sin 2C} \cdot a,$$

$$DC = \frac{\sin 2A}{\sin 2A + \sin 2C} \cdot a,$$

注意到 5.1(4)②,则

$$\frac{AD}{AO} = \frac{S_{\triangle ABD}}{S_{\triangle BOA}} = \frac{\dfrac{1}{2} BA \cdot BD \sin B}{\dfrac{1}{2} AO \cdot BO \sin 2C}$$

$$= \frac{BA \cdot \dfrac{\sin 2C}{\sin 2B + \sin 2C} \cdot BC \sin B}{R^2 \sin 2C}$$

$$= \frac{4\sin A \sin B \sin C}{\sin 2B + \sin 2C}.$$

如图 5.4(4)所示,由上述(1)得$\dfrac{AB}{AP} \cdot \dfrac{CD}{BC} + \dfrac{AC}{AQ} \cdot \dfrac{BD}{BC} = \dfrac{AD}{AO}$. 将上面求出的相关比值代入该式,则有

$$\frac{AB}{AP} \cdot \frac{\sin 2A}{\sin 2A + \sin 2C} + \frac{AC}{AQ} \cdot \frac{\sin 2C}{\sin 2A + \sin 2C} = \frac{4\sin A\sin B\sin C}{\sin 2A + \sin 2C}.$$

所以

$$\frac{AB}{AP} \cdot \sin 2A + \frac{AC}{AQ} \cdot \sin 2C = 4\sin A\sin B\sin C.$$

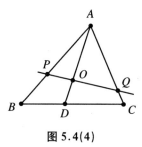

图 5.4(4)

再由 1.4(3)①知 $\sin 2A + \sin 2B + \sin 2C = 4\sin A\sin B\sin C$,故上述结果可以写成

$$\frac{AB}{AP} \cdot \sin 2A + \frac{AC}{AQ} \cdot \sin 2C = \sin 2A + \sin 2B + \sin 2C.$$

于是得到下述结论:

> (3) 过△ABC 的外心 O 作直线分别交 AB,AC 于 P,Q 两点,则有 $\dfrac{AB}{AP}$·
>
> $\sin 2A + \dfrac{AC}{AQ} \cdot \sin 2C = \sin 2A + \sin 2B + \sin 2C$.

在锐角△ABC 中,如果过垂心 H 作直线分别交 AB,AC 于 P,Q 两点,如图 5.4(5)所示,则根据(1)的结果知

$$\frac{AB}{AP} \cdot \frac{CD}{CB} + \frac{AC}{AQ} \cdot \frac{BD}{BC} = \frac{AD}{AH}. \tag{①}$$

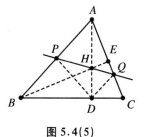

图 5.4(5)

由 4.1(9)知 $AH = 2R\cos A$,且

$$\frac{CD}{CB} = \frac{\frac{AD}{\tan C}}{CB} = \frac{AD}{CB \cdot \tan C} = \frac{AB \cdot \sin B}{CB \cdot \tan C} = \frac{\sin C \sin B}{\sin A \tan C},$$

$$\frac{BD}{BC} = \frac{\frac{AD}{\tan B}}{BC} = \frac{AD}{BC \cdot \tan B} = \frac{AB \cdot \sin B}{BC \cdot \tan B} = \frac{\sin C \sin B}{\sin A \tan B},$$

而 $\dfrac{AD}{AH} = \dfrac{AB \cdot \sin B}{2R \cos A} = \dfrac{\sin B \sin C}{\cos A}$,代入上面的式①,得

$$\frac{AB}{AP} \cdot \frac{\sin C \sin B}{\sin A \tan C} + \frac{AC}{AQ} \cdot \frac{\sin C \sin B}{\sin A \tan B} = \frac{\sin B \sin C}{\cos A},$$

两边除以 $\dfrac{\sin C \sin B}{\sin A}$,得

$$\frac{AB}{AP} \cdot \frac{1}{\tan C} + \frac{AC}{AQ} \cdot \frac{1}{\tan B} = \tan A.$$

由 1.4(4)①知 $\tan A + \tan B + \tan C = \tan A \tan B \tan C$,故上式可以化简为

$$\frac{AB}{AP} \cdot \tan B + \frac{AC}{AQ} \cdot \tan C = \tan A + \tan B + \tan C.$$

于是得到下述结论:

> (4) 在锐角 $\triangle ABC$ 中,如果过垂心 H 作直线分别交 AB,AC 于 P,Q 两点,则
>
> $$\frac{AB}{AP} \cdot \tan B + \frac{AC}{AQ} \cdot \tan C = \tan A + \tan B + \tan C.$$

如图 5.4(6)所示,设 I_a 是 BC 边相应的旁心,利用内角平分线及外角平分线,可以得到

$$\frac{AC}{AQ} \cdot AB + \frac{AB}{AP} \cdot AC = -BC + CA + AB.$$

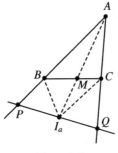

图 5.4(6)

当然这个结果也可以化为

$$\frac{AC}{AQ} \cdot \sin C + \frac{AB}{AP} \cdot \sin B = -\sin A + \sin B + \sin C.$$

于是得到下列结论:

> (5) 若过旁心 I_a 的直线分别交 AB, AC 于 P, Q 两点,则
> $$\frac{AC}{AQ} \cdot \sin C + \frac{AB}{AP} \cdot \sin B = -\sin A + \sin B + \sin C.$$

根据上述(5)的结论,对照图形,不难得到经过旁心 I_b, I_c 的直线相对应的结果,这里留给读者自行写出.下面我们求出经过 $\triangle ABC$ 正勃罗卡点 P' 的直线相对应的结果.

如图 5.4(7)所示,过点 P' 的直线分别交 AB, AC 于 P, Q 两点,则根据前面的结论(1),有

$$\frac{AB}{AP} \cdot \frac{CD}{CB} + \frac{AC}{AQ} \cdot \frac{BD}{CB} = \frac{AD}{AP'}. \qquad ②$$

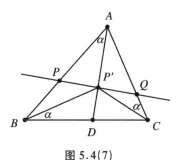

图 5.4(7)

由 9.3(2)① 知 $P'A = \dfrac{b^2 c}{\sqrt{k}}$. 由 9.3(8)② 知 $CD = \dfrac{a^3}{c^2 + a^2}$, $BD = \dfrac{ac^2}{c^2 + a^2}$.

由 9.3(9)① 知 $AD = \dfrac{c}{c^2 + a^2} \sqrt{k}$,其中 $k = a^2 b^2 + b^2 c^2 + c^2 a^2$.

代入式②,得

$$\frac{AB}{AP} \cdot \frac{\dfrac{a^3}{c^2 + a^2}}{a} + \frac{AC}{AQ} \cdot \frac{\dfrac{ac^2}{c^2 + a^2}}{a} = \frac{\dfrac{c}{c^2 + a^2} \sqrt{k}}{\dfrac{b^2 c}{\sqrt{k}}},$$

化简得

$$\frac{AB}{AP} \cdot a^2 b^2 + \frac{AC}{AQ} \cdot b^2 c^2 = a^2 b^2 + b^2 c^2 + c^2 a^2.$$

或者写成

$$\frac{AB}{AP} \sin^2 A \sin^2 B + \frac{AC}{AQ} \sin^2 B \sin^2 C = \sin^2 A \sin^2 B + \sin^2 B \sin^2 C + \sin^2 C \sin^2 A.$$

于是得到如下结论:

> (6) 过$\triangle ABC$ 的正勃罗卡点作直线分别与 AB，AC 交于 P，Q 两点,则
>
> $$\frac{AB}{AP}\sin^2 A\sin^2 B + \frac{AC}{AQ}\sin^2 B\sin^2 C$$
>
> $$= \sin^2 A\sin^2 B + \sin^2 B\sin^2 C + \sin^2 C\sin^2 A.$$

对于这个结论(6),建议读者可以先跳过去,等到学完第 9 章之后回头再看.

第6章 三角形的旁心

6.1 三角形旁心的定义和性质

我们对三角形旁心相对比较陌生,本节首先给出相应的说明及符号表示.当然,对给定的原来的△ABC,我们依然用原来的字母表示.为此,先给出定义.

三角形旁心的定义 在给定的△ABC 的边一侧,且与该边及两邻边(延长线)相切的圆叫作与该边对应的旁切圆.一个三角形有三个旁切圆.如图 6.1(1)所示,用 I_a,I_b,I_c 分别表示位于△ABC 相应边一侧的旁切圆的圆心,而它们的半径依次表示为 r_a,r_b,r_c.

在以下的讨论中,我们将对这个图中涉及的量做一个比较系统的研究.先对可能涉及的量做一个梳理.除了△ABC 的边、半径、面积、角以外,现在又有了 r_a,r_b,r_c;如图 6.1(2)所示,将三个旁心连起来,得到的三角形称作旁心三角形,有三条边 I_aI_b,I_bI_c,I_cI_a,而△$I_aI_bI_c$ 本身又产生一些角、面积等问题.稍作思考,我们就可以想象问题的复杂性,当然也有更大的挑战.

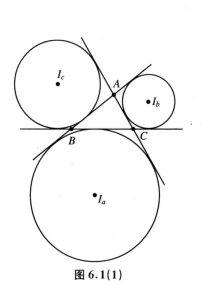

图 6.1(1)

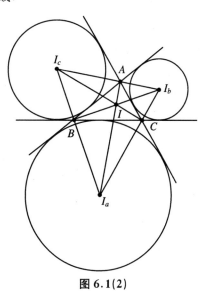

图 6.1(2)

对于给定的 $\triangle ABC$, 先将三个旁心连起来, 我们得到旁心三角形, 旁心位置有什么特别之处? 旁心三角形与原三角形有什么关系呢? 这个三角形的边长如何呢? 这三个圆的半径如何呢?

仔细观察图 6.1(2), 显然, 旁切圆 I_a 与相应三边(延长线)相切, 所以旁心到这三条边的距离相等(都等于 r_a), 因此 I_a 是 $\triangle ABC$ 的两个顶点 B, C 处的外角平分线的交点, 且 AI_a 是角 A 的内角平分线; 对另外两个旁切圆的圆心 I_b, I_c 也有同样的特点. 我们把这个发现写成如下结论:

> (1) 旁心 I_a 是 $\triangle ABC$ 的两个顶点 B, C 处的外角平分线的交点(同理, 可得 I_b, I_c); AI_a 是 $\triangle ABC$ 的角 A 的内角平分线, BI_b, CI_c 分别是 $\triangle ABC$ 的角 B, C 的内角平分线, AI_a, BI_b, CI_c 的交点是 $\triangle ABC$ 的内心 I.

连接 I_a, I_b, 则线段 I_aI_b 是顶点 C 处两个外角平分线. 因为顶点 C 处的两个外角是对顶角, 所以三点 I_a, C, I_b 共线, 即 I_aI_b 经过顶点 C. 同理, I_bI_c 经过顶点 A, I_cI_a 经过顶点 B.

另一方面, I_bI_c, AI_a 分别是顶点 A 的外角及内角平分线, 并且它们构成一个平角, 所以 $AI_a \perp I_bI_c$. 同理, $BI_b \perp I_cI_a$, $CI_c \perp I_aI_b$.

于是得到下列结论:

> (2) $\triangle I_aI_bI_c$ 的边是 $\triangle ABC$ 的外角平分线, $\triangle I_aI_bI_c$ 的高是 $\triangle ABC$ 的内角平分线, $\triangle I_aI_bI_c$ 的垂心是 $\triangle ABC$ 的内心.

下面考虑旁心 $\triangle I_aI_bI_c$ 的三个角与 $\triangle ABC$ 的三个角的关系. 如图 6.1(2) 所示, 由于 I 是 $\triangle ABC$ 的内心, 故由 3.2(3) 知 $\angle BIC = 90° + \frac{1}{2}A$. 又因为四边形 $BICI_a$ 是圆内接四边形, 所以 $I_a = 180° - \angle BIC = 90° - \frac{1}{2}A$. 同理, $I_b = 90° - \frac{1}{2}B$, $I_c = 90° - \frac{1}{2}C$. 另外, A, B, C 成等差数列 $\Leftrightarrow B = \frac{\pi}{3} \Leftrightarrow I_b = \frac{\pi}{3} \Leftrightarrow I_a, I_b, I_c$ 成等差数列.

于是得到下列结论:

> (3) 设 $\triangle ABC$ 的外心为 I_a, I_b, I_c, 则
>
> ① 在 $\triangle I_aI_bI_c$ 中, $I_a = 180° - \angle BIC = 90° - \frac{1}{2}A$, $I_b = 90° - \frac{1}{2}B$, $I_c = 90° - \frac{1}{2}C$;
>
> ② 旁心 $\triangle I_aI_bI_c$ 一定是锐角三角形;
>
> ③ $\triangle ABC$ 的三角 A, B, C 成等差数列 $\Leftrightarrow \triangle I_aI_bI_c$ 的三角 I_a, I_b, I_c 成等差数列.

如图 6.1(3) 所示,我们探讨旁切圆的半径计算. 连接 I_a 与圆 I_a 切线的切点,即连接 DI_a, EI_a, FI_a,则 $DI_a = EI_a = FI_a = r_a$. 因为 r_a "表现"为点到线的距离,所以我们用"面积法"思考 r_a 的计算.

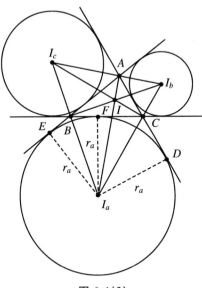

图 6.1(3)

因为 $AD = AE$, $CD = CF$, $BE = BF$,所以

$$2AD = AD + AE = AC + CD + AB + BE$$
$$= AC + AB + CD + BE$$
$$= AC + AB + CF + BF$$
$$= a + b + c,$$

即 $AD = \dfrac{a+b+c}{2} = p$.

在四边形 ADI_aE 中,

$$S_{四边形ADI_aE} = S_{\triangle ABC} + S_{四边形CDI_aF} + S_{四边形BEI_aF} = S_{\triangle ABC} + 2S_{\triangle CFI_a} + 2S_{\triangle BFI_a}$$
$$= S_{\triangle ABC} + 2(S_{\triangle CFI_a} + S_{\triangle BFI_a}) = S_{\triangle ABC} + ar_a.$$

另一方面,$S_{四边形ADI_aE} = 2S_{\triangle ADI_a} = AD \cdot r_a = pr_a$,所以 $S_{\triangle ABC} + ar_a = pr_a$,即

$r_a = \dfrac{2S_{\triangle ABC}}{-a+b+c}$.同理,$r_b = \dfrac{2S_{\triangle ABC}}{a-b+c}$,$r_c = \dfrac{2S_{\triangle ABC}}{a+b-c}$.

可记为 $r_a = \dfrac{\Delta}{p-a}$,$r_b = \dfrac{\Delta}{p-b}$,$r_c = \dfrac{\Delta}{p-c}$.于是得到如下结论:

> (4) $\triangle ABC$ 的三个旁切圆的半径分别是
>
> ① $r_a = \dfrac{2S_{\triangle ABC}}{-a+b+c}$,$r_b = \dfrac{2S_{\triangle ABC}}{a-b+c}$,$r_c = \dfrac{2S_{\triangle ABC}}{a+b-c}$;

② $r_a = \dfrac{\Delta}{p-a}, r_b = \dfrac{\Delta}{p-b}, r_c = \dfrac{\Delta}{p-c}.$

6.2　旁切圆半径的基本关系

由图 6.1(3)以及前面的讨论过程知 $\tan\dfrac{A}{2} = \dfrac{r_a}{AD} = \dfrac{r_a}{p}$. 同理，$\tan\dfrac{B}{2} = \dfrac{r_b}{p}$，$\tan\dfrac{C}{2} = \dfrac{r_c}{p}$.

由 1.4(4)②知 $\tan\dfrac{A}{2}\tan\dfrac{B}{2} + \tan\dfrac{B}{2}\tan\dfrac{C}{2} + \tan\dfrac{C}{2}\tan\dfrac{A}{2} = 1$，代入 $\tan\dfrac{A}{2} = \dfrac{r_a}{p}$，$\tan\dfrac{B}{2} = \dfrac{r_b}{p}$，$\tan\dfrac{C}{2} = \dfrac{r_c}{p}$，得 $r_a r_b + r_b r_c + r_c r_a = p^2$.

又
$$r_a r_b = \dfrac{\Delta}{p-a} \cdot \dfrac{\Delta}{p-b} = \dfrac{p(p-a)(p-b)(p-c)}{(p-a)(p-b)} = p(p-c)$$
$$= \dfrac{a+b+c}{2}\left(\dfrac{a+b+c}{2} - c\right) = \dfrac{(a+b)^2 - c^2}{4},$$

即 $4r_a r_b = (a+b)^2 - c^2$.

因为 $r_a = p\tan\dfrac{A}{2} = \dfrac{1}{2}(a+b+c)\tan\dfrac{A}{2} = R(\sin A + \sin B + \sin C)\tan\dfrac{A}{2}$，且由 1.4(1)知 $\sin A + \sin B + \sin C = 4\cos\dfrac{A}{2}\cos\dfrac{B}{2}\cos\dfrac{C}{2}$，所以

$$r_a = R \cdot 4\cos\dfrac{A}{2}\cos\dfrac{B}{2}\cos\dfrac{C}{2} \cdot \dfrac{\sin\dfrac{A}{2}}{\cos\dfrac{A}{2}} = 4R\cos\dfrac{B}{2}\cos\dfrac{C}{2}\sin\dfrac{A}{2}.$$

同理，$r_b = 4R\cos\dfrac{C}{2}\cos\dfrac{A}{2}\sin\dfrac{B}{2}$，$r_c = 4R\cos\dfrac{A}{2}\cos\dfrac{B}{2}\sin\dfrac{C}{2}$.

又因为

$$r + 4R\sin^2\dfrac{A}{2} = 4R\sin\dfrac{A}{2}\sin\dfrac{B}{2}\sin\dfrac{C}{2} + 4R\sin^2\dfrac{A}{2}$$
$$= 4R\sin\dfrac{A}{2}\left(\sin\dfrac{B}{2}\sin\dfrac{C}{2} + \cos\dfrac{B+C}{2}\right)$$
$$= 4R\sin\dfrac{A}{2}\cos\dfrac{B}{2}\cos\dfrac{C}{2} = r_a,$$

所以 $r_a = r + 4R\sin^2\dfrac{A}{2}$. 同理，$r_b = r + 4R\sin^2\dfrac{B}{2}$，$r_c = r + 4R\sin^2\dfrac{C}{2}$.

于是得到如下结论：

> (1) ① $r_a = p\tan\dfrac{A}{2}$，$r_b = p\tan\dfrac{B}{2}$，$r_c = p\tan\dfrac{C}{2}$；
>
> ② $4r_a r_b = (a+b)^2 - c^2$，$r_a r_b + r_b r_c + r_c r_a = p^2$；
>
> ③ $r_a = 4R\cos\dfrac{B}{2}\cos\dfrac{C}{2}\sin\dfrac{A}{2}$，$r_b = 4R\cos\dfrac{C}{2}\cos\dfrac{A}{2}\sin\dfrac{B}{2}$，$r_c = 4R\cos\dfrac{A}{2}$
>
> $\cdot \cos\dfrac{B}{2}\sin\dfrac{C}{2}$；
>
> ④ $r_a = r + 4R\sin^2\dfrac{A}{2}$，$r_b = r + 4R\sin^2\dfrac{B}{2}$，$r_c = r + 4R\sin^2\dfrac{C}{2}$.

下面我们给出 $\triangle ABC$ 的外接圆半径 R、内切圆半径 r 与旁切圆半径 r_a，r_b，r_c 之间的关系.

在 1.3(9) 中给出了 $\tan\dfrac{A}{2} = \sqrt{\dfrac{(p-b)(p-c)}{p(p-a)}} = \dfrac{r}{p-a}$，$\tan\dfrac{B}{2} = \dfrac{r}{p-b}$，$\tan\dfrac{C}{2} = \dfrac{r}{p-c}$.

又因为 $\tan\dfrac{A}{2} = \dfrac{r_a}{p}$，所以 $\dfrac{r_a}{p} = \dfrac{r}{p-a}$，即 $\dfrac{r}{r_a} = \dfrac{p-a}{p}$. 同理，$\dfrac{r}{r_b} = \dfrac{p-b}{p}$，$\dfrac{r}{r_c} = \dfrac{p-c}{p}$. 三式相加，得

$$\dfrac{r}{r_a} + \dfrac{r}{r_b} + \dfrac{r}{r_c} = \dfrac{3p - (a+b+c)}{p} = \dfrac{3p - 2p}{p} = 1.$$

于是得到如下 (2)① 中的结论.

再由上述 (1)③ 知 $r_a = 4R\cos\dfrac{B}{2}\cos\dfrac{C}{2}\sin\dfrac{A}{2}$，$r_b = 4R\cos\dfrac{C}{2}\cos\dfrac{A}{2}\sin\dfrac{B}{2}$，所以

$$r_a + r_b = 4R\cos\dfrac{C}{2}\left(\sin\dfrac{A}{2}\cos\dfrac{B}{2} + \cos\dfrac{A}{2}\sin\dfrac{B}{2}\right)$$

$$= 4R\cos\dfrac{C}{2}\sin\dfrac{A+B}{2} = 4R\cos^2\dfrac{C}{2}.$$

结合上述 (1)④ 知 $r_c = r + 4R\sin^2\dfrac{C}{2}$，所以

$$r_a + r_b + r_c = 4R\cos^2\dfrac{C}{2} + r + 4R\sin^2\dfrac{C}{2} = 4R + r.$$

于是得到如下 (2)② 中的结论.

(2) ① $\dfrac{1}{r_a} + \dfrac{1}{r_b} + \dfrac{1}{r_c} = \dfrac{1}{r}$;

② $r_a + r_b + r_c = 4R + r$.

再由 4.2(4)① 知 $\dfrac{1}{h_a} + \dfrac{1}{h_b} + \dfrac{1}{h_c} = \dfrac{1}{r}$，结合上述 (2)，得到如下结论：

(3) $\dfrac{1}{h_a} + \dfrac{1}{h_b} + \dfrac{1}{h_c} = \dfrac{1}{r_a} + \dfrac{1}{r_b} + \dfrac{1}{r_c}$.

6.3 与旁心相关的线段长度问题

在图 6.3(1) 中，有众多的三角形，比如 $\triangle ABI_c$，$\triangle I_aBC$，$\triangle AI_bC$，$\triangle I_aI_bI_c$ 等等，它们相似或全等吗？它们的面积有什么关系呢？它们的边长有什么关系呢？

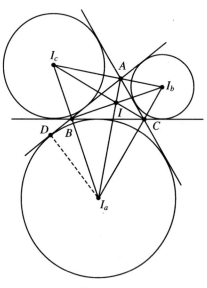

图 6.3(1)

首先，由 6.2(2)，由于 AI_a，BI_b，CI_c 是 $\triangle I_aI_bI_c$ 的三条高，易得下列结论：

(1) 四边形 I_aI_bAB，I_bI_cBC，I_cI_aCA 都是圆内接四边形.

在 $\triangle I_aBC$ 与 $\triangle I_cAB$ 中，因为 I_aI_bAB 是圆内接四边形，所以 $\angle I_a$ 与 $\angle I_bAB$ 互

补. 又 $\angle I_bAB$ 与 $\angle I_cAB$ 互补, 所以 $I_a = \angle I_cAB$. 又因为 I_aI_c 是 B 处的外角平分线, 所以 $\angle I_aBC = \angle ABI_c$, 于是 $\triangle I_aBC \backsim \triangle ABI_c$. 同理, $\triangle AI_bC \backsim \triangle ABI_c$, $\triangle I_aI_bI_c \backsim \triangle I_aBC$. 可以写成如下形式:

> (2) 如图 6.3(1) 所示, $\triangle I_aBC \backsim \triangle AI_bC \backsim \triangle ABI_c \backsim \triangle I_aI_bI_c$, 且相似比分别为 $\cos I_a$, $\cos I_b$, $\cos I_c$.

我们希望由这些相似性解决相关长度的计算问题. 因为 $\triangle I_aI_bI_c \backsim \triangle ABI_c$, 所以

$$\frac{I_aI_b}{AB} = \frac{I_bI_c}{BI_c} = \frac{I_cI_a}{I_cA} = \frac{1}{\cos I_c}.$$

又由 6.1(3)① 知 $\cos I_c = \cos\left(90° - \dfrac{C}{2}\right) = \sin\dfrac{C}{2}$, 所以

$$I_aI_b = AB \cdot \frac{1}{\sin\dfrac{C}{2}} = \frac{c}{\sin\dfrac{C}{2}} = \frac{2R\sin C}{\sin\dfrac{C}{2}} = 4R\cos\frac{C}{2}.$$

而由 1.3(9)② $\cos\dfrac{C}{2} = \sqrt{\dfrac{p(p-c)}{ab}}$ 和 1.3(8) $\Delta = \dfrac{abc}{4R}$ 以及 1.3(4) $\Delta = \sqrt{p(p-a)(p-b)(p-c)}$, 知

$$I_aI_b = \sqrt{\frac{abc^2}{(p-a)(p-b)}}.$$

同理,

$$I_bI_c = \sqrt{\frac{bca^2}{(p-b)(p-c)}}, \quad I_cI_a = \sqrt{\frac{cab^2}{(p-c)(p-a)}}.$$

于是得到如下结论:

> (3) 旁心三角形的边长为
>
> $$I_aI_b = \sqrt{\frac{abc^2}{(p-a)(p-b)}} = 4R\cos\frac{C}{2},$$
>
> $$I_bI_c = \sqrt{\frac{bca^2}{(p-b)(p-c)}} = 4R\cos\frac{A}{2},$$
>
> $$I_cI_a = \sqrt{\frac{cab^2}{(p-c)(p-a)}} = 4R\cos\frac{B}{2}.$$
>
> 或者
>
> $$\frac{I_aI_b}{\cos\dfrac{C}{2}} = \frac{I_bI_c}{\cos\dfrac{A}{2}} = \frac{I_cI_a}{\cos\dfrac{B}{2}} = 4R.$$

在图 6.3(1) 中,还有一个量没有研究,就是 $\triangle ABC$ 的顶点到相应的旁心的距离. 显然,旁心 $\triangle I_a I_b I_c$ 的三个顶点到 $\triangle ABC$ 的顶点的距离有 9 种.

由图 6.3(1),在 $\triangle AI_a D$ 中得

$$AI_a = \frac{r_a}{\sin\frac{A}{2}} = \frac{4R\cos\frac{B}{2}\cos\frac{C}{2}\sin\frac{A}{2}}{\sin\frac{A}{2}} = 4R\cos\frac{B}{2}\cos\frac{C}{2},$$

其中,r_a 由 6.2(1)③ 给出. 同理,

$$BI_b = 4R\cos\frac{C}{2}\cos\frac{A}{2}, \quad CI_c = 4R\cos\frac{A}{2}\cos\frac{B}{2}.$$

另一方面,由图 6.3(1) 得

$$AI_a = I_a I_c \cdot \sin I_c = \sqrt{\frac{acb^2}{(p-a)(p-c)}} \cdot \cos\frac{C}{2}$$

$$= \sqrt{\frac{acb^2}{(p-a)(p-c)}} \cdot \sqrt{\frac{p(p-c)}{ab}}$$

$$= \sqrt{\frac{pbc}{p-a}} \quad \left(\text{其中,用到了 6.1(3)①} I_c = 90° - \frac{C}{2}\right).$$

同理,

$$BI_b = \sqrt{\frac{pca}{p-b}}, \quad CI_c = \sqrt{\frac{pab}{p-c}}.$$

于是有下列结论:

> (4) $\triangle ABC$ 的顶点到相应的旁心的距离为
>
> $$AI_a = 4R\cos\frac{B}{2}\cos\frac{C}{2} = \sqrt{\frac{pbc}{p-a}},$$
>
> $$BI_b = 4R\cos\frac{C}{2}\cos\frac{A}{2} = \sqrt{\frac{pca}{p-b}},$$
>
> $$CI_c = 4R\cos\frac{A}{2}\cos\frac{B}{2} = \sqrt{\frac{pab}{p-c}}.$$
>
> 或者
>
> $$\frac{AI_a}{\cos\frac{B}{2}\cos\frac{C}{2}} = \frac{BI_b}{\cos\frac{C}{2}\cos\frac{A}{2}} = \frac{CI_c}{\cos\frac{A}{2}\cos\frac{B}{2}} = 4R.$$

如图 6.3(1) 所示,在 $\mathrm{Rt}\triangle I_a BI_b$ 中,$I_a = 90° - \frac{A}{2}$(6.1(3)①),结合 6.3(3) 得

$$I_a B = I_a I_b \cdot \cos I_a = 4R\cos\frac{C}{2} \cdot \cos\left(90° - \frac{A}{2}\right) = 4R\cos\frac{C}{2} \cdot \sin\frac{A}{2}$$

$$= I_a I_b \cdot \sin\frac{A}{2} = \sqrt{\frac{abc^2}{(p-a)(p-b)}} \cdot \sqrt{\frac{(p-b)(p-c)}{bc}}$$

$$= \sqrt{\frac{ac(p-c)}{p-a}} \quad \left[\text{这里用了 } 1.3(9) \text{①} \sin\frac{A}{2} = \sqrt{\frac{(p-b)(p-c)}{bc}}\right],$$

即

$$I_aB = 4R\cos\frac{C}{2}\sin\frac{A}{2} = \sqrt{\frac{ca(p-c)}{p-a}}.$$

同理,

$$I_aC = 4R\cos\frac{B}{2}\sin\frac{A}{2} = \sqrt{\frac{ab(p-b)}{p-a}},$$

$$I_cB = 4R\cos\frac{A}{2}\sin\frac{C}{2} = \sqrt{\frac{ca(p-a)}{p-c}},$$

$$I_cA = 4R\cos\frac{B}{2}\sin\frac{C}{2} = \sqrt{\frac{bc(p-b)}{p-c}},$$

$$I_bA = 4R\cos\frac{C}{2}\sin\frac{B}{2} = \sqrt{\frac{bc(p-c)}{p-b}},$$

$$I_bC = 4R\cos\frac{A}{2}\sin\frac{B}{2} = \sqrt{\frac{ab(p-a)}{p-b}}.$$

我们将上面的距离关系写在下面:

---

(5) 图 6.3(1) 的旁心 $\triangle I_aI_bI_c$ 与 $\triangle ABC$ 中,有下列距离关系:

① $I_aB = 4R\cos\dfrac{C}{2}\sin\dfrac{A}{2} = \sqrt{\dfrac{ca(p-c)}{p-a}}$, $I_aC = 4R\cos\dfrac{B}{2}\sin\dfrac{A}{2}$

$= \sqrt{\dfrac{ba(p-b)}{p-a}}$;

② $I_cB = 4R\cos\dfrac{A}{2}\sin\dfrac{C}{2} = \sqrt{\dfrac{ac(p-a)}{p-c}}$, $I_cA = 4R\cos\dfrac{B}{2}\sin\dfrac{C}{2}$

$= \sqrt{\dfrac{bc(p-b)}{p-c}}$;

③ $I_bA = 4R\cos\dfrac{C}{2}\sin\dfrac{B}{2} = \sqrt{\dfrac{bc(p-c)}{p-b}}$, $I_bC = 4R\cos\dfrac{A}{2}\sin\dfrac{B}{2} =$

$\sqrt{\dfrac{ab(p-a)}{p-b}}$.

至此,给出了旁心三角形与原三角形的顶点之间的距离.

下面探求 $\triangle I_aI_bI_c$ 的面积 S_I.

由 (3) 知 I_aI_b, I_aI_c, 以及由 6.1(3)① $I_a = 90° - \dfrac{A}{2}$ 得

$$S_I = \frac{1}{2} I_a I_b \cdot I_a I_c \cdot \sin\left(90° - \frac{A}{2}\right)$$

$$= \frac{1}{2} \cdot 4R\cos\frac{C}{2} \cdot 4R\cos\frac{B}{2} \cdot \cos\frac{A}{2}$$

$$= 8R^2 \cos\frac{A}{2}\cos\frac{B}{2}\cos\frac{C}{2}$$

$$= \frac{8R^2 \cdot 8\sin\frac{A}{2}\sin\frac{B}{2}\sin\frac{C}{2} \cdot \cos\frac{A}{2}\cos\frac{B}{2}\cos\frac{C}{2}}{8\sin\frac{A}{2}\sin\frac{B}{2}\sin\frac{C}{2}}$$

$$= \frac{8R^2\sin A\sin B\sin C}{8\sin\frac{A}{2}\sin\frac{B}{2}\sin\frac{C}{2}} = \frac{8R^2 \cdot \dfrac{a}{2R} \cdot \dfrac{b}{2R} \cdot \dfrac{c}{2R}}{8\sin\frac{A}{2}\sin\frac{B}{2}\sin\frac{C}{2}}$$

$$= \frac{8R^2 \cdot \dfrac{a}{2R} \cdot \dfrac{b}{2R} \cdot \dfrac{c}{2R} \cdot R}{4R\sin\frac{A}{2}\sin\frac{B}{2}\sin\frac{C}{2} \cdot 2} = \frac{abc}{2r}.$$

这里用到了 1.4(9)① 中的 $r = 4R\sin\dfrac{A}{2}\sin\dfrac{B}{2}\sin\dfrac{C}{2}$.

如果对 $S_I = 8R^2\cos\dfrac{A}{2}\cos\dfrac{B}{2}\cos\dfrac{C}{2}$ 采取下列处理办法,还可以得到另一个面积表达式:

$$S_I = 8R^2\cos\frac{A}{2}\cos\frac{B}{2}\cos\frac{C}{2} = 8R^2 \cdot 4\cos\frac{A}{2}\cos\frac{B}{2}\cos\frac{C}{2} \cdot \frac{1}{4}$$

$$= 2R^2(\sin A + \sin B + \sin C) = 2R^2\left(\frac{a}{2R} + \frac{b}{2R} + \frac{c}{2R}\right)$$

$$= R(a + b + c)$$

$$= 2pR.$$

这里用到了 1.4(1) 中的 $\sin A + \sin B + \sin C = 4\cos\dfrac{A}{2}\cos\dfrac{B}{2}\cos\dfrac{C}{2}$.

又由 1.3(5) 知 $S_{\triangle ABC} = pr$,即 $p = \dfrac{S_{\triangle ABC}}{r}$,所以

$$S_I = 2 \cdot \frac{S_{\triangle ABC}}{r} \cdot R = \frac{2R}{r} \cdot S_{\triangle ABC}.$$

于是得到下列有意思的结论:

> (6) $\triangle ABC$ 的旁心 $\triangle I_a I_b I_c$ 的面积记为 S_I,则
>
> ① $S_I = 8R^2\cos\dfrac{A}{2}\cos\dfrac{B}{2}\cos\dfrac{C}{2}$;
>
> ② $S_I = \dfrac{abc}{2r}$;

③ $S_I = 2pR$；

④ $S_I = \dfrac{2R\Delta}{r}$.

对于给定的 $\triangle ABC$，旁心三角形的面积 S_I 是有范围的.

对于上述①，利用 1.4(1)，$\sin A + \sin B + \sin C = 4\cos\dfrac{A}{2}\cos\dfrac{B}{2}\cos\dfrac{C}{2}$，以及

1.4(7)，$\sin A + \sin B + \sin C \leqslant \dfrac{3\sqrt{3}}{2}$，得到

$$S_I = 8R^2 \cdot \dfrac{1}{4}(\sin A + \sin B + \sin C) \leqslant 8R^2 \cdot \dfrac{1}{4} \cdot \dfrac{3\sqrt{3}}{2} = 3\sqrt{3}R^2.$$

另一方面，由欧拉不等式 1.4(9)③，$R \geqslant 2r$，结合本节(6)④得

$$S_I = \dfrac{2R}{r} \cdot S_{\triangle ABC} \geqslant \dfrac{2 \cdot 2r}{r} \cdot S_{\triangle ABC} = 4S_{\triangle ABC}.$$

于是得到以下结论：

(7) $4S_{\triangle ABC} \leqslant S_I \leqslant 3\sqrt{3}R^2$.

又由 1.3(5)，$S_{\triangle ABC} = pr = (a + b + c) \cdot \dfrac{r}{2}$，由 1.4(8)③，$a + b + c \geqslant 6\sqrt{3}\,r$，由(7)得以下结论：

(8) $12\sqrt{3}r^2 \leqslant S_I \leqslant 3\sqrt{3}R^2$.

6.4　旁心的向量表示及坐标公式

如图 6.4(1)所示，对 $\triangle ABC$，I_a 是与点 A 位于 BC 两侧的点，所以利用 1.6(5)（奔驰定理）知

$$-S_{\triangle I_a BC}\,\overrightarrow{I_a A} + S_{\triangle I_a CA}\,\overrightarrow{I_a B} + S_{\triangle I_a AB}\,\overrightarrow{I_a C} = \mathbf{0}.$$

又因为

$$S_{\triangle I_a BC} : S_{\triangle I_a CA} : S_{\triangle I_a AB} = \dfrac{1}{2}ar_a : \dfrac{1}{2}br_a : \dfrac{1}{2}cr_a = a : b : c,$$

所以上式可化为

$$-a\,\overrightarrow{I_a A} + b\,\overrightarrow{I_a B} + c\,\overrightarrow{I_a C} = \mathbf{0}.$$

同理，

$$a\,\overrightarrow{I_bA} - b\,\overrightarrow{I_bB} + c\,\overrightarrow{I_bC} = \mathbf{0}, \quad a\,\overrightarrow{I_cA} + b\,\overrightarrow{I_cB} - c\,\overrightarrow{I_cC} = \mathbf{0}.$$

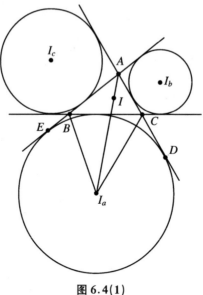

图 6.4(1)

对于 $\triangle ABC$ 所在平面内的任意一点 O,注意到 $\overrightarrow{I_aA} = \overrightarrow{I_aO} + \overrightarrow{OA}$, $\overrightarrow{I_aB} = \overrightarrow{I_aO} + \overrightarrow{OB}$, $\overrightarrow{I_aC} = \overrightarrow{I_aO} + \overrightarrow{OC}$,代入上面的三式,得

$$\overrightarrow{OI_a} = \frac{-a}{-a+b+c}\overrightarrow{OA} + \frac{b}{-a+b+c}\overrightarrow{OB} + \frac{c}{-a+b+c}\overrightarrow{OC},$$

$$\overrightarrow{OI_b} = \frac{a}{a-b+c}\overrightarrow{OA} + \frac{-b}{a-b+c}\overrightarrow{OB} + \frac{c}{a-b+c}\overrightarrow{OC},$$

$$\overrightarrow{OI_c} = \frac{a}{a+b-c}\overrightarrow{OA} + \frac{b}{a+b-c}\overrightarrow{OB} + \frac{-c}{a+b-c}\overrightarrow{OC}.$$

将这三个式子换成坐标,就可得到下面的旁心的坐标公式:

> (1) 设 $\triangle ABC$ 的边长为 a,b,c,顶点 $A(x_1,y_1)$,$B(x_2,y_2)$,$C(x_3,y_3)$,旁心 $I_a(x_a,y_a)$,$I_b(x_b,y_b)$,$I_c(x_c,y_c)$,则 $x_a = \dfrac{-ax_1 + bx_2 + cx_3}{-a+b+c}$,$y_a = \dfrac{-ay_1 + by_2 + cy_3}{-a+b+c}$(同理,可以写出其他两组).

这个式子与 $\triangle ABC$ 的内心公式非常类似,请见 3.4(3).

第7章 三角形的心距与边距

7.1 O, H, I, G 之间的心距

以上关于心的讨论,是在给定的 $\triangle ABC$ 中进行的,显然,这些心不是孤立的,它们之间有千丝万缕的联系.在这一节里,我们将给出心与心之间的距离表达.这些心之间的关系令人赏心悦目.需要指出的是,这些距离有的简单,简单到只用到外接圆与内切圆半径($IO = R^2 - 2Rr$),有的用了三边,有的既有三边又有半径.

在给定的 $\triangle ABC$ 中,根据定义,五心都是确定的,一个自然的问题是,这些心与心的距离如何计算,它们之间有什么关系呢? 研究后我们发现,这些问题不那么简单,表示多样,关系复杂.

我们要先建立一个结论,然后利用这个结论,探讨各种心之间的距离.这个结论叫斯图尔特定理.

> (1)(斯图尔特定理)如图 7.1(1)所示,设 D 是 $\triangle ABC$ 的边 BC 上的点,$BD = ma$,$DC = na$,$m + n = 1$,则 $AD^2 = mb^2 + nc^2 - mna^2$.

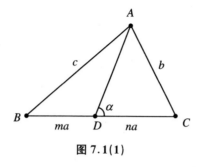

图 7.1(1)

证明 在 $\triangle ADC$,$\triangle ADB$ 中分别利用余弦定理,并设 $\angle ADC = \alpha$,$\angle ADB = \pi - \alpha$.

有以下两个结果:

$$\begin{cases} b^2 = AD^2 + (na)^2 - 2AD \cdot na\cos\alpha \\ c^2 = AD^2 + (ma)^2 - 2AD \cdot ma\cos(\pi - \alpha) \end{cases},$$

即

$$\begin{cases} mb^2 = mAD^2 + m(na)^2 - 2mAD \cdot na\cos\alpha \\ nc^2 = nAD^2 + n(ma)^2 + 2nAD \cdot ma\cos\alpha \end{cases}.$$

将两式相加,并注意到 $m + n = 1$,得 $AD^2 = mb^2 + nc^2 - mna^2$.

若用向量考察,易得 $\overrightarrow{AD} = n\overrightarrow{AB} + m\overrightarrow{AC}$,所以

$$\overrightarrow{AD}^2 = n^2\overrightarrow{AB}^2 + m^2\overrightarrow{AC}^2 + 2mn\overrightarrow{AB} \cdot \overrightarrow{AC}$$
$$= n^2\overrightarrow{AB}^2 + m^2\overrightarrow{AC}^2 + 2mn\,|\overrightarrow{AB}|\,|\overrightarrow{AC}|\cos A,$$

以下因 $\cos A = \dfrac{b^2 + c^2 - a^2}{2bc}$,代入化简也可得结论.

这是非常有用的一个结论,此公式解决了连接顶点和对边上一点的线段长度的计算方法.

如图 7.1(2) 所示,O,G,I,H 分别是 $\triangle ABC$ 的外心、重心、内心、垂心. 在 $\triangle AOM$ 中,$AG = \dfrac{2}{3}AM$,$MG = \dfrac{1}{3}AM$,$OM = \sqrt{R^2 - \dfrac{a^2}{4}}$,$AO = R$,由 2.2(1)① 知中线满足 $AM^2 = \dfrac{b^2 + c^2}{2} - \dfrac{a^2}{4}$.

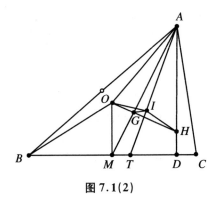

图 7.1(2)

在 $\triangle OAM$ 中,点 G 分 AM 为 $\dfrac{1}{3}$,$\dfrac{2}{3}$ 两部分,利用上面的(1)得

$$OG^2 = \frac{1}{3}AO^2 + \frac{2}{3}MO^2 - \frac{1}{3} \cdot \frac{2}{3}AM^2$$

$$= \frac{1}{3}R^2 + \frac{2}{3}\left(R^2 - \frac{a^2}{4}\right) - \frac{2}{9}\left(\frac{b^2 + c^2}{2} - \frac{a^2}{4}\right)$$

$$= R^2 - \frac{1}{9}(a^2 + b^2 + c^2),$$

即 $OG = \dfrac{1}{3}\sqrt{9R^2 - (a^2 + b^2 + c^2)}$.

又 O, G, H 共线, 且 $GH = 2OG(5.3(2))$, 所以 $GH = \dfrac{2}{3}\sqrt{9R^2 - (a^2 + b^2 + c^2)}$.

而 $OH = 3OG = \sqrt{9R^2 - (a^2 + b^2 + c^2)}$.

在 $\triangle IOH$ 中, OG, GH 分别是 OH 的 $\dfrac{1}{3}, \dfrac{2}{3}$, 则由上述的 (1) 得

$$IG^2 = \frac{1}{3}IH^2 + \frac{2}{3}IO^2 - \frac{1}{3} \cdot \frac{2}{3} \cdot OH^2 = \frac{1}{3}IH^2 + \frac{2}{3}IO^2 - \frac{2}{9}OH^2,$$

即 $IG^2 = \dfrac{1}{3}IH^2 + \dfrac{2}{3}IO^2 - \dfrac{2}{9}OH^2$.

在 5.2(3)① 中已经得到 $IO^2 = R^2 - 2Rr$, 我们将上面讨论的结果连同 IO 写成下列形式:

> (2) 设 O, G, I, H 分别是 $\triangle ABC$ 的外心、重心、内心、垂心, 而 R 是外接圆半径, 则
>
> ① $OG = \dfrac{1}{3}\sqrt{9R^2 - (a^2 + b^2 + c^2)}$;
>
> ② $GH = \dfrac{2}{3}\sqrt{9R^2 - (a^2 + b^2 + c^2)}$;
>
> ③ $OH = \sqrt{9R^2 - (a^2 + b^2 + c^2)}$;
>
> ④ $IO^2 = R^2 - 2Rr$.

> (3) 设 O, G, I, H 分别是 $\triangle ABC$ 的外心、重心、内心、垂心, 则
>
> $$IG^2 = \frac{1}{3}IH^2 + \frac{2}{3}IO^2 - \frac{2}{9}OH^2.$$

(2) 和 (3) 刻画了四心之间的距离以及相互间的关系.

由于 $IO^2 = R^2 - 2Rr$, 故考察 (3) 知, 要想求出 IH 和 IG, 只要求出其中之一即可.

如图 7.1(2) 所示, 在 $\triangle AOH$ 中, 由 5.2(6) 知 AI 是 A 的角平分线, 也平分 $\angle OAH$, 所以 $\angle OAB = \angle CAH = 90^\circ - C$, 从而

$$\angle IAH = \frac{1}{2}\angle OAH = \frac{1}{2}[A - 2(90^\circ - C)]$$

$$= \frac{A + 2C}{2} - 90^\circ = \frac{A + C + C}{2} - 90^\circ$$

$$= \frac{180^\circ - B + C}{2} - 90^\circ = \frac{C - B}{2}.$$

由 4.1(9)① 知 $AH = 2R\cos A$, 又 $AI = \dfrac{r}{\sin\dfrac{A}{2}}$, 所以在 $\triangle IAH$ 中, 由余弦定

理得

$$IH^2 = AI^2 + AH^2 - 2AI \cdot AH\cos\frac{C-B}{2}$$

$$= \frac{r^2}{\sin^2\frac{A}{2}} + (2R\cos A)^2 - 2 \cdot \frac{r}{\sin\frac{A}{2}} \cdot 2R\cos A\cos\frac{C-B}{2}.$$

又由 1.4(9)① 知 $r = 4R\sin\frac{A}{2}\sin\frac{B}{2}\sin\frac{C}{2}$，代入上式得

$$IH^2 = 16R^2\sin^2\frac{B}{2}\sin^2\frac{C}{2} + 4R^2\cos^2 A - 16R^2\sin\frac{B}{2}\sin\frac{C}{2}\cos\frac{C-B}{2}\cos A$$

$$= 4R^2\left(4\sin^2\frac{B}{2}\sin^2\frac{C}{2} + \cos^2 A - 4\sin\frac{B}{2}\sin\frac{C}{2}\cos\frac{C-B}{2}\cos A\right).$$

而

$$4\sin^2\frac{B}{2}\sin^2\frac{C}{2} + \cos^2 A - 4\sin\frac{B}{2}\sin\frac{C}{2}\cos\frac{C-B}{2}\cos A$$

$$= 4\sin^2\frac{B}{2}\sin^2\frac{C}{2} + \cos^2 A - 4\sin\frac{B}{2}\sin\frac{C}{2}\left(\cos\frac{B}{2}\cos\frac{C}{2} + \sin\frac{B}{2}\sin\frac{C}{2}\right)\cos A$$

$$= 4\sin^2\frac{B}{2}\sin^2\frac{C}{2} + \cos^2 A - 4\sin\frac{B}{2}\sin\frac{C}{2}\cos\frac{B}{2}\cos\frac{C}{2}\cos A - 4\sin^2\frac{B}{2}\sin^2\frac{C}{2}\cos A$$

$$= 4\sin^2\frac{B}{2}\sin^2\frac{C}{2}(1 - \cos A) + \cos A(\cos A - \sin B\sin C)$$

$$= 4\sin^2\frac{B}{2}\sin^2\frac{C}{2} \cdot 2\sin^2\frac{A}{2} + \cos A[-\cos(B+C) - \sin B\sin C]$$

$$= 8\sin^2\frac{B}{2}\sin^2\frac{C}{2}\sin^2\frac{A}{2} + \cos A(-\cos B\cos C + \sin B\sin C - \sin B\sin C)$$

$$= 8\sin^2\frac{B}{2}\sin^2\frac{C}{2}\sin^2\frac{A}{2} - \cos A\cos B\cos C,$$

所以

$$IH^2 = 32R^2\sin^2\frac{B}{2}\sin^2\frac{C}{2}\sin^2\frac{A}{2} - 4R^2\cos A\cos B\cos C$$

$$= 2r^2 - 4R^2\cos A\cos B\cos C.$$

另一方面，由 1.4(3)② 知 $\sin^2 A + \sin^2 B + \sin^2 C = 2 + 2\cos A\cos B\cos C$，所以

$$\cos A\cos B\cos C = \frac{\sin^2 A + \sin^2 B + \sin^2 C - 2}{2} = \frac{a^2 + b^2 + c^2 - 8R^2}{8R^2},$$

故

$$IH^2 = 2r^2 - 4R^2 \cdot \frac{a^2 + b^2 + c^2 - 8R^2}{8R^2} = 4R^2 + 2r^2 - \frac{1}{2}(a^2 + b^2 + c^2),$$

即 $IH^2 = 4R^2 + 2r^2 - \frac{1}{2}(a^2 + b^2 + c^2)$.

再由（3）中 $IG^2 = \frac{1}{3}IH^2 + \frac{2}{3}IO^2 - \frac{2}{9}OH^2$，以及（2）③ 中 $OH =$

$\sqrt{9R^2 - (a^2 + b^2 + c^2)}$ 和 (2)④ 中 $IO^2 = R^2 - 2Rr$,得

$$IG^2 = \frac{1}{18}(a^2 + b^2 + c^2) + \frac{2}{3}(r^2 - 2Rr).$$

这样,我们就求出了 IH,IG.

于是得如下结论:

> (4) 设 O,G,I,H 分别是 $\triangle ABC$ 的外心、重心、内心、垂心,而 R 是外接圆半径,r 是内切圆半径,则
>
> ① $IH^2 = 4R^2 + 2r^2 - \frac{1}{2}(a^2 + b^2 + c^2)$;
>
> ② $IG^2 = \frac{1}{18}(a^2 + b^2 + c^2) + \frac{2}{3}(r^2 - 2Rr).$

至此,我们已经解决了五心之间的距离表示问题.需要注意的是,距离都是非负数,所以在 (3) 和 (4) 中,令 $OG \geqslant 0$,$IH \geqslant 0$,$\cdots$,可以得到各种几何不等式,它们与边和半径有关.而 $R \geqslant 2r$ 是最经典的一个.我们将在 11.4 节中研究这个问题,读者现在也可以尝试导出一些几何不等式.

值得指出的是,由于所用的方法不同,这些心距的表达是不同的,它们各自有所侧重.读者不必纠结这些表示,关键是它们的求法.至于表示的复杂性,我们将在本书的最后"尾声"部分给出解释.

7.2 H, O, I, G 与旁心 I_a, I_b, I_c 的距离

下面考察与旁心 I_a, I_b, I_c 有关的心距的表示,我们首先指出内心 I 到旁心的距离代换规律.

回顾 1.5(4) 的结论:

设 D,E 分别是 $\triangle ABC$ 的边 AC,AB 所在直线上的点,BD,CE 交于点 Q.若 $\frac{AD}{DC} = \lambda$,$\frac{AE}{EB} = \mu$,P 是 $\triangle ABC$ 所在平面内的点,则

$$PQ^2 = \frac{PA^2 + \mu PB^2 + \lambda PC^2}{1 + \lambda + \mu} - \frac{\lambda\mu a^2 + \lambda b^2 + \mu c^2}{(1 + \lambda + \mu)^2}. \qquad ①$$

如果 Q 是内心,如图 7.2(1) 所示,则 $\lambda = \frac{c}{a}$,$\mu = \frac{b}{a}$,代入式① 并化简得

$$PI^2 = \frac{a \cdot PA^2 + b \cdot PB^2 + c \cdot PC^2 - abc}{a + b + c} = f(a, b, c).$$

上述 PI 就是点 P 到内心 I 的距离公式.

当 Q 为旁心 I_a 时,如图 7.2(2) 所示.这时, D, E 对应的 $\lambda = \dfrac{AD}{DC} = -\dfrac{c}{a}$ (方向相反), $\mu = -\dfrac{b}{a}$,代入式①得

$$PI_a^2 = \frac{-a \cdot PA^2 + b \cdot PB^2 + c \cdot PC^2 + abc}{-a + b + c} = f(-a, b, c).$$

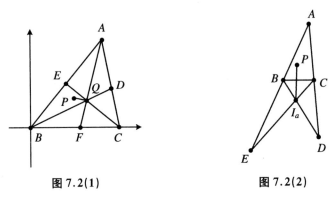

图 7.2(1)　　　　　　　图 7.2(2)

从同一个点 P 到 I 和 I_a 的距离 PI 与 PI_a 的结构看,只要将 PI 距离公式中的 a 换成 $-a$, PI, PI_a 都是 a, b, c 的轮换对称式.于是我们得到以下代换法则:

> (1) $\triangle ABC$ 平面上的一点 P 到内心 I 的距离满足 $PI^2 = f(a, b, c)$ 是关于 a, b, c 的轮换对称式,则点 P 到 I_a 的距离 $PI_a^2 = f(-a, b, c)$,而 $PI_b^2 = f(a, -b, c)$, $PI_c^2 = f(a, b, -c)$.

例如,由 3.3(2)①知 $AI = \sqrt{\dfrac{bc(p-a)}{p}} = \sqrt{\dfrac{bc(-a+b+c)}{a+b+c}}$,由上述代换规律知 $AI_a = \sqrt{\dfrac{bc(a+b+c)}{-a+b+c}} = \sqrt{\dfrac{bcp}{p-a}}$,这与 6.3(4) 的结论一致.

同样, AI_b 可将 AI 表达式中的 b 换成 $-b$,其余依次类推,不再赘述.请读者思考将 $BI = \sqrt{\dfrac{ca(p-b)}{p}}$ 做怎样的代换,就可以得到 BI_a, BI_b, BI_c?

还是由 3.3(2)①知 $AI = \sqrt{\dfrac{bc(p-a)}{p}} = \sqrt{bc - 4Rr}$.在这个式子中, $bc - 4Rr$ 应该依然是 a, b, c 的轮换对称式,但是 R, r 关于 a, b, c 的关系被隐藏,所以由 $AI = \sqrt{bc - 4Rr}$ 得到 $AI_a = \sqrt{bc - 4Rr}$ 是不合适的.实际上可以证明 $AI_a = \sqrt{bc + 4Rr_a}$.下面将给出这个结果的证明,然后我们说明含有 a, b, c 的轮换对称式时,若点 X 到 I 的距离 $XI = f(a, b, c, R, r)$,怎么代换得到 XI_a.

在图 7.2(1) 中,如果点 P 与点 A 重合,则 $PA = 0$, $PB = AB = c$, $PC = AC = $

b, 代入式①, 化简可得 $AQ^2 = \dfrac{\lambda(\lambda+\mu)b^2 + \mu(\lambda+\mu)c^2 - \lambda\mu a^2}{(1+\lambda+\mu)^2}$, 这是顶点 A 到点 Q 的距离. 其中, λ, μ 及其说明同图 7.2(1).

此时, 若点 Q 为 I_a, 同图 7.2(2), $\lambda = \dfrac{AD}{DC} = -\dfrac{c}{a}$ (方向相反), $\mu = -\dfrac{b}{a}$, 代入

$AQ^2 = \dfrac{\lambda(\lambda+\mu)b^2 + \mu(\lambda+\mu)c^2 - \lambda\mu a^2}{(1+\lambda+\mu)^2}$, 得

$$
\begin{aligned}
AI_a^2 &= \frac{b^2 c(b+c) + bc^2(b+c) - a^2 bc}{(a-b-c)^2} \\
&= \frac{bc(b+c-a)(a+b+c)}{(b+c-a)^2} = \frac{pbc}{p-a} \\
&= \frac{bc(p-a+a)}{p-a} = bc + \frac{abc}{p-a} \\
&= bc + \frac{4R\Delta}{p-a}.
\end{aligned}
$$

再由 6.1(4)② 知 $r_a = \dfrac{\Delta}{p-a}$, 所以上式 $= bc + 4Rr_a$, 即 $AI_a^2 = bc + 4Rr_a$. 对照已经得到的 $AI = \sqrt{bc - 4Rr}$, 于是得到如下的代换法则:

> (2) 在 $\triangle ABC$ 中, I 是内心, X 是 $\triangle ABC$ 平面内的点, 而 $XI^2 = F(f(a, b, c), R, r)$, 其中 $f(a, b, c)$ 轮换对称, R, r 分别是 $\triangle ABC$ 的外接圆和内切圆半径, I_a 是 $\triangle ABC$ 的旁心, 则 $XI_a^2 = F(f(-a, b, c), R, -r_a)$, 即 $f(a, b, c)$ 依然保持 (1) 中的代换规则, 而 r 换成 $-r_a$.

不难知道, 由 BI, CI 分别得到 $BI_b = \sqrt{ca + 4Rr_b}$, $CI_c = \sqrt{ab + 4Rr_c}$.

再看 HI 与 HI_a^2 的代换关系.

首先, 由 4.1(10) 知 $HA^2 = 4R^2 - a^2$, $HB^2 = 4R^2 - b^2$, $HC^2 = 4R^2 - c^2$.

其次, 在上述讨论中, 我们给出本节开始任意点 P 到内心 I 的距离公式:

$$
PI^2 = \frac{a \cdot PA^2 + b \cdot PB^2 + c \cdot PC^2 - abc}{a+b+c}.
$$

所以, 当点 P 是垂心 H 时, 上式变为垂心到内心的距离:

$$
\begin{aligned}
HI^2 &= \frac{a \cdot HA^2 + b \cdot HB^2 + c \cdot HC^2 - abc}{a+b+c} \\
&= \frac{a \cdot (4R^2 - a^2) + b \cdot (4R^2 - b^2) + c \cdot (4R^2 - c^2) - abc}{a+b+c} \\
&= 4R^2 - \frac{(a^3 + b^3 + c^3 - 3abc) + 4abc}{a+b+c} \\
&= 4R^2 + 8Rr - a^2 - b^2 - c^2 + ab + bc + ca.
\end{aligned}
$$

证毕.

在上述推导中,用到了 1.1(5)的推导过程中的一个结果:
$$a^3 + b^3 + c^2 - 3abc = (a + b + c)(a^2 + b^2 + c^2 - ab - bc - ca),$$
以及 1.3(5)中

$$\frac{abc}{a + b + c} = 2Rr.$$

由上述(2)的代换规律,得
$$HI_a^2 = 4R^2 - 8Rr_a - a^2 - b^2 - c^2 - ab + bc - ca.$$
同理,HI_b^2,HI_c^2 也有类似的结果,请读者写出.

因为 $OI^2 = R^2 - 2Rr$,所以按上述代换法则,可得
$$OI_a^2 = R^2 + 2Rr_a, \quad OI_b^2 = R^2 + 2Rr_b, \quad OI_c^2 = R^2 + 2Rr_c.$$
于是得到下列结论:

---

(3) 在 $\triangle ABC$ 中,R,r 分别是外接圆和内切圆半径,I_a,I_b,I_c 为旁心,O,H,I,G 分别是外心、垂心、内心、重心,则

① $OI_a^2 = R^2 + 2Rr_a$,$OI_b^2 = R^2 + 2Rr_b$,$OI_c^2 = R^2 + 2Rr_c$;

② $HI^2 = 4R^2 + 8Rr - a^2 - b^2 - c^2 + ab + bc + ca = f(a,b,c,R,r)$;

③ $HI_a^2 = 4R^2 - 8Rr_a - a^2 - b^2 - c^2 - ab + bc - ca = f(-a,b,c,R,-r_a)$,$HI_b^2 = f(a,-b,c,R,-r_b)$,$HI_c^2 = f(a,b,-c,R,-r_c)$.

同样对于重心 G,由 2.2(1)的推导过程中的一个结果 $GA^2 = \frac{1}{9}(2b^2 + 2c^2 - a^2)$,同理,可得 GB^2,GC^2;继续利用点 P 到内心的距离公式:

$$PI^2 = \frac{a \cdot PA^2 + b \cdot PB^2 + c \cdot PC^2 - abc}{a + b + c}.$$

当点 P 是重心时,

$$GI^2 = \frac{a \cdot GA^2 + b \cdot GB^2 + c \cdot GC^2 - abc}{a + b + c}$$

$$= \frac{a \cdot \frac{1}{9}(2b^2 + 2c^2 - a^2) + b \cdot \frac{1}{9}(2c^2 + 2a^2 - b^2) + c \cdot \frac{1}{9}(2a^2 + 2b^2 - c^2)}{a + b + c}$$

$$- \frac{abc}{a + b + c}$$

$$= \frac{1}{3}(ab + bc + ca) - \frac{1}{9}(a^2 + b^2 + c^2) - 4Rr = f(a,b,c,R,r).$$

同样由代换法则,得到

$$GI_a^2 = f(-a,b,c,R,-r_a)$$

$$= \frac{1}{3}(-ab + bc - ca) - \frac{1}{9}(a^2 + b^2 + c^2) + 4Rr_a.$$

同理,$GI_b^2 = f(a,-b,c,R,-r_b)$,$GI_c^2 = f(a,b,-c,R,-r_c)$.

于是得到下列结论:

> （4）在△ABC 中, R,r 分别是外接圆和内切圆半径, I_a,I_b,I_c 为外心, G 为重心,则
>
> $$GI_a^2 = f(-a,b,c,R,-r_a) = \frac{1}{3}(-ab+bc-ca) - \frac{1}{9}(a^2+b^2+c^2) + 4Rr_a,$$
> $$GI_b^2 = f(a,-b,c,R,-r_b),$$
> $$GI_c^2 = f(a,b,-c,R,-r_c).$$

7.3　五心 O,H,I,G,I_x 到三边距离的和

对于给定的△ABC,五心到三边的距离又是一个丰富的"宝藏",也是比较复杂的问题,可谓千头万绪.我们将给出心到三边的距离表达式,并给出距离和的相关不等式关系.

先从 2012 年北京大学自主招生试题谈起.2012 年北京大学自主招生命题中有这样一道题:

若锐角△ABC 的外接圆圆心为 O,求点 O 到三角形各边的距离之比.

这是一道富有启发性的问题,读者很自然地想到两个问题:第一,题目为什么要限制是锐角三角形? 第二,其他的巧合点到三边的距离之比是不是也能求出?

我们先考虑这道试题,然后对上述的两个问题做出讨论.对于锐角△ABC,外心 O 到 a,b,c 边的距离分别记为 d_a,d_b,d_c.如图 7.3(1)所示,因为 O 为外心,所以 $\angle BOC = 2A$, $OB = OC$, $OD \perp BC$,则 D 为中点,且 OD 为 $\angle BOC$ 的平分线.于是,在 Rt△BOD 中, $\cos\angle BOD = \dfrac{OD}{R}$,即 $d_a = R\cos A$.同理, $d_b = R\cos B$, $d_c = R\cos C$.故 $d_a : d_b : d_c = \cos A : \cos B : \cos C$.

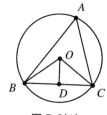

图 7.3(1)

这便是这道题的答案了.

另一方面,由 1.4(2), $\cos A + \cos B + \cos C = 1 + 4\sin\dfrac{A}{2}\sin\dfrac{B}{2}\sin\dfrac{C}{2}$,以及 1.4(9)①, $r = 4R\sin\dfrac{A}{2}\sin\dfrac{B}{2}\sin\dfrac{C}{2}$,得

$$d_a + d_b + d_c = R(\cos A + \cos B + \cos C)$$
$$= R\left(1 + 4\sin\frac{A}{2}\sin\frac{B}{2}\sin\frac{C}{2}\right) = R + r.$$

这表明,锐角三角形中的外心到三边的距离之和等于外接圆半径与内切圆半径的和.

如果三角形不是锐角三角形,结论又如何呢?

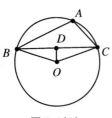

图 7.3(2)

容易看到,当 $\triangle ABC$ 为直角三角形时,外心 O 在斜边的中点,比如在斜边 BC 的中点,这时,$d_a = 0$,$d_a : d_b : d_c$ 不存在.

而当 A 是钝角时,如图 7.3(2)所示,$\angle BOD = \dfrac{2\pi - 2A}{2} = \pi - A$,所以 $\cos\angle BOD = \dfrac{d_a}{R}$,则 $d_a = -R\cos A$.

于是在斜 $\triangle ABC$ 中,$d_a : d_b : d_c = |\cos A| : |\cos B| : |\cos C|$.

于是得到以下结论:

> (1) 在 $\triangle ABC$ 中,外心 O 到 a,b,c 边的距离分别是 d_a,d_b,d_c,$d_O = d_a + d_b + d_c$.
>
> ① 若 $\triangle ABC$ 是锐角三角形,则 $\dfrac{d_a}{\cos A} = \dfrac{d_b}{\cos B} = \dfrac{d_c}{\cos C} = R$,且 $d_O = R + r$;
>
> ② 若 $\triangle ABC$ 是钝角三角形,比如 A 为钝角,则 $d_a : d_b : d_c = -\cos A : \cos B : \cos C$;
>
> ③ 在斜 $\triangle ABC$ 中,$d_a : d_b : d_c = |\cos A| : |\cos B| : |\cos C|$.

对于 $\triangle ABC$ 的其他心,上述的结论又如何呢?

设 G 是 $\triangle ABC$ 的重心,G 到 a,b,c 的距离分别是 d_a,d_b,d_c,记 $\triangle GBC$,$\triangle GCA$,$\triangle GAB$ 的面积分别是 $\Delta_1,\Delta_2,\Delta_3$,则 $\Delta_1,\Delta_2,\Delta_3$ 都等于 $\triangle ABC$ 面积的 $\dfrac{1}{3}$.所以

$$\Delta_1 = \frac{1}{2}ad_a \quad \Rightarrow \quad d_a = \frac{2\Delta_1}{a} = \frac{2 \cdot \frac{1}{3}\Delta}{a} = \frac{2 \cdot \frac{abc}{4R}}{3a} = \frac{bc}{6R}.$$

同理,$d_b = \dfrac{ca}{6R}$,$d_c = \dfrac{ab}{6R}$.

于是得到以下结论:

> (2) 设 G 是 $\triangle ABC$ 的重心,G 到 a,b,c 边的距离分别是 d_a,d_b,d_c,$d_G = d_a + d_b + d_c$,则
>
> ① $\dfrac{d_a}{bc} = \dfrac{d_b}{ca} = \dfrac{d_c}{ab} = 6R$;
>
> ② $d_G = \dfrac{ab + bc + ca}{6R}$.

当 H 是△ABC 的垂心时,记 H 到 a,b,c 的距离分别是 d_a,d_b,d_c.

当△ABC 是直角三角形时,这时 $d_a:d_b:d_c$ 不存在.

当 H 是锐角△ABC 的垂心时,如图 7.3(3)所示,则在△HCD 中,

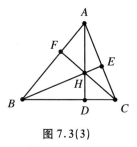

图 7.3(3)

$$d_a = HD = BD\tan\angle EBC = BD\tan(90° - C)$$

$$= AB \cdot \cos B \cdot \frac{\sin(90° - C)}{\cos(90° - C)} = 2R\cos B\cos C.$$

同理,$d_b = 2R\cos C\cos A$,$d_c = 2R\cos A\cos B$.所以

$$\frac{d_a}{\cos B\cos C} = \frac{d_b}{\cos C\cos A} = \frac{d_c}{\cos A\cos B} = 2R.$$

当 H 是钝角△ABC 的垂心时,比如,若 C 是钝角,则易得 $d_a = -2R\cos B\cos C$,$d_b = -2R\cos C\cos A$,$d_c = 2R\cos A\cos B$,记 $d_H = d_a + d_b + d_c$.

于是得到以下结论:

> (3) 斜△ABC 的垂心到三边 a,b,c 的距离分别是 $d_a,d_b,d_c,d_H = d_a + d_b + d_c$.
>
> ① 若△ABC 是锐角三角形,则 $\dfrac{d_a}{\cos B\cos C} = \dfrac{d_b}{\cos C\cos A} = \dfrac{d_c}{\cos A\cos B} = 2R$,且 $d_H = 2R(\cos A\cos B + \cos B\cos C + \cos C\cos A)$;
>
> ② 在一般斜△ABC 中,$\dfrac{d_a}{|\cos B\cos C|} = \dfrac{d_b}{|\cos C\cos A|} = \dfrac{d_c}{|\cos A\cos B|} = 2R$.

最后,关于内心 I,其到三边的距离都是内切圆半径 r,于是得到以下结论:

> (4) 当 I 是△ABC 的内心时,I 到 a,b,c 的距离分别是 d_a,d_b,d_c,则 $d_I = 3r$.

对旁心 I_a,I_b,I_c 到三边的距离,分别是三个旁切圆半径 r_a,r_b,r_c,由 6.2(1)知 $r_a = p\tan\dfrac{A}{2}$,$r_b = p\tan\dfrac{B}{2}$,$r_c = p\tan\dfrac{C}{2}$;或者 $r_a = 4R\cos\dfrac{B}{2}\cos\dfrac{C}{2}\sin\dfrac{A}{2}$,$r_b = 4R\cos\dfrac{C}{2}\cos\dfrac{A}{2}\sin\dfrac{B}{2}$,$r_c = 4R\cos\dfrac{A}{2}\cos\dfrac{B}{2}\sin\dfrac{C}{2}$.分别可以写成

$$\frac{r_a}{\tan\dfrac{A}{2}} = \frac{r_b}{\tan\dfrac{B}{2}} = \frac{r_c}{\tan\dfrac{C}{2}} = p,$$

或者

$$\frac{r_a}{\sin\frac{A}{2}\cos\frac{B}{2}\cos\frac{C}{2}} = \frac{r_b}{\sin\frac{B}{2}\cos\frac{C}{2}\cos\frac{A}{2}} = \frac{r_c}{\sin\frac{C}{2}\cos\frac{A}{2}\cos\frac{B}{2}} = 4R.$$

这就是下面的结论：

(5) $\triangle ABC$ 的旁心到三条边 a,b,c 的距离就是旁切圆的半径 $r_a,r_b,$ r_c，则

$$\frac{r_a}{\tan\frac{A}{2}} = \frac{r_b}{\tan\frac{B}{2}} = \frac{r_c}{\tan\frac{C}{2}} = p,$$

或者

$$\frac{r_a}{\sin\frac{A}{2}\cos\frac{B}{2}\cos\frac{C}{2}} = \frac{r_b}{\sin\frac{B}{2}\cos\frac{C}{2}\cos\frac{A}{2}} = \frac{r_c}{\sin\frac{C}{2}\cos\frac{A}{2}\cos\frac{B}{2}} = 4R.$$

7.4 六心到三边距离之和的大小关系

下面我们给出几个巧合点到三边距离和的不等式关系. 我们约定在非钝角 $\triangle ABC$ 中，外心 O 到三边 a,b,c 的距离分别是 d_1,d_2,d_3，并记 $d_O = d_1 + d_2 + d_3$. 同理，对内心 I、垂心 H、重心 G 分别有 d_I,d_H,d_G；勃罗卡点 P 到三边的距离为 d_P；三个旁切圆半径为 $r_a,r_b,r_c,d_{I'} = \frac{r_a + r_b + r_c}{3}$（旁心到三边距离和的平均数），这样就有了 $d_O,d_I,d_G,d_H,d_P,d_{I'}$，分别是六心到三边距离之和. 它们之间大小关系如何？这个问题是确定的，首先，可以证明如下结论：
$$d_{I'} \geqslant d_O \geqslant d_G \geqslant d_I \geqslant d_H.$$

上述不等式串的证明，可以等价转化为 $\triangle ABC$ 的其他不等式. 我们考察几个等价转换方式，以体会问题是怎么转化的，以及最终是怎么被证明的.

(1) $d_O \geqslant d_G$.

证明 对于非钝角 $\triangle ABC$，由 7.3(1)①知 $d_O = R + r$，而由 7.3(2)②知 $d_G = \frac{ab + bc + ca}{6R}$，由 2.1(9)②知 $3r \leqslant d_G \leqslant \frac{3R}{2}$.

要证明 $d_O \geqslant d_G$ 成立，只要证明 $R + r \geqslant \frac{3R}{2} \Leftrightarrow R \leqslant 2r$，恰好不成立，过了；继续考察这个问题：$d_O \geqslant d_G \Leftrightarrow R + r \geqslant \frac{ab + bc + ca}{6R} \Leftrightarrow ab + bc + ca \leqslant 6R(R + r)$.

这个怎么证明呢？我们暂且放一下，先寻求转化.

由正弦定理得 $ab + bc + ca = 4R^2(\sin A\sin B + \sin B\sin C + \sin C\sin A)$，所以

$$d_O \geqslant d_G \quad \Leftrightarrow \quad R(\cos A + \cos B + \cos C) \geqslant \frac{1}{6R}(ab + bc + ca)$$

$$\Leftrightarrow \quad 3(\cos A + \cos B + \cos C)$$

$$\geqslant 2(\sin A\sin B + \sin B\sin C + \sin C\sin A). \qquad ①$$

由积化和差公式得

$$\sin A\sin B = -\frac{1}{2}\big[\cos(A + B) - \cos(A - B)\big] = \frac{1}{2}\cos C + \frac{1}{2}\cos(A - B),$$

$$\sin B\sin C = \frac{1}{2}\cos A + \frac{1}{2}\cos(B - C),$$

$$\sin C\sin A = \frac{1}{2}\cos B + \frac{1}{2}\cos(C - A).$$

所以式①等价于

$$2(\cos A + \cos B + \cos C) \geqslant \cos(A - B) + \cos(B - C) + \cos(C - A).$$

这个不等式也不容易证明. 这些转化有时是可行的，等价转化是不等式证明的一个重要思想方法，是应该学习的. 这里，我们得到了两个等价不等式，也很有意义.

换一个思路. 在 7.1(4) 的证明过程中，有一步是 $IH^2 = 2r^2 - 4R^2\cos A\cos B\cos C$，而由 1.4(3)② 知 $\sin^2 A + \sin^2 B + \sin^2 C = 2 + 2\cos A\cos B\cos C$，所以

$$IH^2 = 2r^2 - 4R^2 \cdot \frac{\sin^2 A + \sin^2 B + \sin^2 C - 2}{2}$$

$$= 2r^2 - 4R^2 \cdot \frac{\dfrac{1}{4R^2}(a^2 + b^2 + c^2 - 8R^2)}{2}$$

$$= 4R^2 + 2r^2 - \frac{1}{2}(a^2 + b^2 + c^2)$$

$$= 4R^2 + 2r^2 - \frac{1}{2}(a + b + c)^2 + ab + bc + ca.$$

利用 1.4(12)② 知 $ab + bc + ca = p^2 + r^2 + 4Rr$，所以

$$IH^2 = 4R^2 - \frac{1}{2}(a + b + c)^2 + p^2 + 3r^2 + 4Rr$$

$$= 4R^2 + 4Rr + 3r^2 - 2p^2 + p^2$$

$$= 4R^2 + 4Rr + 3r^2 - \frac{1}{4}(a + b + c)^2 \geqslant 0,$$

于是 $(a + b + c)^2 \leqslant 4(3r^2 + 4Rr + 4R^2)$.

另一方面，

$$(a + b + c)^2 = a^2 + b^2 + c^2 + 2(ab + bc + ca)$$

$$\geqslant ab + bc + ca + 2(ab + bc + ca)$$
$$\geqslant 3(ab + bc + ca).$$

所以 $ab + bc + ca \leqslant \dfrac{4}{3}(3r^2 + 4Rr + 4R^2)$，这是我们得到的关于 $ab + bc + ca$ 的新不等式.

要证明 $ab + bc + ca \leqslant 6R(R + r)$，只要证明 $\dfrac{4}{3}(3r + 4Rr + 4R^2) \leqslant 6R(R + r)$，即证明 $R^2 + Rr - 6r^2 \geqslant 0$，亦即证明 $(R - 2r)(R + 3r) \geqslant 0$. 因为 $R \geqslant 2r$ 成立，所以不等式 $R^2 + Rr - 6r^2 \geqslant 0$ 成立，即 $ab + bc + ca \leqslant 6R(R + r)$. 证毕. 这就证明了 $d_O \geqslant d_G$.

注意，上面由心距公式可以得到几何不等式，是几何不等式产生的一个背景. 证明了这个问题之后，我们上面得到的两个等价不等式也是成立的，这就顺带证明了原本难以证明的问题. 颇有"围魏救赵"的意思.

(2) $d_{I'} \geqslant d_O$.

证明 由 6.2(2)② 知 $r_a + r_b + r_c = 4R + r$，则 $d_{I'} = \dfrac{r_a + r_b + r_c}{3} = \dfrac{4R + r}{3}$，而 $d_O = R + r$，所以 $d_{I'} \geqslant d_O \Leftrightarrow \dfrac{4R + r}{3} \geqslant R + r \Leftrightarrow R \geqslant 2r$，因此不等式 $d_{I'} \geqslant d_O$ 成立. 证毕.

(3) $d_G \geqslant d_I$.

证明 要证明 $d_G \geqslant d_I$，只要证明

$$d_G = \dfrac{ab + bc + ca}{6R} \geqslant 3r \quad \Leftrightarrow \quad ab + bc + ca \geqslant 18Rr$$
$$\Leftrightarrow \quad p(ab + bc + ca) \geqslant 18R \cdot pr$$
$$\Leftrightarrow \quad p(ab + bc + ca) \geqslant 18R \cdot \Delta$$
$$\Leftrightarrow \quad p(ab + bc + ca) \geqslant 18R \cdot \dfrac{abc}{4R}$$
$$\Leftrightarrow \quad (a + b + c)(ab + bc + ca) \geqslant 9abc.$$

由 1.1(6)① 知 $a + b + c \geqslant 3 \cdot \sqrt[3]{abc}$，所以 $ab + bc + ca \geqslant 3 \cdot \sqrt[3]{ab \cdot bc \cdot ca}$，两式相乘，得 $(a + b + c)(ab + bc + ca) \geqslant 9abc$，等号当且仅当 $\triangle ABC$ 是正三角形时成立. 于是 $d_G \geqslant d_I$. 证毕.

(4) $d_I \geqslant d_H$.

证明 在非钝角 $\triangle ABC$ 中，由 7.3(3)① 知 $d_H = 2R(\cos A \cos B + \cos B \cos C$

$+\cos C\cos A)$. 要证明 $d_I \geqslant d_H$, 只要证明 $d_H = 2R(\cos A\cos B + \cos B\cos C + \cos C\cos A) \leqslant 3r$, 即

$$2R(\cos A\cos B + \cos B\cos C + \cos C\cos A) \leqslant 3r.$$

由 1.4(9)① 知 $r = 4R\sin\dfrac{A}{2}\sin\dfrac{B}{2}\sin\dfrac{C}{2}$, 所以要证明

$$2R(\cos A\cos B + \cos B\cos C + \cos C\cos A) \leqslant 3r$$

成立, 只要证明

$$\cos A\cos B + \cos B\cos C + \cos C\cos A \leqslant 6\sin\dfrac{A}{2}\sin\dfrac{B}{2}\sin\dfrac{C}{2},$$

而这个不等式已经在 1.4(11) 中证得, 这就证明了不等式 $d_I \geqslant d_H$.

对于勃罗卡点 P（第 9 章）, 记点 P 到 AB, BC, CA 的距离分别是 d_1, d_2, d_3, $d_P = d_1 + d_2 + d_3$, 那么 d_P 与那个不等式串是什么关系呢? 我们不知道 d_P 是不是可以插入那个不等式串中, 但是我们可以证明 $d_G \geqslant d_P$. 我们将在第 9 章的 9.4 节给出证明. 如果定义 $d_{P'} = \dfrac{d_P + d_Q}{2}$, 在那里, 我们还证明了 $d_G \geqslant d_{P'}$.

开题提出的那个不等式串耐人寻味, 揭示了五心到三边距离之和大小关系的奥秘.

下面的结论给出了 d_O, d_G, d_H 之间另外一个关系.

> （5）设锐角 $\triangle ABC$ 的外心为 O, 重心为 G, 垂心为 H, 它们到 a, b, c 三边的距离之和分别为 d_O, d_G, d_H, 则 $3d_G = 2d_O + d_H$.

证法 1　不失一般性, 我们将图 7.4(1) 中的一个局部放大, 得到图 7.4(2), 先考虑 O, G, H 在 BC 边上的三个距离 OO_1, GG_1, HH_1 的关系.

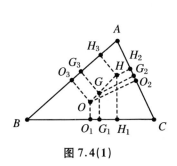

图 7.4(1)

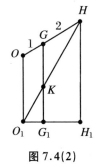

图 7.4(2)

由 5.3(2) 知 O, G, H 三点共线, 且 $HG = 2GO$. 因为 $\triangle O_1G_1K \backsim \triangle O_1H_1H$, 所以 $\dfrac{KG_1}{HH_1} = \dfrac{O_1G_1}{O_1H_1} = \dfrac{1}{3}$, 即 $KG_1 = \dfrac{1}{3}HH_1$. 同理, 由 $\triangle HGK \backsim \triangle HOO_1$, 得 $KG = \dfrac{2}{3}OO_1$, 从而得到 $GG_1 = \dfrac{2 \cdot OO_1 + 1 \cdot HH_1}{1 + 2}$, 或者

$$3GG_1 = HH_1 + 2OO_1, \qquad ②$$

即在梯形 OO_1H_1H 中,当点 G 分 HO 为 $2:1$ 两段时,GG_1 的长度与梯形两底长的关系$\left(\text{当点 } G \text{ 分 } HO \text{ 为 } HG:GO=m:n \text{ 时},GG_1 = \dfrac{m \cdot OO_1 + n \cdot HH_1}{m+n}\right)$.

同理,在梯形 OO_2H_2H 中,有

$$3GG_2 = HH_2 + 2OO_2. \qquad ③$$

在梯形 OO_3H_3H 中,有

$$3OG_3 = HH_3 + 2OO_3. \qquad ④$$

将上面的式②～④三式相加,得

$$3(GG_1 + GG_2 + GG_3) = (HH_1 + HH_2 + HH_3) + 2(OO_1 + OO_2 + OO_3),$$

即 $3d_G = d_H + 2d_O$.

证法 2 实际上,在锐角 $\triangle ABC$ 中,在本节的论述中我们已经得到了下面三个结论:

$$3d_G = 2R(\sin A \sin B + \sin B \sin C + \sin C \sin A),$$
$$d_H = 2R(\cos A \cos B + \cos B \cos C + \cos C \cos A),$$
$$d_O = R(\cos A + \cos B + \cos C),$$

所以

$$\begin{aligned}
3d_G - d_H &= 2R(\sin A \sin B + \sin B \sin C + \sin C \sin A) \\
&\quad - 2R(\cos A \cos B + \cos B \cos C + \cos C \cos A) \\
&= 2R\big[(\sin A \sin B - \cos A \cos B) + (\sin B \sin C - \cos B \cos C) \\
&\quad + (\sin C \sin A - \cos C \cos A)\big] \\
&= -2R\big[\cos(A+B) + \cos(B+C) + \cos(C+A)\big] \\
&= 2R(\cos A + \cos B + \cos C) = 2d_O,
\end{aligned}$$

即 $3d_G = d_H + 2d_O$.证毕.

第 8 章　勃罗卡点从历史到现实

8.1　勃罗卡其人其事

关于勃罗卡的资料很少,以下内容来自维基百科和极少的中文资料.

勃罗卡点这个术语源于一位法国军官的名字,他叫亨利·勃罗卡(Henri Brocard,1845~1922).亨利·勃罗卡于 1845 年 5 月 12 日出生于法国东北部默兹省(Meuse)的一个叫维尼奥(Vignot)的地方,1922 年 1 月 12 日在法国的巴拉迪克逝世,享年 78 岁.勃罗卡是法国气象学家、数学爱好者,同时也是一位独特的几何学家.他因最早发现了三角形的勃罗卡点而闻名于世.随后,人们把与勃罗卡点有关的问题都以他的名字命名,比如勃罗卡线、勃罗卡圆、勃罗卡三角形等等.

人类总是把猜想、命题、定理、方法冠以发现者的名字,并以这一种方式纪念那些为人类做出重大贡献的学者和科学家,这是科学史上约定俗成的习惯,表明后人对他们的崇敬与尊重.

勃罗卡先后在马赛和斯塔拉斯堡的公立中学读书,毕业之后,进入斯特拉斯堡的一个学院,在这里,他复习功课为考入巴黎综合理工大学做准备.勃罗卡于 1865 年成功考入这所著名的大学.

在 1865~1867 年,勃罗卡在巴黎综合理工大学求学.按那时的培养目标,很多学生毕业之后,将为法国军队服务.勃罗卡在毕业之前就加入了工程兵团,随后又参加法国海军,毕业之前的 1866 年就被确定为技术员,作为法国海军的气象专家为法国海军服务.勃罗卡在蒙特利尔还有过短暂的教书生涯.他在军队服役期间,主要工作就是教学和做一些研究.1868 年,勃罗卡的第一篇数学论文发表.

勃罗卡还参加了法国和普鲁士之间的战争,并随同 83000 名法国士兵成为战俘.这场战争是法国的耻辱之战.勃罗卡被释放之后,返回到军队,继续从事教学和研究工作.1872 年,法国数学学会成立,第二年勃罗卡成为会员.1875 年,勃罗卡成为法兰西科学进步协会和法兰西气象学会的终身会员,就在这一年,他被政府派往北非.从 1874 年到 1884 年,勃罗卡在北非度过了整整 10 年,大部分时间里,他在阿尔及利亚的阿尔及尔.

勃罗卡参与了在阿尔及尔的科学活动,他是阿尔及尔气象学会的共同创办人之一.1881 年,在阿尔及尔召开的法国科学与进步学会上,勃罗卡当选为委员会委员,就是在这次会议上,勃罗卡提交了《与平面三角形有关的圆的新发现》.在这篇论文中,勃罗卡发现了与三角形有关的一个圆,现在这个圆被称为"勃罗卡圆",勃罗卡因这篇文章而闻名于世.在北非的 10 年中,勃罗卡在奥兰(阿尔及尔的一个城市)也度过了一段时间.这个城市于 1831 年被法国占领,并成为法国的先进海港和主要的海军基地.

1884 年,勃罗卡回到法国,供职于蒙彼利埃、格勒诺布尔、巴勒迪克的气象委员会,他也一直服务于法国军队,直到 1910 年退休,官至中校.他的一生服务于多个政府委员会,同时也是活跃的业余数学家.他主持出版了很多种杂志.他有两个重要的出版物——两卷本的《几何曲线论评注》(分别出版于 1897 年和 1899 年)和两卷本的《几何曲线评论》(第一卷出版于 1920 年,而第二卷出版于他去世后的1967 年,合作者是 T. Lemoyne).

《几何曲线论评注》被认为是关于几何曲线的原始资料,精心编制的目录包含上千个命了名的曲线,正文有简要文字叙述、图形和几何曲线的方程.

勃罗卡不但在三角形的工作上非常有名,而且在其他方面也有贡献.勃罗卡曾经研究过方程 $n! + 1 = m^2$ 的正整数解的问题,他提出了如下问题:

方程 $n! + 1 = m^2$ 是不是仅有 $(4,5)$,$(5,11)$,$(7,71)$ 三个解?

到目前为止,这个问题依然没有被彻底解决,人们甚至还不知道这个方程是不是只有有限个解.

下面我们看看勃罗卡在"追逐曲线"上的贡献.

"追逐问题"是法国数学家皮埃尔·布给(Pierre Bouguer)于 1731 年开始关注的.他首先研究了"猫追老鼠"的追逐问题.在这个追逐中,老鼠沿着直线跑向墙角的洞里,而猫要沿着某个曲线追逐才能以最快的速度追上老鼠.问题是:猫的追逐曲线是什么? 这和图 8.1(1)中的轰炸机和战斗机的追逐类似.1877 年,爱德华·卢卡(Edouard Lucas)提出,三条狗从等边三角形的三个顶点各自以相同的速度相互追逐,则各自的追逐曲线是什么?

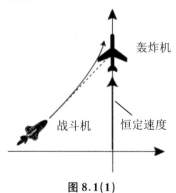

图 8.1(1)

1880 年,勃罗卡彻底解决了这个问题,他证明了一般三角形顶点处的三条狗(参见图 8.1(2)中的三角形),当它们以不同的速度相互追逐,并且可以相遇一点时,那么追逐曲线都是对数螺线(阿基米德螺线、等速螺线).这个相遇的点就是著名的勃罗卡点.

图 8.1(3)表示的是在不同正多边形中,"狗"从各顶点处以相同的速度相互追逐的轨迹曲线.

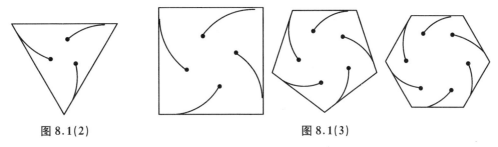

图 8.1(2)　　　　　　　　　　图 8.1(3)

图 8.1(4)是正方形四个顶点处四条狗以相同的速度追逐时,用对数螺线画出的四条追逐曲线.图 8.1(5)是三角形三个顶点处三条狗以不同的速度相遇一点时,用对数螺线画出的三条追逐曲线.

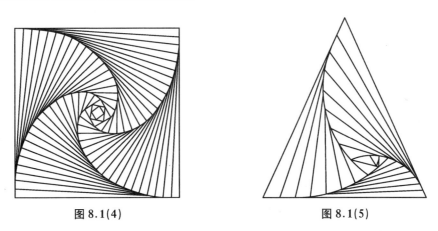

图 8.1(4)　　　　　　　　　　图 8.1(5)

值得一提的是,对于一般的三角形,在理论上,勃罗卡点也可以用三条对数螺线交点的方法得到.

由于上面正方形中的追逐曲线实际上可由一系列小正方形层层相套无限"逼近"出来(参见图 8.1(6)中的两个正方形),受到由正方形彼此相似特点的启发,对于一般的三角形,如果也可以得到一系列"相套"的相似三角形,勃罗卡点也可以"套"出来.图 8.1(7)中的三角形是顶角为 $36°$ 的等腰三角形,里面构造的是一系列相似等腰三角形,它们一个套一个,最后"套"出一个点,这个点就是勃罗卡点,我们将在 11.2 节中做出详细证明.

也有资料认为,勃罗卡点首先由克列尔(A. L. Crelle,1780～1855,法国数学家和数学教育家)发现,当时人们对这个问题的研究没有持久,于是便湮没无闻.至1875 年,被勃罗卡(Henri Brocard)重新发现,得出一些重要定理,这才引起莱莫恩、图克等一大批数学家的兴趣,一时形成了一股研究三角形几何的热潮,甚至有人把围绕勃罗卡点的几何研究称作勃罗卡几何.

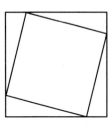 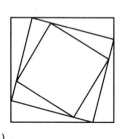 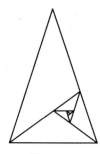

图 8.1(6)　　　　　　　　　　　　　　　　　图 8.1(7)

勃罗卡的晚年是在巴拉迪克度过的,他像一个隐士一样生活着.他是独生子,没有兄弟姐妹,终身未婚,也很少和朋友往来,但是,勃罗卡一如既往地积极参与当地的科学生活,他是巴拉迪克文学、科学、艺术协会的图书管理员,他拒绝担任协会的董事.他在他的后花园中,花了很多时间观察天文.勃罗卡先后参加了 1897 年苏黎世国际数学家大会、1900 年巴黎国际数学家大会、1904 年海德堡国际数学家大会、1908 年罗马国际数学家大会、1912 年剑桥国际数学家大会和 1920 年斯特拉斯堡国际数学家大会.

1922 年 1 月 16 日,勃罗卡在他的书桌旁逝世.根据他生前的请求,他被安葬在维尼奥(Vignot)的一个小公墓内,他父母亲的墓旁.

著名现代数学家纳森·考特(Nathan Court,1881~1968,美国数学家)这样评价勃罗卡,他说,勃罗卡、莱莫恩(Émile Lemoine,1840~1912,法国工程师和数学家)、约瑟夫·纽伯格(Joseph Neuberg,1840~1926,卢森堡数学家)是现代三角形几何学共同的奠基者.

8.2　国内对勃罗卡点问题的研究

先给出勃罗卡点与勃罗卡角的定义:

如图 8.2(1)所示,设点 P 是 $\triangle ABC$ 内一点,满足 $\angle PAB = \angle PBC = \angle PCA = \theta$,称点 P 为 $\triangle ABC$ 的正勃罗卡点,角 θ 为 $\triangle ABC$ 的勃罗卡角;

如图 8.2(2)所示,设点 P' 是 $\triangle ABC$ 内一点,满足 $\angle P'BA = \angle P'CB = \angle P'AC = \theta$,称点 P' 为 $\triangle ABC$ 的负勃罗卡点,角 θ 为 $\triangle ABC$ 的勃罗卡角.

若三角形给定,则三角形的勃罗卡点和勃罗卡角是存在的.我们将在第 9 章进行系统阐述.

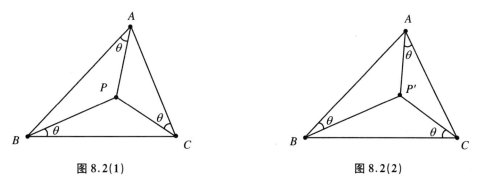

图 8.2(1)　　　　　　　　　　　图 8.2(2)

所以,一个△ABC 有两个勃罗卡点,分别叫正勃罗卡点与负勃罗卡点,对应的也有两个勃罗卡角,后面我们将证明,这两个勃罗卡角的大小是相等的,而通常情况下,两个勃罗卡点是不重合的.勃罗卡点也是△ABC 的巧合点,与前面的各个巧合点一样,这个巧合点也有很多有趣的性质.下面我们将揭开这个问题的序幕,开始一场精彩的展示.

勃罗卡点问题自 1875 年由勃罗卡提出之后,已经有 147 年之久.在这段历史中,不断有人重新发现并研究它.时至今日,人们围绕勃罗卡点得到了很多结论,丰富了这个问题的研究成果,使其成为三角形几何学中的一个亮点.自 20 世纪 90 年代以来,中国掀起了一股研究勃罗卡点的热潮,不断涌出令人炫目的成果,勃罗卡点问题引起了人们的极大兴趣.

在国内的资料上,勃罗卡点问题出现较早的,倘或是在梁绍鸿的《初等数学复习及研究(平面几何)》一书中.此书初版出版于 1958 年 11 月,曾作为高等师范院校开设平面几何课程的通用教材.梁绍鸿以初中生的学历,自学成才.在 20 世纪 50 年代初,以广西百色的一个小学教师的身份,被当时的北师大副校长傅种孙、数学家华罗庚调到北京师范大学(简称北师大),最后成为一名副教授.梁绍鸿在北师大专攻平面几何,得到傅种孙、闵嗣鹤等前辈的支持.因为傅种孙曾在欧洲留学,爱好初等几何,对中国平面几何的发展有重大贡献,所以作者怀疑,早在 20 世纪 20 年代,这个问题就流传到中国,后由梁绍鸿先生编入此书.该书于 50 年之后的 2008 年又推出新版,成为我国几何学集大成之著作.

在这本书中,勃罗卡点出现过多次,都是正、负勃罗卡点同时提出,其中有一个勃罗卡命题涉及勃罗卡点到三角形顶点和边的距离:

① 三角形的两个勃罗卡点到三个顶点的距离之积相等.

② 三角形的两个勃罗卡点到三条边的距离之积相等.

在 20 世纪 60—80 年代,从文献看,这个问题几乎没有出现过.到 20 世纪 90 年代,对勃罗卡点问题的研究在中国又开始火热起来.

《中学数学》(苏州)1990 年第 2 期和第 11 期分别刊登了谢培珍和沈建平两位

老师的文章,他们给出了勃罗卡点的不同作图法(尺规作法).

《数学通报》1991 年第 11 期刊登了樊秀珍老师的《关于等腰直角三角形中的一个特殊点——一道几何题解法的探讨》一文,该文指出,在等腰 Rt△ABC 中(A 为直角),存在内部点 M,使得∠MAB = ∠MBC = ∠MCA = θ.文中还给出了 cot α = 2 的结果.但是,文中没有指出这个点是勃罗卡点.

《中学数学教学》1993 年第 3 期和第 4 期分别刊登了李有毅、胡明生先生的《关于布罗卡点的存在性》一文和胡炳生先生的《布罗卡和布罗卡问题》一文.文章回顾了这个问题的一般历史,并对勃罗卡点的存在性的几个基本结论进行了点评.

在《数学通报》1993 年第 3 期上,沈建平先生发表了《勃罗卡点的一个计算公式》,并被广泛引用.

《数学通报》1994 年第 2 期又刊登了黄书绅先生的《关于三角形中的一个特殊点》,该文对《数学通报》1991 年第 11 期上刊登的樊秀珍老师的《关于等腰直角三角形中的一个特殊点——一道几何题解法的探讨》一文做了一般推广,并指出,对于一般△ABC 也存在内部一点 M,满足∠MAB = ∠MBC = ∠MCA = θ,给出了 M 点的几何作法,还给出了角的计算公式 $\cot \alpha = \dfrac{a^2 + b^2 + c^2}{4\Delta}$,以及 MA,MB,MC 的计算等结论,但该文没有指出这个点是勃罗卡点.

1998 年,苗大文先生在《数学通讯》第 2 期上发表了《关于勃罗卡点的两个命题》.文中给出了两个命题:第一个命题给出了重心到勃罗卡点的距离表达,并由此导出一个几何不等式;第二个命题给出了勃罗卡点 P 与△ABC 三个顶点连接得到的三个三角形的三个外接圆半径和△ABC 的外接圆半径之间的一个关系.

沈文选先生在其著作《几何瑰宝》(上、下两卷)(2010 年 7 月第 1 版,2019 年 3 月第 8 次印刷)中收集了中国勃罗卡点研究的部分成果,计 18 个定理.这是国内收集比较完整的勃罗卡点资料.

20 世纪 90 年代,三角形的勃罗卡点渐渐地被人们熟悉,围绕勃罗卡点问题的研究成果也层出不穷,人们或者单独发现了勃罗卡点新的性质,或者重复了别人的研究,无不彰显了这个问题的魅力,可以说是精彩纷呈,气象万千.特别是,当勃罗卡点问题进入各级别考试(竞赛)的命题之后,引起了广大数学爱好者和一线数学老师的兴趣,给这个问题的研究带来了新的动力.

8.3　勃罗卡点问题背景下的中考试题、高考试题和竞赛试题

勃罗卡点问题渐渐地为人们所熟悉,随着研究者的增多,勃罗卡点问题也从书

斋进入中学数学教育一线老师和教研员的视线.近几年来,这个问题屡次被各种考试命题者所关注,下面罗列的是作者掌握的中考、高考、竞赛题中具有勃罗卡点背景的一些题目.这些题目通过不同的包装,在不同的特例情形下,呈现于考题中.这样的命题方式避免了出现陈题的嫌疑,同时也为数学教学和考试命题注入了新的活力.

1. 2017 年湖南株洲中考数学试题

第 10 题:如图 8.3(1)所示,若 △ABC 内一点 P 满足 $\angle PAC = \angle PBA = \angle PCB$,则称点 P 是 △ABC 的勃罗卡点.三角形的勃罗卡点(Brocard point)是法国数学家和数学教育家克罗尔(A. L. Crelle,1780~1855)于 1819 年发现的,但他的发现当时并未被人们所注意.1875 年,勃罗卡点被一个数学爱好者,法国军官勃罗卡(Henri Brocard,1845~1922)重新发现,并用他的名字命名.问题:如图 8.3(2)所示,在等腰 Rt△DEF 中,$\angle EDF = 90°$,若点 Q 为勃罗卡点,$DQ = 1$,则 $EQ + FQ = ($　　$)$.

A. 5　　　　B. 4　　　　C. $3 + \sqrt{2}$　　　　D. $2 + \sqrt{2}$

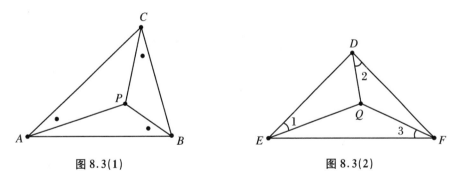

图 8.3(1)　　　　　　　　　图 8.3(2)

这个问题开篇给出勃罗卡点的定义,顺带介绍了这个问题简短的数学史实,然后给出一个具体的问题,兼顾了阅读能力和数学史渗透.根据我们在 8.2 节给出的勃罗卡点定义,本题的构造有两个特点:一是题目中给的定义是负勃罗卡点;二是图中的三角形是等腰直角三角形,这里特殊性是为了使得问题简单化.

解答过程很简单,如图 8.3(2)所示,设勃罗卡角满足 $\angle 1 = \angle 2 = \angle 3$,不难看出 △DQF∽△FQE,则

$$\frac{DQ}{FQ} = \frac{FQ}{QE} = \frac{DF}{EF} = \frac{1}{\sqrt{2}}.$$

因为 $DQ = 1$,所以 $FQ = \sqrt{2}$,$EQ = 2$,故 $EQ + FQ = 2 + \sqrt{2}$.选 D.

2. 2019 年安徽省初中毕业学业水平考试数学试题

第 23 题:如图 8.3(3)所示,在 Rt△ABC 中,$\angle ACB = 90°$,$AC = BC$,P 是 △ABC 内部一点,$\angle APB = \angle BPC = 135°$.

(1)求证:△PAB∽△PBC;

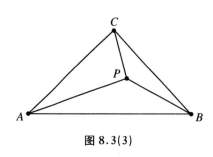

图 8.3(3)

（2）求证：$PA = 2PC$；

（3）若点 P 到三角形三边 AB，BC，CA 的距离分别是 h_1，h_2，h_3，求证：$h_1^2 = h_2 \cdot h_3$.

在这道题中，可以证明，在条件"Rt $\triangle ABC$ 中，$\angle ACB = 90^\circ$，$AC = BC$，P 是 $\triangle ABC$ 内部一点，$\angle APB = \angle BPC = 135^\circ$"下，点 P 就是（负）勃罗卡点，反之也对．我们将此结果写成如下命题：

命题 1　在 Rt $\triangle ABC$ 中，$\angle ACB = 90^\circ$，$AC = BC$，则
$$\angle PAC = \angle PBA = \angle PCB \iff P \text{ 是勃罗卡点} \iff \angle APB = \angle BPC = 135^\circ.$$

上述命题的证明很简单，我们留给读者．显然，此题的背景是勃罗卡点在等腰直角三角形下的问题．这个问题我们将在第 10 章的 10.1 节中继续讨论．

3. 北京大学 2011 年保送生数学考试试题

第 2 题：已知 $\triangle ABC$ 中（见图 8.3(4)），$\angle BAO = \angle CAO = \angle CBO = \angle ACO$. 求证：$\triangle ABC$ 三边成等比数列．

本题实际上是当点 O 是（正）勃罗卡点时，依定义，$\angle OAB = \angle OBC = OCA = \theta$，同时又满足 $\angle OAC = \theta$，表明 OA 又是角 A 的平分线．实际上，就是当点 O 是勃罗卡点时，又增加了一个条件，就预示着 $\triangle ABC$ 满足某些条件．此题曾经是《美国数学月刊》上的一道题目．

下面给出这道题目的四种证法，请读者初步体会勃罗卡点的魅力．

证法 1　如图 8.3(5) 所示，设 $\angle BAO = \angle CAO = \angle CBO = \angle ACO = \theta$，延长 AO 交 $\triangle BOC$ 的外接圆 O_1 于点 D. 由于 $\angle OBC = \angle OCA$，因此 AC 为外接圆 O_1 的切线，C 为切点，所以 $\angle ODC = \angle ACO = \theta$，故 $AC = CD$.

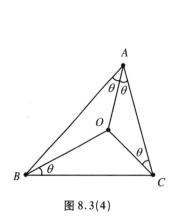

图 8.3(4)

图 8.3(5)

在△BCD 与△ABC 中,

$$\angle BCD = \angle BOD = \angle OAB + \angle OBA = \angle OBC + \angle OBA = \angle ABC,$$

即 $\angle BCD = \angle ABC$;类似地,$\angle CBD = \angle BAC$.所以△ABC∽△BCD,即 $\dfrac{AB}{BC} = \dfrac{BC}{CD}$

$= \dfrac{BC}{AC}$,亦即 $BC^2 = AB \cdot AC$,则 AB,BC,CA 成等比数列.

这个证法是目前发现的最简洁的证法.

证法 2　在△ABO,△BCO 中(图 8.3(4)),分别由正弦定理得

$$\frac{OA}{OB} = \frac{\sin(B - \theta)}{\sin \theta}, \quad \frac{OB}{OC} = \frac{\sin(C - \theta)}{\sin \theta},$$

而 $\dfrac{OC}{OA} = 1$,三式相乘,得 $\dfrac{\sin(B - \theta)\sin(C - \theta)}{\sin^2 \theta} = 1$,即

$$\sin^2 \theta = \sin(B - \theta)\sin(C - \theta) = -\frac{1}{2}[\cos(B + C - 2\theta) - \cos(B - C)].$$

因为 $B + C = \pi - A = \pi - 2\theta$,所以上式变为

$$\sin^2 \theta = -\frac{1}{2}[-\cos 4\theta - \cos(B - C)],$$

即

$$\frac{1 - \cos 2\theta}{2} = \frac{1}{2}[\cos 4\theta + \cos(B - C)].$$

又因为 $\cos 2\theta = \cos A = -\cos(B + C)$,所以 $1 + \cos(B + C) - \cos(B - C) = \cos 4\theta$,展开得 $1 - 2\sin B\sin C = \cos 4\theta$,即 $2\sin^2 2\theta = 2\sin B\sin B$,亦即 $\sin^2 A = \sin B\sin C$.再由正弦定理得 $BC^2 = AB \cdot AC$,即 AB,BC,CA 成等比数列.

证法 3　如图 8.3(6)所示,对于任意△ABC,过点 A 作 BC 的平行线 AD,作 $\angle ACD = \angle ABC$,连接 BD,在 BD 上取点 O,使得 $\angle OCA = \angle ODA = \theta$.

因为 AD // BC,所以 $\angle OBC = \angle ODA = \theta = \angle OCA$,则 A,D,C,O 四点共圆,所以 $\angle OAC = \angle ODC$,而 $\angle BAC = \angle ADC$,所以 $\angle OAB = \angle ODA = \theta$,点 O 是△ABC 的(正)勃罗卡点.

在图 8.3(6)的基础上,过 D,A 作 BC(延长线)的垂线,垂足分别为 E,F,得到图 8.3(7).

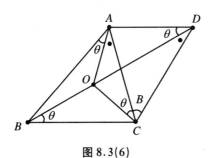

图 8.3(6)

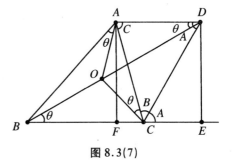

图 8.3(7)

在 $\triangle BDE$，$\triangle ABF$，$\triangle ACF$，$\triangle DCE$ 中，易得

$$\cot \theta = \cot \angle DBE = \frac{BE}{ED}$$

$$= \frac{BF + FC + CE}{ED} = \frac{BF}{ED} + \frac{FC}{ED} + \frac{CE}{ED}$$

$$= \cot B + \cot C + \cot A,$$

即 $\cot \theta = \cot A + \cot B + \cot C$.

在本题中，因为 $\theta = \dfrac{A}{2}$，所以

$$\cot \frac{A}{2} - \cot A = \cot B + \cot C$$

$$\Leftrightarrow \quad \frac{\cos \dfrac{A}{2} \sin A - \cos A \sin \dfrac{A}{2}}{\sin \dfrac{A}{2} \sin A} = \frac{\sin C \cos B + \cos C \sin B}{\sin B \sin C}$$

$$\Leftrightarrow \quad \frac{\sin \left(A - \dfrac{A}{2} \right)}{\sin \dfrac{A}{2} \sin A} = \frac{\sin(B + C)}{\sin B \sin C}$$

$$\Leftrightarrow \quad \frac{1}{\sin A} = \frac{\sin A}{\sin B \sin C}$$

$$\Leftrightarrow \quad \sin^2 A = \sin B \sin C.$$

再由正弦定理得 $BC^2 = AB \cdot AC$，即 AB，BC，CA 成等比数列.

这个方法实际上是先建立了一般 $\triangle ABC$ 勃罗卡角的一个重要的基本结论：$\cot \theta = \cot B + \cot C + \cot A$. 这个结论远比这个题目本身重要，有人称这个等式为勃罗卡恒等式.

证法 4 如图 8.3(4)所示，在 $\triangle AOC$ 中，$\angle AOC = \pi - \theta - \theta = \pi - 2\theta$.

在 $\triangle AOC$ 中，由正弦定理得 $\dfrac{b}{\sin(\pi - 2\theta)} = \dfrac{OA}{\sin \theta} = \dfrac{OC}{\sin \theta}$，所以

$$OA = \frac{b \sin \theta}{\sin 2\theta}. \tag{①}$$

在 $\triangle BOC$ 中，$\angle BOC = \pi - C$，由正弦定理得 $\dfrac{OC}{\sin \theta} = \dfrac{a}{\sin(\pi - C)}$，即 $\dfrac{OC}{\sin \theta} = \dfrac{a}{\sin C}$，亦即

$$OC = \frac{a \sin \theta}{\sin C}. \tag{②}$$

在 $\triangle AOC$ 中 $OA = OC$. 结合式①、式②得

$$\frac{b \sin \theta}{\sin 2\theta} = \frac{a \sin \theta}{\sin C} \quad \Leftrightarrow \quad \frac{b}{\sin A} = \frac{a}{\sin C}$$

$$\Leftrightarrow \quad \frac{b}{a} = \frac{a}{c} \quad \Leftrightarrow \quad a^2 = bc.$$

实际上,我们得出下列结论:

命题 2　已知 $\triangle ABC$ 中(图 8.3(4)),$\angle BAO = \angle CAO = \angle CBO = \angle ACO = \theta$,则 $A = 2\theta \Leftrightarrow OA = OC \Leftrightarrow a^2 = bc$.

我们知道,一个三角形有两个勃罗卡点. 在本题中,O 是正勃罗卡点,且满足条件 $\angle BAO = \angle CAO = \angle CBO = \angle ACO = \theta$;如图 8.3(8)所示,若引入 O' 是负勃罗卡点,即满足条件 $\angle O'BA = \angle O'CB = \angle O'AB = \angle O'AC = \theta'$. 利用证法 3 中同样的方法,对负勃罗卡角 θ',同样可得 $\cot \theta' = \cot A + \cot B + \cot C$,所以 $\cot \theta = \cot \theta'$,即 $\theta = \theta'$,则 AO, AO' 都是 A 的内角平分线,即 A, O, O' 三点共线,且 $O'A = O'B$. 于是得到下列结论:

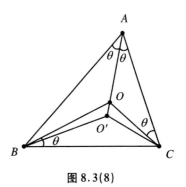

图 8.3(8)

命题 3　已知在 $\triangle ABC$ 中,O, O' 分别是正、负勃罗卡点,且各自满足:
$$\angle BAO = \angle CAO = \angle CBO = \angle ACO = \theta,$$
$$\angle O'BA = \angle O'CB = \angle O'AB = \angle O'AC = \theta'.$$

(1) $\theta = \theta'$;

(2) $A = 2\theta \Leftrightarrow OA = OC \Leftrightarrow O'A = O'B \Leftrightarrow A, O, O'$ 共线.

这道题也是 2014 年全国高中数学联赛湖南区初试第 13 题,出题人将这个问题变成了一个开放试题. 试题如下:

如图 8.3(4)所示,O 是 $\triangle ABC$ 内部一点,且 $\angle BAO = \angle CAO = \angle CBO = \angle ACO$,试探究 $\triangle ABC$ 三边的关系,并证明你的结论.

显然,从上面的解答可知,这个三角形的三边成等比数列,且 $a^2 = bc$.

这道题实际上给出了三边成等比数列的三角形的勃罗卡点的一个性质,容易想到的问题是:如果 $\triangle ABC$ 三边成等差数列,那么相应的勃罗卡点有什么特殊性质呢? 这个问题我们将在第 10 章第 10.2 节中继续讨论,在那里我们还会看到其他几个特殊三角形的勃罗卡点的有趣性质.

4. 2013 年全国高考 I 卷理科数学试题

第 17 题:如图 8.3(9)所示,在 $\triangle ABC$ 中,$\angle ABC = 90°$,$AB = \sqrt{3}$,$BC = 1$. 点 P 是 $\triangle ABC$ 内一点,$\angle BPC = 90°$.

(1) 若 $BP = \dfrac{1}{2}$,求 PA;

(2) 若 $\angle APB = 150°$,求 $\tan\angle PBA$.

在这个问题中,当 P 是 $\triangle ABC$ 的勃罗卡点且 θ 为勃罗卡角时,易知 $\angle BPC = 180° - \theta - (90° - \theta) = 90°$,所以 $\angle BPC = 90°$ 是直角三角形勃罗卡点的一个基本性

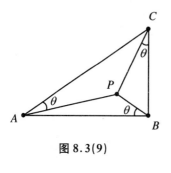

图 8.3(9)

质. 而 $\angle APB = 180° - \angle BAC$，$\angle APC = 180° - \angle ACB$ 容易验证.

不过，在问题(1)中，当 $BP = \dfrac{1}{2}$ 时，图中的 θ 不可能是勃罗卡角，所以问题(1)不是当 P 为勃罗卡点时的情形.

在问题(2)中，当 $\angle PAC = \angle PBA = \angle PCB$ 时，因为 $\angle BAC = 30°$，所以 $\angle APB = 180° - \angle BAC = 150°$，$\angle APC = 180° - \angle ACB = 120°$，$\angle BPC = 90°$. 故问题(2)的背景是特殊直角三角形(直角边为 1，$\sqrt{3}$)情形下的勃罗卡点问题. 关于一般直角三角形的勃罗卡点问题，我们将在第 10 章第 10.1 节中继续讨论.

8.4 三角形内一点的面积坐标和两点距离公式

在第 7 章中，我们求出了各种心距，并讨论了它们之间的各种关系. 本节可以说是第 7 章内容的延续，我们将建立另外一个不常见的距离公式，这是解决心距问题的新工具.

在第 1 章第 1.6 节中，我们讲了三角形的奔驰定理. 如图 8.4(1)所示，根据上面的讨论知，当点 P 在 $\triangle ABC$ 内部时，则

$$S_{\triangle PBC}\overrightarrow{PA} + S_{\triangle PCA}\overrightarrow{PB} + S_{\triangle PAB}\overrightarrow{PC} = 0 \quad (奔驰定理).$$

对 $\triangle ABC$ 所在平面上的任意一点 O，上式可以写成

$$S_{\triangle PBC}(\overrightarrow{OA} - \overrightarrow{OP}) + S_{\triangle PCA}(\overrightarrow{OB} - \overrightarrow{OP}) + S_{\triangle PAB}(\overrightarrow{OC} - \overrightarrow{OP}) = 0.$$

注意到 $S_{\triangle ABC} = S_{\triangle PBC} + S_{\triangle PCA} + S_{\triangle PAB}$，整理得

$$\overrightarrow{OP} = \frac{S_{\triangle PBC}}{S_{\triangle ABC}}\overrightarrow{OA} + \frac{S_{\triangle PCA}}{S_{\triangle ABC}}\overrightarrow{OB} + \frac{S_{\triangle PAB}}{S_{\triangle ABC}}\overrightarrow{OC}. \qquad ①$$

我们知道，当点 P 为 $\triangle ABC$ 的各个巧合点时，就得到巧合点的向量表示；如果点 O 是坐标原点，则在坐标平面内，式①中的每个向量的坐标就是向量中点的坐标. 式①实际上给出了三角形内一点的统一坐标公式.

为叙述方便，将第 2~5 章最后一小节中的巧合点的向量表示整理如下：

若 G 为 $\triangle ABC$ 的重心，则

$$\overrightarrow{OG} = \frac{1}{3}\overrightarrow{OA} + \frac{1}{3}\overrightarrow{OB} + \frac{1}{3}\overrightarrow{OC}. \qquad ②$$

若 I 为 $\triangle ABC$ 的内心，则

图 8.4(1)

$$\overrightarrow{OI} = \frac{a}{a+b+c}\overrightarrow{OA} + \frac{b}{a+b+c}\overrightarrow{OB} + \frac{c}{a+b+c}\overrightarrow{OC}. \tag{③}$$

若 O' 为 $\triangle ABC$ 的外心,则

$$\overrightarrow{OO'} = \frac{\sin 2A}{\sin 2A + \sin 2B + \sin 2C}\overrightarrow{OA} + \frac{\sin 2B}{\sin 2A + \sin 2B + \sin 2C}\overrightarrow{OB}$$

$$+ \frac{\sin 2C}{\sin 2A + \sin 2B + \sin 2C}\overrightarrow{OC}. \tag{④}$$

若 H 为 $\triangle ABC$(非直角三角形)的垂心,则

$$\overrightarrow{OH} = \frac{\tan A}{\tan A + \tan B + \tan C}\overrightarrow{OA} + \frac{\tan B}{\tan A + \tan B + \tan C}\overrightarrow{OB}$$

$$+ \frac{\tan C}{\tan A + \tan B + \tan C}\overrightarrow{OC}. \tag{⑤}$$

对于给定的 $\triangle ABC$,其重心 G、内心 I、外心 O'、垂心 H 都是确定的.当我们取定 $\triangle ABC$ 所在平面内的点 O 时,上述式②～⑤表明,$\overrightarrow{OG}$,$\overrightarrow{OI}$,$\overrightarrow{OO'}$,$\overrightarrow{OH}$ 也是确定的.所以,应该可以由这些向量解决与 $\triangle ABC$ 的巧合点相关的问题.

对上述①,如图 8.4(2) 所示,记 $\lambda_1 = \dfrac{S_{\triangle PBC}}{S_{\triangle ABC}}$,$\lambda_2 = \dfrac{S_{\triangle PCA}}{S_{\triangle ABC}}$,$\lambda_3 = \dfrac{S_{\triangle PAB}}{S_{\triangle ABC}}$,则 λ_1,λ_2,$\lambda_3 > 0$,且 $\lambda_1 + \lambda_2 + \lambda_3 = 1$,故式①可以改写成

$$\overrightarrow{OP} = \lambda_1 \overrightarrow{OA} + \lambda_2 \overrightarrow{OB} + \lambda_3 \overrightarrow{OC}. \tag{⑥}$$

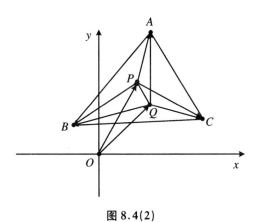

图 8.4(2)

(1) 设 P 为 $\triangle ABC$ 内一点,则存在 $\lambda_i > 0$,$\displaystyle\sum_{i=1}^{3} \lambda_i = 1$,使得 $\overrightarrow{OP} = \lambda_1 \overrightarrow{OA} + \lambda_2 \overrightarrow{OB} + \lambda_3 \overrightarrow{OC}$.

在这里,我们发现,当点 O 给定时,点 P 的位置与三维数组 $(\lambda_1, \lambda_2, \lambda_3)$ 是一一对应的,与平面向量基本定理中关于向量坐标的规定一样,于是我们给出如下关于

点 P 的面积坐标的定义：

若 P 是 $\triangle ABC$ 内一点，O 为 $\triangle ABC$ 所在平面上的点，且 $\overrightarrow{OP}=\lambda_1\overrightarrow{OA}+\lambda_2\overrightarrow{OB}+\lambda_3\overrightarrow{OC}$，其中 $\lambda_1,\lambda_2,\lambda_3>0$，且 $\lambda_1+\lambda_2+\lambda_3=1$，则称 $(\lambda_1,\lambda_2,\lambda_3)$ 为点 P 的面积坐标，记为 $P(\lambda_1,\lambda_2,\lambda_3)$.

更广义的面积坐标不需要给定点 P 是三角形内一点，只要将定义中 $\lambda_i(i=1,2,3)$ 为正数替换为一切实数即可. 实际上，第 1 章所述奔驰定理中的系数可以不都是正的，比如，点 P 与 $\triangle ABC$ 的顶点 A 位于 BC 两侧时，$\lambda_1<0$.

利用面积坐标定义，从式②～⑤以及面积坐标定义式⑥，我们得到各个巧合点的面积坐标如下：

$\triangle ABC$ 的重心 G 的面积坐标是

$$G\left(\frac{1}{3},\frac{1}{3},\frac{1}{3}\right). \qquad ⑦$$

$\triangle ABC$ 的内心 I 的面积坐标是

$$I\left(\frac{a}{a+b+c},\frac{b}{a+b+c},\frac{c}{a+b+c}\right). \qquad ⑧$$

$\triangle ABC$ 的外心 O 的面积坐标是

$$O\left(\frac{\sin 2A}{\sin 2A+\sin 2B+\sin 2C},\frac{\sin 2B}{\sin 2A+\sin 2B+\sin 2C},\frac{\sin 2C}{\sin 2A+\sin 2B+\sin 2C}\right)$$

$$=\left(\frac{1-\cot B\cot C}{2},\frac{1-\cot C\cot A}{2},\frac{1-\cot A\cot B}{2}\right)$$

$$=\left(\frac{R^2(b^2+c^2-a^2)}{b^2c^2},\frac{R^2(c^2+a^2-b^2)}{c^2a^2},\frac{R^2(a^2+b^2-c^2)}{a^2b^2}\right)$$

$$=\left(\frac{2R^2\cos A}{bc},\frac{2R^2\cos B}{ca},\frac{2R^2\cos C}{ab}\right). \qquad ⑨$$

结论式⑨的证明如下：

因为 $\sin 2A+\sin 2B+\sin 2C=4\sin A\sin B\sin C$（见 1.4(3)①），所以

$$\frac{\sin 2A}{\sin 2A+\sin 2B+\sin 2C}=\frac{2\sin A\cos A}{4\sin A\sin B\sin C}=\frac{\cos A}{2\sin B\sin C}=\frac{\dfrac{b^2+c^2-a^2}{2bc}}{2\cdot\dfrac{b}{2R}\cdot\dfrac{c}{2R}}$$

$$=\frac{R^2(b^2+c^2-a^2)}{b^2c^2}=\frac{2R^2}{bc}\cos A.$$

另一方面，

$$\frac{\cos A}{2\sin B\sin C}=\frac{-\cos(B+C)}{2\sin B\sin C}=-\frac{\cos B\cos C-\sin B\sin C}{2\sin B\sin C}$$

$$=\frac{1-\cot B\cot C}{2}.$$

式⑨获证.

$\triangle ABC$（非 Rt$\triangle ABC$）的垂心 H 的面积坐标是

$$H\left(\frac{\tan A}{\tan A + \tan B + \tan C}, \frac{\tan B}{\tan A + \tan B + \tan C}, \frac{\tan C}{\tan A + \tan B + \tan C}\right).$$

注意到在非直角 $\triangle ABC$ 中,$\tan A + \tan B + \tan C = \tan A\tan B\tan C$(见 1.4 (4)①),所以

$$\frac{\tan A}{\tan A + \tan B + \tan C} = \frac{1}{\tan B\tan C} = \cot B\cot C$$

$$= \frac{\dfrac{c^2 + a^2 - b^2}{2ca} \cdot \dfrac{a^2 + b^2 - c^2}{2ab}}{\dfrac{b}{2R} \cdot \dfrac{c}{2R}}$$

$$= \frac{R^2(c^2 + a^2 - b^2)(a^2 + b^2 - c^2)}{a^2 b^2 c^2},$$

…,

故上述面积坐标也可以表示成

$$H(\cot B\cot C, \cot C\cot A, \cot A\cot B)$$

$$= \left(\frac{R^2(c^2 + a^2 - b^2)(a^2 + b^2 - c^2)}{a^2 b^2 c^2}, \frac{R^2(b^2 + a^2 - c^2)(b^2 + c^2 - a^2)}{a^2 b^2 c^2},\right.$$

$$\left.\frac{R^2(b^2 + c^2 - a^2)(c^2 + a^2 - b^2)}{a^2 b^2 c^2}\right). \qquad ⑩$$

为增加对面积坐标的感性认识,我们用面积坐标证明熟知的结果,也就是垂心 H、重心 G、外心 O' 的基本关系,就是 5.3(2)中的 $\overrightarrow{HG} = 2\overrightarrow{GO}$($O$ 即为此处 O').

$$\overrightarrow{HG} = \overrightarrow{OG} - \overrightarrow{OH} = \left(\frac{1}{3} - \cot B\cot C\right)\overrightarrow{OA} + \left(\frac{1}{3} - \cot C\cot A\right)\overrightarrow{OB}$$

$$+ \left(\frac{1}{3} - \cot A\cot B\right)\overrightarrow{OC},$$

$$\overrightarrow{GO'} = \overrightarrow{OO'} - \overrightarrow{OG} = \left(\frac{1 - \cot B\cot C}{2} - \frac{1}{3}\right)\overrightarrow{OA} + \left(\frac{1 - \cot C\cot A}{2} - \frac{1}{3}\right)\overrightarrow{OB}$$

$$+ \left(\frac{1 - \cot A\cot B}{2} - \frac{1}{3}\right)\overrightarrow{OC},$$

$$2\overrightarrow{GO'} = \left(1 - \cot B\cot C - \frac{2}{3}\right)\overrightarrow{OA} + \left(1 - \cot C\cot A - \frac{2}{3}\right)\overrightarrow{OB}$$

$$+ \left(1 - \cot A\cot B - \frac{2}{3}\right)\overrightarrow{OC}$$

$$= \left(\frac{1}{3} - \cot B\cot C\right)\overrightarrow{OA} + \left(\frac{1}{3} - \cot C\cot A\right)\overrightarrow{OB}$$

$$+ \left(\frac{1}{3} - \cot A\cot B\right)\overrightarrow{OC}$$

$$= \overrightarrow{HG}.$$

这就证明了 $\overrightarrow{HG} = 2\overrightarrow{GO}$.

面积坐标远不止这个用处,可以说,面积坐标可以开辟一条研究几何问题的阳

关大道.下面给出已知两点面积坐标条件下的两点之间距离公式的推导.

为方面书写,我们换一种记法,在平面直角坐标系内,记所讨论的三角形为 $\triangle A_1A_2A_3$,其中 $A_i(x_i,y_i)$,$i=1,2,3$,设 P,Q 是平面内的两个点,它们的面积坐标依次是(p_1,p_2,p_3),(q_1,q_2,q_3),我们证明:

$$|PQ|^2 = -\sum_{1\leqslant i<j\leqslant 3}(p_i-q_i)(p_j-q_j)|A_iA_j|^2.$$

证明 因为 P,Q 面积坐标分别为(p_1,p_2,p_3),(q_1,q_2,q_3),$\sum_{i=1}^3 p_i = \sum_{i=1}^3 q_i = 1$,所以

$$\overrightarrow{OP} = \sum_{i=1}^3 p_i\overrightarrow{OA_i},\quad \overrightarrow{OQ} = \sum_{i=1}^3 q_i\overrightarrow{OA_i},\quad \overrightarrow{QP} = \sum_{i=1}^3 (p_i-q_i)\overrightarrow{OA_i},$$

所以

$$\overrightarrow{QP}^2 = \sum_{i=1}^3 (p_i-q_i)^2\overrightarrow{OA_i}^2 + 2\sum_{1\leqslant i<j\leqslant 3}(p_i-q_i)(p_j-q_j)\overrightarrow{OA_i}\cdot\overrightarrow{OA_j}$$

$$= \sum_{i=1}^3 (p_i-q_i)^2(x_i^2+y_i^2) + 2\sum_{1\leqslant i<j\leqslant 3}(p_i-q_i)(p_j-q_j)(x_ix_j+y_iy_j).\quad ⑪$$

而

$$|A_iA_j|^2 = (x_i-x_j)^2+(y_i-y_j)^2 = x_i^2+y_i^2+x_j^2+y_j^2 - 2(x_ix_j+y_iy_j),$$

对上式两边乘以$(p_i-q_i)(p_j-q_j)$得

$$(p_i-q_i)(p_j-q_j)|A_iA_j|^2 = (p_i-q_i)(p_j-q_j)(x_i^2+y_i^2+x_j^2+y_j^2)$$
$$- 2[(p_i-q_i)(p_j-q_j)(x_ix_j+y_iy_j)],$$

将上式的中括号部分代入式⑪得

$$\overrightarrow{PQ}^2 = \sum_{i=1}^3 (p_i-q_i)^2(x_i^2+y_i^2)$$
$$+ \sum_{1\leqslant i<j\leqslant 3}(p_i-q_i)(p_j-q_j)(x_i^2+y_i^2+x_j^2+y_j^2)$$
$$- \sum_{1\leqslant i<j\leqslant 3}(p_i-q_i)(p_j-q_j)|A_iA_j|^2.\quad ⑫$$

记 $a_i = x_i^2+y_i^2$,$b_i = p_i-q_i$,则

$$\sum_{i=1}^3 (p_i-q_i)^2(x_i^2+y_i^2) + \sum_{1\leqslant i<j\leqslant 3}(p_i-q_i)(p_j-q_j)(x_i^2+y_i^2+x_j^2+y_j^2)$$

$$= \sum_{i=1}^3 b_i^2a_i + \sum_{1\leqslant i<j\leqslant 3}b_ib_j(a_i+a_j)$$

$$= b_1^2a_1 + b_2^2a_2 + b_3^2a_3 + b_1b_2(a_1+a_2) + b_1b_3(a_1+a_3) + b_2b_3(a_2+a_3)$$

$$= \sum_{i=1}^3\left(a_ib_i\sum_{i=1}^3 b_i\right) = \left(\sum_{i=1}^3 b_i\right)\left(\sum_{i=1}^3 a_ib_i\right).$$

因为 $\sum_{i=1}^3 b_i = \sum_{i=1}^3 (p_i-q_i) = \sum_{i=1}^3 p_i - \sum_{i=1}^3 q_i = 1-1 = 0$,所以式⑫变为$|PQ|^2$

$$= -\sum_{1 \leqslant i < j \leqslant 3} (p_i - q_i)(p_j - q_j) \mid A_i A_j \mid^2. \text{ 证毕.}$$

将 $\triangle A_1 A_2 A_3$ 记为习惯的 $\triangle ABC$，a, b, c 为三边，P, Q 面积坐标分别为 $(p_1, p_2, p_3), (q_1, q_2, q_3)$，则

$$\mid PQ \mid^2 = -(p_1 - q_1)(p_2 - q_2)c^2 - (p_2 - q_2)(p_3 - q_3)a^2$$
$$- (p_1 - q_1)(p_3 - q_3)b^2.$$

于是得到下列结论：

> （2）设 $\triangle ABC$ 的三边为 a, b, c，P, Q 是 $\triangle ABC$ 所在平面内的点，它们的面积坐标分别为 $(p_1, p_2, p_3), (q_1, q_2, q_3)$，则
> $$\mid PQ \mid^2 = -\sum_{1 \leqslant i < j \leqslant 3} (p_i - q_i)(p_j - q_j) \mid A_i A_j \mid^2$$
> $$= -(p_1 - q_1)(p_2 - q_2)c^2 - (p_2 - q_2)(p_3 - q_3)a^2$$
> $$- (p_1 - q_1)(p_3 - q_3)b^2$$
> $$= -c^2 \alpha - a^2 \beta - b^2 \gamma,$$
> 其中 $\alpha = (p_1 - q_1)(p_2 - q_2), \beta = (p_2 - q_2)(p_3 - q_3), \gamma = (p_3 - q_3)(p_1 - q_1).$

为熟悉面积坐标的求法，下面再给出几个与 $\triangle ABC$ 有关的点的面积坐标，如图 8.4(3) 所示.

① 如果允许点在 $\triangle ABC$ 的周界上，因为 $\overrightarrow{OA} = 1 \overrightarrow{OA} + 0 \overrightarrow{OB} + 0 \overrightarrow{OC}$，所以 $A(1,0,0)$；同理 $B(0,1,0), C(0,0,1).$

② 若 BC 的中点为 M，则 $\overrightarrow{OM} = 0 \overrightarrow{OA} + \frac{1}{2} \overrightarrow{OB} + \frac{1}{2} \overrightarrow{OC}$，所以 $M\left(0, \frac{1}{2}, \frac{1}{2}\right)$，即依然遵循"中点坐标公式".

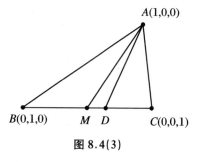

图 8.4(3)

③ 若经过点 A 的平分线交 BC 于点 D，则由角平分线定理知 $BD = \frac{c}{b+c} \cdot BC$，所以

$$\overrightarrow{AD} = \frac{b}{b+c} \overrightarrow{AB} + \frac{c}{b+c} \overrightarrow{AC}$$

$$\Leftrightarrow \quad \overrightarrow{AO} + \overrightarrow{OD} = \frac{b}{b+c}(\overrightarrow{AO} + \overrightarrow{OB}) + \frac{c}{b+c}(\overrightarrow{AO} + \overrightarrow{OC})$$

$$\Leftrightarrow \quad \overrightarrow{OD} = 0 \overrightarrow{OA} + \frac{b}{b+c} \overrightarrow{OB} + \frac{c}{b+c} \overrightarrow{OC}.$$

故 $D\left(0, \frac{b}{b+c}, \frac{c}{b+c}\right).$

利用上述面积坐标和距离公式⑪，可求得中线 AM 和角平分线 AD 的长：

对 $A(1,0,0) = (x,y,z)$，$M\left(0,\dfrac{1}{2},\dfrac{1}{2}\right) = (x',y',z')$，代入 8.4(2)，计算 α,β，γ 如下：

$$\alpha = (1-0)\left(0 - \frac{1}{2}\right) = -\frac{1}{2},$$

$$\beta = \left(0 - \frac{1}{2}\right)\left(0 - \frac{1}{2}\right) = \frac{1}{4},$$

$$\gamma = \left(0 - \frac{1}{2}\right)(1-0) = -\frac{1}{2},$$

所以

$$\overrightarrow{AM}^2 = -c^2\alpha - a^2\beta - b^2\gamma = \frac{c^2}{2} - \frac{a^2}{4} + \frac{b^2}{2} = \frac{2(b^2+c^2)-a^2}{4},$$

即 $AM = \dfrac{1}{2}\sqrt{2(b^2+c^2)-a^2}$.

此结果与 2.2(1)① 一致.

对于角平分线 AD，因为 $A(1,0,0)$，$D\left(0,\dfrac{b}{b+c},\dfrac{c}{b+c}\right)$，且

$$\alpha = (1-0)\left(0 - \frac{b}{b+c}\right) = -\frac{b}{b+c},$$

$$\beta = \left(0 - \frac{b}{b+c}\right)\left(0 - \frac{c}{b+c}\right) = \frac{bc}{(b+c)^2},$$

$$\gamma = \left(0 - \frac{c}{b+c}\right)(1-0) = -\frac{c}{b+c},$$

代入 8.4(2) 得

$$\overrightarrow{AD}^2 = -c^2\alpha - a^2\beta - b^2\gamma = \frac{c^2 b}{b+c} - \frac{a^2 bc}{(b+c)^2} + \frac{b^2 c}{b+c}$$

$$= \frac{bc(b+c-a)(b+c+a)}{(b+c)^2},$$

即

$$AD = \frac{1}{b+c}\sqrt{bc(b+c-a)(b+c+a)}$$

$$= \frac{2\sqrt{bcp(p-a)}}{b+c} \quad (\text{其中}, 2p = a+b+c).$$

这个结论与 3.3(1)② 是一样的.

下面我们求三角形内心与外心之间的距离.我们已经看到,这个公式在心距计算中有重要意义,同时也直接导出三角形外接圆半径 R 和内切圆半径 r 的欧拉不等式 $R \geqslant 2r$.

设 $\triangle ABC$ 的外接圆半径与内切圆半径分别为 R,r,外心为 O,内心为 I.证明：$IO^2 = R^2 - 2Rr$.

证明 设 $\triangle$ 是 $\triangle ABC$ 的面积,则由式⑧、式⑨知

$$I\left(\frac{a}{a+b+c},\frac{b}{a+b+c},\frac{c}{a+b+c}\right)=\left(\frac{a}{2p},\frac{b}{2p},\frac{c}{2p}\right)=\left(\frac{ar}{2\Delta},\frac{br}{2\Delta},\frac{cr}{2\Delta}\right),$$

外心为

$$O\left(\frac{2R^2\cos A}{bc},\frac{2R^2\cos B}{ca},\frac{2R^2\cos C}{ab}\right)=\left(\frac{R^2\sin 2A}{2\Delta},\frac{R^2\sin 2B}{2\Delta},\frac{R^2\sin 2C}{2\Delta}\right),$$

且

$$\alpha=\left(\frac{ar}{2\Delta}-\frac{R^2\sin 2A}{2\Delta}\right)\left(\frac{br}{2\Delta}-\frac{R^2\sin 2B}{2\Delta}\right)=\frac{1}{4\Delta^2}(ar-R^2\sin 2A)(br-R^2\sin 2B),$$

$$\beta=\left(\frac{br}{2\Delta}-\frac{R^2\sin 2B}{2\Delta}\right)\left(\frac{cr}{2\Delta}-\frac{R^2\sin 2C}{2\Delta}\right)=\frac{1}{4\Delta^2}(br-R^2\sin 2B)(cr-R^2\sin 2C),$$

$$\lambda=\left(\frac{cr}{2\Delta}-\frac{R^2\sin 2C}{2\Delta}\right)\left(\frac{ar}{2\Delta}-\frac{R^2\sin 2A}{2\Delta}\right)=\frac{1}{4\Delta^2}(cr-R^2\sin 2C)(ar-R^2\sin 2A),$$

所以

$$IO^2=-c^2\alpha-a^2\beta-b^2\gamma$$
$$=-c^2\cdot\frac{1}{4\Delta^2}(ar-R^2\sin 2A)(br-R^2\sin 2B)$$
$$-a^2\cdot\frac{1}{4\Delta^2}(br-R^2\sin 2B)(cr-R^2\sin 2C)$$
$$-b^2\cdot\frac{1}{4\Delta^2}(cr-R^2\sin 2C)(ar-R^2\sin 2A),$$

即

$$-4\Delta^2 IO^2=c^2(ar-R^2\sin 2A)(br-R^2\sin 2B)$$
$$+a^2(br-R^2\sin 2B)(cr-R^2\sin 2C)$$
$$+b^2(cr-R^2\sin 2C)(ar-R^2\sin 2A)$$
$$=c^2(ar-aR\cos A)(br-bR\cos B)$$
$$+a^2(br-bR\cos B)(cr-cR\cos C)$$
$$+b^2(cr-cR\cos C)(ar-aR\cos A),$$

亦即

$$-4\Delta^2 IO^2=abc^2(r-R\cos A)(r-R\cos B)$$
$$+bca^2(r-R\cos B)(r-R\cos C)$$
$$+cab^2(r-R\cos C)(r-R\cos A).$$

因为 $\Delta=\dfrac{abc}{4R}$,所以令 $x=r-R\cos A$,$y=r-R\cos B$,$z=r-R\cos C$,则上式变为

$$-\frac{IO^2}{4R^2}=\frac{cxy+ayz+bzx}{abc}.$$

又

$$cxy = c(r - R\cos A)(r - R\cos B)$$
$$= cr^2 - Rr(c\cos A + c\cos B) + R^2 c\cos A\cos B,$$

同理,ayz, bxz 也有类似的结果. 于是

$$-\frac{abcIO^2}{4R^2} = r^2(a + b + c) - Rr[(c\cos A + c\cos B)$$
$$+ (a\cos B + a\cos C) + (b\cos C + b\cos A)]$$
$$+ R^2(c\cos A\cos B + a\cos B\cos C + b\cos C\cos A). \qquad ⑬$$

因为 $r^2(a + b + c) = 2r \cdot rp = 2r \cdot \Delta = \frac{rabc}{2R}$,又由 1.2(6)③射影定理得

$$(c\cos A + c\cos B) + (a\cos B + a\cos C) + (b\cos C + b\cos A)$$
$$= (c\cos A + a\cos C) + (c\cos B + b\cos C) + (a\cos B + b\cos A)$$
$$= b + a + c,$$

$$c\cos A\cos B + a\cos B\cos C + b\cos C\cos A$$
$$= 2R(\cos A\cos B\sin C + \sin A\cos B\cos C + \cos A\sin B\cos C)$$
$$= 2R[\cos B(\sin C\cos A + \sin A\cos C) + \cos A\sin B\cos C]$$
$$= 2R[\cos B\sin(C + A) + \cos A\sin B\cos C]$$
$$= 2R(\sin B\cos B + \sin B\cos A\cos C)$$
$$= 2R\sin B(\cos B + \cos A\cos C) = 2R\sin A\sin B\sin C$$
$$= \frac{1}{R} \cdot 2R^2\sin A\sin B\sin C$$
$$= \frac{1}{R} \cdot \Delta = \frac{1}{R} \cdot \frac{abc}{4R},$$

将上面的结果代入式⑬,得

$$-\frac{abcIO^2}{4R^2} = \frac{rabc}{2R} - Rr(a + b + c) + R^2 \cdot \frac{1}{R} \cdot \frac{abc}{4R},$$
$$= \frac{rabc}{2R} - 2R \cdot pr + \frac{abc}{4} = \frac{rabc}{2R} - 2R \cdot \frac{abc}{4R} + \frac{abc}{4}$$
$$= \frac{rabc}{2R} - \frac{abc}{2} + \frac{abc}{4} = \frac{rabc}{2R} - \frac{abc}{4},$$

所以 $IO^2 = R^2 - 2Rr$.

这就再次证明了 7.1(2)④的结论. 有兴趣的读者,可以尝试用距离公式求其他心距(参见第 7 章).

面积坐标及其距离公式是很有用的公式,是除了坐标法和三角法求"心距"之解的有效方法.遗憾的是,化简过程比较复杂,需要耐心与毅力,但是,就具体计算来说,有了公式就等于有了算法,可以交给计算机处理.

第 9 章　勃罗卡点的存在性与勃罗卡角的计算

9.1　勃罗卡点的存在性

这一节我们考察一个给定的△ABC 是不是一定存在勃罗卡点,这是勃罗卡点问题的基础.在其基础上,勃罗卡角的存在性也一同解决,为勃罗卡点问题的展开奠定基础.

勃罗卡点构造方法 1

如图 9.1(1)所示,过△ABC 的顶点 A 和顶点 C 作圆 O_1,且切 AB 于点 A,再过点 A 作 AB' // BC 交圆 O_1 于点 B',连接 BB',交外接圆于点 P.

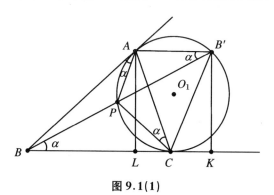

图 9.1(1)

一方面,因为圆 O_1 过点 A,C 且切于点 A,所以∠PAB = ∠PCA;

另一方面,因为 AB' // BC,所以∠PBC = ∠PB'A = ∠PAB.

故∠PAB = ∠PBC = ∠PCA.这就证明了点 P 是△ABC 的勃罗卡点(正勃罗卡点).

这个构造过程表明,上述作图并没有对△ABC 做出任何限制,因此作图对任意△ABC 都成立.这是勃罗卡点的第一种构造方法.

对上述图 9.1(1),易见

$$\cot \alpha = \frac{BK}{B'K} = \frac{BL + LC + CK}{B'K} = \frac{BL}{B'K} + \frac{LC}{B'K} + \frac{CK}{B'K}$$

$$= \frac{BL}{AL} + \frac{LC}{AL} + \frac{CK}{B'K} = \cot \angle ABC + \cot \angle ACB + \cot \angle BAC,$$

即 $\cot \alpha = \cot \angle BAC + \cot \angle ABC + \cot \angle ACB = \cot A + \cot B + \cot C$.

这个构造同时也给出了勃罗卡角与原来△ABC 三个角的关系,这个关系很重要.

勃罗卡点构造方法 2

如图 9.1(2)所示,过点 A 作 $AA' /\!/ BC$,连接 CA',使得 $\angle ACA' = \angle ABC$,所以△$ACB \backsim$△$A'AC$;

同理,过点 B 作 $BB' /\!/ AC$,过点 A 作 $\angle BAB' = \angle ACB$,则△$B'AB \backsim$△BCA.

连接 $A'B$,$B'C$ 交于点 P,则点 P 就是勃罗卡点.

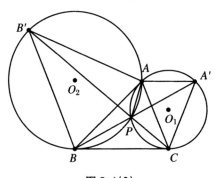

图 9.1(2)

理由如下:

因为由作法知 $\begin{cases} \dfrac{AA'}{AC} = \dfrac{AC}{BC} = \dfrac{AB}{AB'} \\ \angle A'AC = \angle B'AB = \angle BAC \end{cases}$,所以△$AA'B \backsim$△ACB',则

$\angle AA'P = \angle ACP$,得到点 A,P,C,A' 以及点 A,P,B,B' 都共圆. 故 $\angle PAB = \angle PB'B = \angle AA'P = \angle PBC$,即点 P 是△ABC 的勃罗卡点.

勃罗卡点构造方法 3

如图 9.1(3)所示,过点 A,B 作圆 O_1,取点 P 使得 $\angle APB = 180° - \angle ABC$;过点 B,C 作圆 O_2,使得 $\angle BPC = 180° - \angle ACB$.两圆交于点 P.

在△APB 中,

$\alpha = 180° - \angle APB - \angle ABP = 180° - (180° - \angle ABC) - (\angle ABC - \alpha_1) = \alpha_1$.

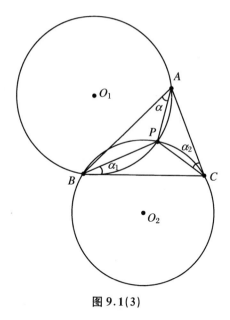

图 9.1(3)

又 $\angle APC = 360° - (\angle APB + \angle BPC) = (180° - \angle APB) + (180° - \angle BPC) = \angle ABC + \angle ACB = 180° - \angle BAC$,所以在 $\triangle APC$ 中,$\alpha_2 = 180° - (180° - \angle BAC) - (\angle BAC - \alpha) = \alpha$,即 $\alpha = \alpha_1 = \alpha_2$,因此点 P 是 $\triangle ABC$ 的勃罗卡点.

勃罗卡点构造方法 4

如图 9.1(4)所示,在 $\triangle ABC$ 中,过点 A,B 作与 BC 切于点 B 的圆 O_1,过点 A,C 作与 AB 切于点 A 的圆 O_2,两圆交于点 P,这个点就是 $\triangle ABC$ 的正勃罗卡点.

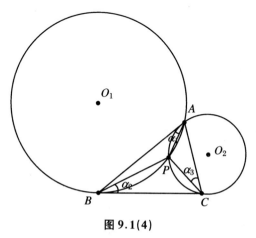

图 9.1(4)

证明　因为圆 O_1 过点 A,B 且与 BC 切于点 B,所以 $\alpha_1 = \alpha_2$;又因为圆 O_2 过点 A,C 且与 AB 切于点 A,所以 $\alpha_2 = \alpha_3$,即 $\alpha_1 = \alpha_2 = \alpha_3$,故点 P 是 $\triangle ABC$ 的(正)

勃罗卡点.

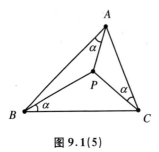

图 9.1(5)

勃罗卡点的存在性除了上述的作法以外,还可以通过求出勃罗卡角来证明.

如图 9.1(5)所示,设 P 是 $\triangle ABC$ 的(正)勃罗卡点,使得 $\angle PAB = \angle PBC = \angle PCA = \alpha$,如果我们能够求出 α,也就说明了勃罗卡点的存在性.

在 $\triangle APB$ 中,$\angle APB = 180° - \alpha - (B - \alpha) = 180° - B$;同理,$\angle BPC = 180° - C$,$\angle CPA = 180° - A$.

在 $\triangle APB$ 中,由正弦定理得

$$\frac{PA}{\sin(B - \alpha)} = \frac{AB}{\sin(180° - B)} = \frac{c}{\sin B},$$

即 $\dfrac{PA}{\sin(B - \alpha)} = \dfrac{c}{\sin B}$;同理,在 $\triangle PAC$ 中,$\dfrac{PA}{\sin \alpha} = \dfrac{b}{\sin A}$.两式联立消去 PA,并用正弦定理将边转化成角,得

$$\frac{\sin(B - \alpha)}{\sin \alpha} = \frac{\sin^2 B}{\sin C \sin A}$$

$$\Leftrightarrow \quad \frac{\sin B\cos \alpha - \cos B\sin \alpha}{\sin \alpha} = \frac{\sin B(\sin A\cos C + \cos A\sin C)}{\sin C\sin A}$$

$$\Leftrightarrow \quad \sin B\cot \alpha - \cos B = \sin B(\cot C + \cot A)$$

$$\Leftrightarrow \quad \cot \alpha - \cot B = \cot A + \cot C$$

$$\Leftrightarrow \quad \cot \alpha = \cot A + \cot B + \cot C.$$

至此,对于给定的 $\triangle ABC$,我们求出了 α,其值是唯一的,所以对应的(正)勃罗卡点 P 也是唯一的.我们把上面的结果总结如下:

---

(1) 设 $\triangle ABC$ 的(正)勃罗卡点为 P(图 9.1(5)),则

① $\angle APB = 180° - B$,$\angle BPC = 180° - C$,$\angle CPA = 180° - A$;

② 若 $\triangle ABC$ 是直角三角形,且 C 是直角,P 是勃罗卡点,则 $\angle BPC = 90°$,从而 $\triangle PBC$ 是直角三角形;

③ 若 $\triangle ABC$ 是等腰直角三角形,且 C 是直角,则 $\angle APB = \angle BPC = 135°$,$\angle APC = 90°$.

---

(2) 设 $\triangle ABC$ 的(正)勃罗卡点为 P(图 9.1(5)),α 为勃罗卡角,则

① $\cot \alpha = \cot A + \cot B + \cot C$;

② $\dfrac{\sin(B - \alpha)}{\sin \alpha} = \dfrac{\sin^2 B}{\sin C\sin A} \Leftrightarrow \cot \alpha = \cot A + \cot B + \cot C$.

以上讨论的都是 $\triangle ABC$ 的正勃罗卡点的存在性,利用同样的方法也可以证明

$\triangle ABC$ 的负勃罗卡点也是唯一的.方法很简单,只要将上述正勃罗卡点的作法稍作移植,就可以得到负勃罗卡点的相应作法.这里给出一种作法,我们将得到一个很重要的结论.

如图 9.1(6)所示,在 $\triangle ABC$ 中,过点 A,B 作与 AC 切于点 A 的圆 O_1,过点 A 作 $AA' \parallel BC$,则易见 $\angle PBA = \angle PCB = \angle PAC$,所以点 P 是 $\triangle ABC$ 的负勃罗卡点.设勃罗卡角为 α',又过顶点 A,A' 分别向 BC 作垂线,垂足分别为 K,L,连接 $A'B$.

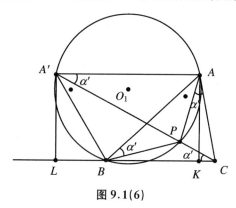

图 9.1(6)

因为点 A 为切点,A,P,B,A' 四点共圆,所以在 $\triangle A'AB$ 中,$\angle BA'C = \angle BAP$.因为 $AA' \parallel BC$,所以 $\angle A'BL = \angle BA'A = \angle BAC$.在 $\mathrm{Rt}\triangle A'CL$ 中,

$$\cot\angle A'CL = \cot \alpha' = \frac{CL}{A'L} = \frac{CK + KB + BL}{A'L}$$

$$= \frac{CK}{A'L} + \frac{KB}{A'L} + \frac{BL}{A'L} = \frac{CK}{AK} + \frac{BK}{AK} + \frac{BL}{A'L}$$

$$= \cot \angle BAC + \cot \angle ABC + \cot \angle ACB.$$

比较勃罗卡点构造方法 1 中的 $\cot \alpha = \cot \angle BAC + \cot \angle ABC + \cot \angle ACB$,知 $\alpha = \alpha'$.

由此我们得到下列结论:

(3) $\triangle ABC$ 有两个勃罗卡点,分别叫正勃罗卡点和负勃罗卡点,同时也有两个勃罗卡角,且这两个勃罗卡角相等;正、负勃罗卡点重合为一点$\Leftrightarrow\triangle ABC$ 是正三角形.

勃罗卡点的存在性,也可以通过其他形式的命题给出.

(4) 如图 9.1(7)所示,设 D,E,F 分别是 $\triangle ABC$ 的边 BC,CA,AB 上的点,则 AD,BE,CF 的交点 P 是 $\triangle ABC$ 的(正)勃罗卡点的充要条件是 $\dfrac{BD}{DC} = \dfrac{c^2}{a^2}$,$\dfrac{CE}{EA} = \dfrac{a^2}{b^2}$,$\dfrac{AF}{FB} = \dfrac{b^2}{c^2}$.

证明 先证必要性.即证明当 P 是勃罗卡点时,$\dfrac{BD}{DC}=\dfrac{c^2}{a^2},\dfrac{CE}{EA}=\dfrac{a^2}{b^2},\dfrac{AF}{FB}=\dfrac{b^2}{c^2}.$

如图 9.1(7)所示,设 AD,BE,CF 的交点 P 为勃罗卡点,则 $\angle PAB=\angle PBC=$ $\angle PCA$.延长 AP 交 $\triangle ABC$ 的外接圆 O 于点 G,易见 $\triangle BPG\backsim\triangle ABC\backsim\triangle PGC$.

于是 $\dfrac{PB}{PG}=\dfrac{c}{a},\dfrac{PG}{PC}=\dfrac{c}{b}$,两式相乘,得

$$\frac{PB}{PC}=\frac{c^2}{ab}. \qquad \text{①}$$

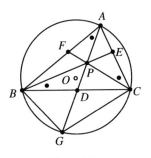

图 9.1(7)

又 $\angle BPD=\angle ABC,\angle DPC=\angle BAC$,由正弦定理,并注意到 $\angle BDP=\pi-$ $\angle PDC$,所以

$$\frac{BD}{PB}\cdot\frac{PC}{DC}=\frac{\sin\angle BPD}{\sin\angle BDP}\cdot\frac{\sin\angle PDC}{\sin\angle DPC}=\frac{\sin\angle ABC}{\sin\angle BAC}=\frac{b}{a}.$$

结合式①得 $\dfrac{BD}{DC}=\dfrac{BD}{PB}\cdot\dfrac{PC}{DC}\cdot\dfrac{PB}{PC}=\dfrac{b}{a}\cdot\dfrac{c^2}{ab}=\dfrac{c^2}{a^2}.$

同理,$\dfrac{CE}{EA}=\dfrac{a^2}{b^2},\dfrac{AF}{FB}=\dfrac{b^2}{c^2}.$

再证充分性.即已知 $\dfrac{BD}{DC}=\dfrac{c^2}{a^2},\dfrac{CE}{EA}=\dfrac{a^2}{b^2},\dfrac{AF}{FB}=\dfrac{b^2}{c^2}$,证明 AD,BE,CF 交于一点,且该点就是勃罗卡点.

事实上,因为 $\dfrac{BD}{DC}\cdot\dfrac{CE}{EA}\cdot\dfrac{AF}{FB}=\dfrac{c^2}{a^2}\cdot\dfrac{a^2}{b^2}\cdot\dfrac{b^2}{c^2}=1$,由 1.5(2)塞瓦定理的逆定理,知 AD,BE,CF 交于一点,设为点 P.

另一方面,如图 9.1(8)所示,在直线 CA 上取点 L,使得 $\angle CBL=\angle CAB$.过顶点 B 作 CA 的平行线交 LF 的延长线于点 M.再过点 E 作 CM 的平行线交 LM 于点 N,则 $\triangle BLC\backsim\triangle ABC,\triangle AFC\backsim\triangle BFM$.于是 $\dfrac{BL}{a}=\dfrac{c}{b},\dfrac{b}{BM}=\dfrac{AF}{FB}=\dfrac{b^2}{c^2}$,两式相乘,得

$$\frac{BL}{BM}=\frac{a}{c}. \qquad \text{②}$$

又 $\angle MBL=\angle MBA+\angle ABL=\angle BAC+\angle ABL=\angle LBC+\angle ABL=$

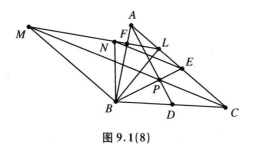

图 9.1(8)

$\angle ABC$,结合式②即知$\triangle MBL \backsim \triangle ABC$,因此

$$\frac{ML}{b} = \frac{MB}{c} = \frac{BL}{a}.\qquad ③$$

再由$\triangle BLC \backsim \triangle ABC$,知

$$LC = \frac{a^2}{b},\qquad ④$$

$$\frac{BL}{a} = \frac{c}{b}.\qquad ⑤$$

于是,由 $EN /\!/ CM$ 与式④及$\dfrac{CE}{EA} = \dfrac{a^2}{b^2}$,可得

$$\frac{LM}{MN} = \frac{LC}{CE} = \frac{LC}{b} \cdot \frac{CA}{CE} = \frac{a^2}{b^2} \cdot \frac{a^2 + b^2}{a^2} = \frac{a^2 + b^2}{b^2} = \frac{b}{AE}.$$

再由式③,得

$$\frac{MN}{AE} = \frac{LM}{b} = \frac{MB}{c}.\qquad ⑥$$

再由$\triangle MBL \backsim \triangle ABC$,知$\angle NBM = \angle EBA$,结合式⑥即知$\triangle MBN \backsim \triangle ABE$,于是$\dfrac{BN}{BE} = \dfrac{MB}{c}$.再由式③、式⑤,可得

$$\frac{BN}{BE} = \frac{BL}{a} = \frac{c}{b}.\qquad ⑦$$

又$\angle EBN = \angle EBA + \angle ABN = \angle NBM + \angle ABN = \angle ABM = \angle CAB$,结合式⑦即知$\triangle BNE \backsim \triangle ABC$,从而$\angle ACB = \angle BEN$,再注意到 $MC /\!/ NE$,得$\angle BEN = \angle MPB$,于是

$$\angle ACP = \angle ACB - \angle PCB = \angle BEN - \angle PCB$$
$$= \angle MPB - \angle PCB = \angle CBP.$$

同理,$\angle CBP = \angle BAP$.故点 P 是$\triangle ABC$ 的勃罗卡点(当点 L 在 CA 的延长线上时,只需调整个别地方即可).

下面的命题,也给出了勃罗卡点的充要条件.

(5) 设点 P 是$\triangle ABC$ 内一点,$k^{-1} = \sqrt{a^2b^2 + b^2c^2 + c^2a^2}$,则点 P 是$\triangle ABC$ 的勃罗卡点的充要条件是$PA = kb^2c$,$PB = kc^2a$,$PC = ka^2b$.

证明 先证必要性.设点 P 为 $\triangle ABC$ 的勃罗卡点,如图 9.1(9)所示.

由(1)知 $\angle BPC = 180° - C$.对 $\triangle PBC$ 用余弦定理,有

$$a^2 = PB^2 + PC^2 - 2PB \cdot PC \cos C.$$

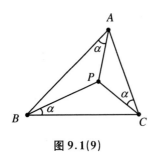

图 9.1(9)

再由(4)的证明过程中的式①知 $\dfrac{PB}{PC} = \dfrac{c^2}{ab}$,结合上式,得

$$\frac{a^2}{PC^2} = \left(\frac{PB}{PC}\right)^2 + 1 + 2 \cdot \frac{PB}{PC} \cos C$$

$$= \left(\frac{c^2}{ab}\right)^2 + 1 + 2 \cdot \frac{c^2}{ab} \cdot \frac{a^2 + b^2 - c^2}{2ab}$$

$$= a^{-2} b^{-2} (a^2 b^2 + b^2 c^2 + c^2 a^2).$$

所以 $PC = ka^2 b$.同理,$PA = kb^2 c$,$PB = kc^2 a$.必要性证毕.

再证充分性.设点 P 是 $\triangle ABC$ 内一点,且 $PA = kb^2 c$,$PB = kc^2 a$,$PC = ka^2 b$.设 $\angle BAP = \alpha_1$,$\angle CBP = \alpha_2$,$\angle ACP = \alpha_3$,则

$$\cos \alpha_1 = \frac{c^2 + PA^2 - PB^2}{2c \cdot PA}$$

$$= \frac{1}{2} kb^{-2} (k^{-2} + b^4 - c^2 a^2) \quad (\text{分子、分母同乘以 } k^{-2}).$$

又因 $k^{-1} = \sqrt{a^2 b^2 + b^2 c^2 + c^2 a^2}$,所以 $\cos \alpha_1 = \dfrac{1}{2} k(a^2 + b^2 + c^2)$.同理,$\cos \alpha_2 = \cos \alpha_3 = \cos \alpha_1 > 0$.因为 $\alpha_1, \alpha_2, \alpha_2 > 0$,$\alpha_1 + \alpha_2 + \alpha_3 < A + B + C = \pi$,则 α_i 均为锐角,所以 $\alpha_1 = \alpha_2 = \alpha_3$.故点 P 是 $\triangle ABC$ 的勃罗卡点.充分性证毕.

上述证明过程,实际上得到了下列结论:

> (6) 设点 P 是 $\triangle ABC$ 的勃罗卡点,勃罗卡角为 α,则 $\cos \alpha = \dfrac{1}{2} k(a^2 + b^2 + c^2)$,其中 $k^{-1} = \sqrt{a^2 b^2 + b^2 c^2 + c^2 a^2}$.

勃罗卡点 P 是 $\triangle ABC$ 的一个巧合点,那么这个点能不能同时又是其他的巧合点呢? 可以证明如下结论:

> (7) $\triangle ABC$ 的勃罗卡点分别与其外心、重心、内心、垂心重合的充要条件是 $\triangle ABC$ 为正三角形.

证明 充分性显然,只要证明必要性.

① 如图 9.1(10)所示,设 P 与外心 O 重合.因为 $OA = OB = OC$,所以 $\angle OBA = \angle OAB = \alpha$,即 OB 是 B 的角平分线.同理,$OA = OC$ 为相应的角平分线.所以

$6\alpha = 180°$，即 $\alpha = 30°$．故 $\triangle ABC$ 为正三角形．

②　**证法 1**　设勃罗卡点 P 与重心 G 重合．

如图 9.1(11) 所示，根据上述 9.1(4)，因为点 P 是勃罗卡点，所以 $\dfrac{BD}{CD} = \dfrac{c^2}{a^2} = 1$，即 $c = a$．

同理，$a = b$．故 $\triangle ABC$ 为正三角形．

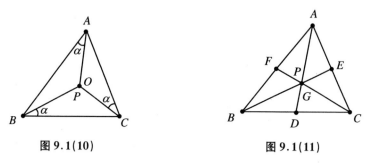

图 9.1(10)　　　　　　　　　　　图 9.1(11)

证法 2　对于重心 G，在平面上任取一点 O，由 2.3(2) 知 $\overrightarrow{OG} = \dfrac{1}{3}\overrightarrow{OA} + \dfrac{1}{3}\overrightarrow{OB} + \dfrac{1}{3}\overrightarrow{OC}$．

对于勃罗卡点 P，由 10.3(5) 知

$$\overrightarrow{OP} = \frac{c^2 a^2}{k}\overrightarrow{OA} + \frac{a^2 b^2}{k}\overrightarrow{OB} + \frac{b^2 c^2}{k}\overrightarrow{OC}.$$

则当 P, G 重合时，有

$$\frac{1}{3}\overrightarrow{OA} + \frac{1}{3}\overrightarrow{OB} + \frac{1}{3}\overrightarrow{OC} = \frac{c^2 a^2}{k}\overrightarrow{OA} + \frac{a^2 b^2}{k}\overrightarrow{OB} + \frac{b^2 c^2}{k}\overrightarrow{OC}$$

$$\Leftrightarrow \left(\frac{c^2 a^2}{k} - \frac{1}{3}\right)\overrightarrow{OA} + \left(\frac{a^2 b^2}{k} - \frac{1}{3}\right)\overrightarrow{OB} + \left(\frac{b^2 c^2}{k} - \frac{1}{3}\right)\overrightarrow{OC} = \mathbf{0}.$$

此式对任意点 O 成立，所以取 $A = O$，则

$$\left(\frac{a^2 b^2}{k} - \frac{1}{3}\right)\overrightarrow{OB} + \left(\frac{b^2 c^2}{k} - \frac{1}{3}\right)\overrightarrow{OC} = \mathbf{0},$$

即 $\overrightarrow{OB}, \overrightarrow{OC}$ 共线，这不可能，所以 $\begin{cases} \dfrac{a^2 b^2}{k} - \dfrac{1}{3} = 0 \\ \dfrac{b^2 c^2}{k} - \dfrac{1}{3} = 0 \end{cases}$．同理，$\begin{cases} \dfrac{c^2 a^2}{k} - \dfrac{1}{3} = 0 \\ \dfrac{b^2 c^2}{k} - \dfrac{1}{3} = 0 \end{cases}$，即

$$\frac{c^2 a^2}{k} = \frac{a^2 b^2}{k} = \frac{b^2 c^2}{k} \quad \Leftrightarrow \quad a = b = c.$$

故 $\triangle ABC$ 为正三角形．

其余几个请读者按照上面的不同证法，自行证明．

9.2 勃罗卡角的计算及其等价关系

设 α 是 $\triangle ABC$ 的勃罗卡角,在上一节中,我们实际上得到了勃罗卡角 α 与 $\triangle ABC$ 的关系,为方便阅读,将结果整理成如下的(1)～(4)(图9.2(1)).

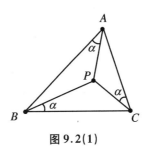

图 9.2(1)

(1) 如图9.2(1)所示,设 P 是 $\triangle ABC$ 的勃罗卡点,那么 $\angle APB = \pi - B$, $\angle BPC = \pi - C$,$\angle CPA = \pi - A$.

(2) 设 α 是 $\triangle ABC$ 的勃罗卡角,那么 $\cot \alpha = \cot A + \cot B + \cot C$.

(3) 设 α 是 $\triangle ABC$ 的勃罗卡角,那么 $\cos \alpha = \dfrac{1}{2}k(a^2 + b^2 + c^2)$,其中 $k^{-1} = \sqrt{a^2 b^2 + b^2 c^2 + c^2 a^2}$.

(4) 设 $\triangle ABC$ 的(正)勃罗卡点为 P(图9.2(1)),则 $\dfrac{\sin(B - \alpha)}{\sin \alpha} = \dfrac{\sin^2 B}{\sin C \sin A} \Leftrightarrow \cot \alpha = \cot A + \cot B + \cot C$.

因为三角形的最小角不可能大于 $60°$,所以由勃罗卡角的定义,下列结果显然成立:

(5) $0 < \alpha < \min\{A, B, C\} \leqslant \dfrac{\pi}{3}$.

与(4)类似,可以证明下述(6)是正确的.

> (6) $\dfrac{\sin(B-\alpha)}{\sin\alpha} = \dfrac{\sin^2 B}{\sin C \sin A} \Leftrightarrow \dfrac{\sin(C-\alpha)}{\sin\alpha} = \dfrac{\sin^2 C}{\sin A \sin B} \Leftrightarrow \dfrac{\sin(A-\alpha)}{\sin\alpha} = \dfrac{\sin^2 A}{\sin B \sin C}.$

证明 根据(4),只要证明

$$\frac{\sin(A-\alpha)}{\sin\alpha} = \frac{\sin^2 A}{\sin B \sin C} \quad \Leftrightarrow \quad \cot\alpha = \cot A + \cot B + \cot C.$$

推导过程如下:

$$\frac{\sin(A-\alpha)}{\sin\alpha} = \frac{\sin^2 A}{\sin B \sin C}$$

$$\Leftrightarrow \quad \frac{\sin A\cos\alpha - \cos A\sin\alpha}{\sin\alpha} = \frac{\sin A \sin(B+C)}{\sin B \sin C}$$

$$\Leftrightarrow \quad \frac{\sin A\cos\alpha - \cos A\sin\alpha}{\sin\alpha} = \frac{\sin A(\sin B\cos C + \cos B\sin C)}{\sin B \sin C}$$

$$\Leftrightarrow \quad \frac{\sin A\cos\alpha - \cos A\sin\alpha}{\sin\alpha} = \sin A(\cot C + \cot B)$$

$$\Leftrightarrow \quad \sin A\cot\alpha - \cos A = \sin A(\cot C + \cot B)$$

$$\Leftrightarrow \quad \cot\alpha = \cot A + \cot B + \cot C.$$

证毕.

$\cot\alpha$ 还有下述的结论(7).

$$\cot A = \frac{\cos A}{\sin A} = \frac{\dfrac{b^2 + c^2 - a^2}{2bc}}{\sin A} = \frac{b^2 + c^2 - a^2}{2bc\sin A} = \frac{b^2 + c^2 - a^2}{2bc \cdot \dfrac{a}{2R}}$$

$$= \frac{R}{abc}\cdot(b^2 + c^2 - a^2) = \frac{b^2 + c^2 - a^2}{4\Delta},$$

同理,$\cot B$,$\cot C$ 也有类似的式子,所以

$$\cot\alpha = \cot A + \cot B + \cot C$$

$$= \frac{b^2 + c^2 - a^2}{4\Delta} + \frac{c^2 + a^2 - b^2}{4\Delta} + \frac{a^2 + b^2 - c^2}{4\Delta}$$

$$= \frac{a^2 + b^2 + c^2}{4\Delta}.$$

故下面的(7)是成立的.

> (7) $\cot\alpha = \cot A + \cot B + \cot C \Leftrightarrow \cot\alpha = \dfrac{a^2 + b^2 + c^2}{4\Delta}.$

如图 9.2(2)所示,点 P 是正勃罗卡点,p_1,p_2,p_3 分别是 PA,PB,PC 的长.

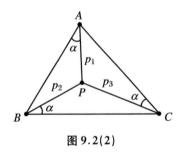

图 9.2(2)

在 $\triangle APC$ 中,由 9.2(1) 知 $\angle APC = \pi - A$ 等等,由正弦定理得 $\dfrac{p_1}{\sin \alpha} = \dfrac{b}{\sin(\pi - A)}$,所以 $p_1 = \dfrac{b \sin \alpha}{\sin A}$. 同理,$p_2 = \dfrac{c \sin \alpha}{\sin B}$,$p_3 = \dfrac{a \sin \alpha}{\sin C}$.

因为 $S_{\triangle ABC} = S_{\triangle ABP} + S_{\triangle BCP} + S_{\triangle CAP}$,其中

$$S_{\triangle ABP} = \frac{1}{2} p_1 p_2 \sin(\pi - B) = \frac{2R^2 \sin B \sin C \sin^2 \alpha}{\sin A},$$

同理,

$$S_{\triangle BCP} = \frac{2R^2 \sin C \sin A \sin^2 \alpha}{\sin B},$$

$$S_{\triangle CAP} = \frac{2R^2 \sin A \sin B \sin^2 \alpha}{\sin C},$$

所以

$$2R^2 \sin A \sin B \sin C = \frac{2R^2 \sin B \sin C \sin^2 \alpha}{\sin A} + \frac{2R^2 \sin C \sin A \sin^2 \alpha}{\sin B}$$
$$+ \frac{2R^2 \sin A \sin B \sin^2 \alpha}{\sin C},$$

化简得 $\dfrac{1}{\sin^2 \alpha} = \dfrac{1}{\sin^2 A} + \dfrac{1}{\sin^2 B} + \dfrac{1}{\sin^2 C}$.

于是得到下面的结论:

(8) 设 α 是 $\triangle ABC$ 的(正)勃罗卡角,则 $\dfrac{1}{\sin^2 \alpha} = \dfrac{1}{\sin^2 A} + \dfrac{1}{\sin^2 B} + \dfrac{1}{\sin^2 C}$.

(8)中的结果,是不是与(7)中的等价呢? 可以证明,下面的(9)是正确的.

(9) $\cot \alpha = \cot A + \cot B + \cot C \Longleftrightarrow \dfrac{1}{\sin^2 \alpha} = \dfrac{1}{\sin^2 A} + \dfrac{1}{\sin^2 B} + \dfrac{1}{\sin^2 C}$.

证明 注意到 $\dfrac{1}{\sin^2 x} = \dfrac{\sin^2 x + \cos^2 x}{\sin^2 x} = 1 + \cot^2 x$,所以

$$\frac{1}{\sin^2 \alpha} = \frac{1}{\sin^2 A} + \frac{1}{\sin^2 B} + \frac{1}{\sin^2 C} \quad \Leftrightarrow \quad \cot^2 \alpha = 2 + \cot^2 A + \cot^2 B + \cot^2 C.$$

①

又因为

$$\cot(A + B) = \frac{1}{\tan(A + B)} = \frac{1 - \tan A \tan B}{\tan A + \tan B} = \frac{\cot A \cot B - 1}{\cot A + \cot B} = -\cot C,$$

所以由 1.4(4) 知

$$\cot A \cot B + \cot B \cot C + \cot C \cot A = \sum \cot A \cot B = 1,$$

则

$$\text{式 ①} \quad \Leftrightarrow \quad \cot^2 \alpha = 2 + \cot^2 A + \cot^2 B + \cot^2 C$$

$$= (\cot A + \cot B + \cot C)^2 + 2 - 2 \sum \cot A \cot B$$

$$\Leftrightarrow \quad \cot^2 \alpha = (\cot A + \cot B + \cot C)^2$$

$$\Leftrightarrow \quad \cot \alpha = \cot A + \cot B + \cot C.$$

证毕.

由上述的 (6) 知

$$\frac{\sin(B - \alpha)}{\sin \alpha} = \frac{\sin^2 B}{\sin C \sin A},$$

$$\frac{\sin(C - \alpha)}{\sin \alpha} = \frac{\sin^2 C}{\sin A \sin B},$$

$$\frac{\sin(A - \alpha)}{\sin \alpha} = \frac{\sin^2 A}{\sin B \sin C}.$$

将三式相乘, 即得 $\sin(A - \alpha)\sin(B - \alpha)\sin(C - \alpha) = \sin^3 \alpha$.

于是得到下面的结论:

(10) $\sin(A - \alpha)\sin(B - \alpha)\sin(C - \alpha) = \sin^3 \alpha$.

(11) $\sin(A - \alpha)\sin(B - \alpha)\sin(C - \alpha) = \sin^3 \alpha \Leftrightarrow \cot \alpha = \dfrac{1 + \cos A \cos B \cos C}{\sin A \sin B \sin C}$.

证明　由 1.4 节中的积化和差公式,

$$\sin^3 \alpha = \sin(A - \alpha)\sin(B - \alpha)\sin(C - \alpha)$$

$$= -\frac{1}{2}\big[\cos(B + C - 2\alpha) - \cos(B - C)\big]\sin(A - \alpha)$$

$$= \frac{1}{2}\big[\cos(A + 2\alpha)\sin(A - \alpha) + \cos(B - C)\sin(A - \alpha)\big]$$

$$= \frac{1}{4}\big[\sin(2A + \alpha) - \sin 3\alpha + \sin(A + B - C - \alpha)$$

$$- \sin(B - C - A - \alpha)\Big]$$

$$= \frac{1}{4}\Big[\sin(2A + \alpha) + \sin(2B + \alpha) + \sin(2C + \alpha) - \sin 3\alpha\Big]$$

$$\Leftrightarrow \quad 4\sin^3\alpha + \sin 3\alpha = \sin(2A + \alpha) + \sin(2B + \alpha) + \sin(2C + \alpha)$$

$$\Leftrightarrow \quad 4\sin^3\alpha + \sin 3\alpha = (\sin 2A + \sin 2B + \sin 2C)\cos\alpha$$

$$+ (\cos 2A + \cos 2B + \cos 2C)\sin\alpha. \qquad ②$$

又因为以下三倍角公式是成立的:

$$\sin 3\alpha = 3\sin\alpha - 4\sin^3\alpha,$$

而由 1.4(3)①③知

$$\sin 2A + \sin 2B + \sin 2C = 4\sin A\sin B\sin C,$$

$$\cos 2A + \cos 2B + \cos 2C = -1 - 4\cos A\cos B\cos C,$$

所以

$$式 ② \quad \Leftrightarrow \quad \tan\alpha = \frac{\sin 2A + \sin 2B + \sin 2C}{3 - (\cos 2A + \cos 2B + \cos 2C)}$$

$$= \frac{4\sin A\sin B\sin C}{3 - (-1 - 4\cos A\cos B\cos C)}$$

$$= \frac{\sin A\sin B\sin C}{1 + \cos A\cos B\cos C}$$

$$\Leftrightarrow \quad \cot\alpha = \frac{1 + \cos A\cos B\cos C}{\sin A\sin B\sin C}.$$

由 1.4(3)②知

$$\sin^2 A + \sin^2 B + \sin^2 C = 2 + 2\cos A\cos B\cos C,$$

所以

$$\cot\alpha = \frac{\sin^2 A + \sin^2 B + \sin^2 C}{2\sin A\sin B\sin C}.$$

注意到

$$\frac{\sin A}{\sin B\sin C} = \frac{\sin(B + C)}{\sin B\sin C} = \frac{\sin B\cos C + \cos B\sin C}{\sin B\sin C} = \cot B + \cot C,$$

同理, $\dfrac{\sin B}{\sin C\sin A} = \cot C + \cot A$, $\dfrac{\sin C}{\sin A\sin B} = \cot A + \cot B$. 所以

$$\frac{\sin^2 A + \sin^2 B + \sin^2 C}{\sin A\sin B\sin C} = \frac{\sin A}{\sin B\sin C} + \frac{\sin B}{\sin C\sin A} + \frac{\sin C}{\sin A\sin B}$$

$$= 2(\cot A + \cot B + \cos C).$$

故下列的(12)是正确的.

$$(12) \quad \cot\alpha = \frac{\sin^2 A + \sin^2 B + \sin^2 C}{2\sin A\sin B\sin C} \Leftrightarrow \cot\alpha = \cot A + \cot B + \cot C \Leftrightarrow$$

$$\cot\alpha = \frac{1 + \cos A\cos B\cos C}{2\sin A\sin B\sin C}.$$

如图 9.2(3) 所示, 记 p_1, p_2, p_3 分别是点 P 到 A, B, C 的距离, 在 $\triangle PCA$ 中, 由正弦定理得

$$\frac{b}{\sin(\pi - A)} = \frac{p_1}{\sin \alpha}, 故$$

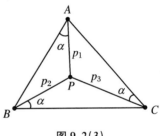

图 9.2(3)

$$p_1 = \frac{b \sin \alpha}{\sin A} = \frac{b \sin \alpha}{\dfrac{a}{2R}} = \frac{2Rb \sin \alpha}{a}.$$

同理, $p_2 = \dfrac{2Rc \sin \alpha}{b}$, $p_3 = \dfrac{2Ra \sin \alpha}{c}$, 其中 R 为 $\triangle ABC$ 的外接圆半径.

由面积关系知 $S_{\triangle APB} + S_{\triangle BPC} + S_{\triangle CPA} = S_{\triangle ABC} = \Delta \left(\Delta = \dfrac{abc}{4R} \right)$. 注意到 9.2(1) 中 $\angle APB = \pi - B$, $\angle BPC = \pi - C$, $\angle CPA = \pi - A$, 所以

$$\frac{1}{2} p_1 p_2 \sin B + \frac{1}{2} p_2 p_3 \sin C + \frac{1}{2} p_3 p_1 \sin A = \frac{abc}{4R}.$$

将 p_1, p_2, p_3 以及 $\sin A = \dfrac{a}{2R}$ 等代入, 化简得

$$2R \sin \alpha = \frac{abc}{\sqrt{b^2 c^2 + c^2 a^2 + a^2 b^2}}.$$

进一步由 $\Delta = \dfrac{abc}{4R}$, 得 $\sin \alpha = \dfrac{2\Delta}{\sqrt{b^2 c^2 + c^2 a^2 + a^2 b^2}}$.

于是得到如下结论:

---

(13) 设 α 是 $\triangle ABC$ 的勃罗卡角, 则

① $\sin \alpha = \dfrac{2\Delta}{\sqrt{b^2 c^2 + c^2 a^2 + a^2 b^2}}$;

② $\sin \alpha = \dfrac{1}{2} \sqrt{\dfrac{2a^2 b^2 + 2b^2 c^2 + 2c^2 a^2 - a^4 - b^4 - c^4}{a^2 b^2 + b^2 c^2 + c^2 a^2}}$.

结论 (13)② 可以用海伦公式代入 ① 验证, 留给读者完成. 结论 (13)② 也表明, 在 $\triangle ABC$ 中, $16\Delta^2 = 2(a^2 b^2 + b^2 c^2 + c^2 a^2) - (a^4 + b^4 + c^4)$, 可以证明, 这个结论与海伦公式等价, 是三角形中面积和边长关系的另外一种表达方式.

在结论 (5) 中, 我们知道, $0 < \alpha < \min\{A, B, C\} \leqslant \dfrac{\pi}{3}$, 显然这个范围太笼统, 有没有更精确的范围呢? 下面将进行勃罗卡角范围的讨论.

上述结论 (3) 中 $\cos \alpha = \dfrac{a^2 + b^2 + c^2}{2\sqrt{a^2 b^2 + b^2 c^2 + c^2 a^2}}$, 给出了当 $\triangle ABC$ 的三边已知时勃罗卡角的计算, 我们将用不同的方法得出更精确的范围.

由 1.4(8)②, $\triangle ABC$ 中著名的 Weitzenbock 不等式知 $a^2 + b^2 + c^2 \geqslant 4\sqrt{3}\Delta$,

代入结论(7)$\cot \alpha = \dfrac{a^2 + b^2 + c^2}{4\Delta}$,得 $\cot \alpha \geqslant \sqrt{3}$,所以 $0 < \alpha \leqslant \dfrac{\pi}{6}$,等号当且仅当 $\triangle ABC$ 是正三角形时成立.

另一方面,

$$\cos \alpha = \dfrac{a^2 + b^2 + c^2}{2\sqrt{a^2 b^2 + b^2 c^2 + c^2 a^2}} \geqslant \dfrac{\sqrt{3}}{2}$$

$$\Leftrightarrow \quad a^4 + b^4 + c^4 \geqslant a^2 b^2 + b^2 c^2 + c^2 a^2$$

$$\Leftrightarrow \quad \dfrac{1}{2}\left[(a^2 - b^2)^2 + (b^2 - c^2)^2 + (c^2 - a^2)^2\right] \geqslant 0.$$

因此 $\cos \alpha \geqslant \dfrac{\sqrt{3}}{2}$,即 $0 < \alpha \leqslant \dfrac{\pi}{6}$,等号当且仅当 $\triangle ABC$ 是正三角形时成立.

于是得到下面的结论:

> (14) 设 $\triangle ABC$ 的三边长为 a, b, c,α 是 $\triangle ABC$ 的勃罗卡角,则 $0 < \alpha \leqslant \dfrac{\pi}{6}$,等号当且仅当 $\triangle ABC$ 是正三角形时成立.

注意到结论(8)$\dfrac{1}{\sin^2 \alpha} = \dfrac{1}{\sin^2 A} + \dfrac{1}{\sin^2 B} + \dfrac{1}{\sin^2 C}$,以及 1.4(4)③ $\cot A \cot B + \cot B \cot C + \cot C \cot A = 1$,所以

$$\dfrac{1}{\sin^2 \alpha} = \dfrac{1}{\sin^2 A} + \dfrac{1}{\sin^2 B} + \dfrac{1}{\sin^2 C}$$

$$\Leftrightarrow \quad 1 + \cot^2 \alpha = (1 + \cot^2 A) + (1 + \cot^2 B) + (1 + \cot^2 C)$$

$$\Leftrightarrow \quad \cot^2 \alpha = 2 + \cot^2 A + \cot^2 B + \cot^2 C$$

$$\geqslant 2 + \cot A \cot B + \cot B \cot C + \cot C \cot A$$

$$\Leftrightarrow \quad \cot^2 \alpha \geqslant 3 \quad \Leftrightarrow \quad \cot \alpha \geqslant \sqrt{3},$$

也可以得到 $0 < \alpha \leqslant \dfrac{\pi}{6}$.

为了证明下面的(15)②,我们先证明下列不等式:

当 $0 < k < 1, 0 < x < \dfrac{\pi}{2}$ 时,$\sin kx > k \sin x$.

证明 取 $f(x) = \sin kx - k \sin x$,则 $f'(x) = k \cos kx - k \cos x = k(\cos kx - \cos x)$,因为 $0 < k < 1, 0 < kx < x < \dfrac{\pi}{2}$,所以 $\cos kx > \cos x$,即 $f'(x) > 0$,所以当 $x \in \left(0, \dfrac{\pi}{2}\right)$ 时,$f(x) > f(0) = 0 \Leftrightarrow \sin kx > k \sin x$.

> (15) 若 α 是 $\triangle ABC$ 的勃罗卡角,则
> ① 当 $x \in \{A, B, C\}$ 时,$\sin(x + \alpha) \geqslant 2\sin \alpha$,等号当且仅当 $\triangle ABC$ 是等腰三角形时成立;

② 若 B,C 是 $\triangle ABC$ 的两个较小的角,则 $\alpha \leqslant \min\left\{\dfrac{\pi}{6}, \dfrac{B+C}{3}\right\}$,等号当且仅当 $\alpha = \dfrac{\pi}{6}$ 且 $A = B = C$ 时成立.

证明 ①

$$\frac{\sin(A+\alpha)}{\sin\alpha} = \frac{\sin A\cos\alpha + \cos A\sin\alpha}{\sin\alpha} = \sin A\cot\alpha + \cos A$$

$$= \sin A(\cot A + \cot B + \cot C) + \cos A$$

$$= \sin A\left(\frac{\cos A}{\sin A} + \frac{\cos B}{\sin B} + \frac{\cos C}{\sin C}\right) + \cos A$$

$$= \left(\cos A + \frac{\sin A\cos B}{\sin B}\right) + \left(\frac{\sin A\cos C}{\sin C} + \cos A\right)$$

$$= \frac{\sin(A+B)}{\sin B} + \frac{\sin(A+C)}{\sin C}$$

$$= \frac{\sin C}{\sin B} + \frac{\sin B}{\sin C} = \frac{c}{b} + \frac{b}{c} \geqslant 2.$$

这就证明了①.

② 因为 $0 < \alpha \leqslant \dfrac{\pi}{6}$ 已经成立,所以只要证明 $0 < \alpha < \dfrac{B+C}{3}$.

不妨设 $A \geqslant B \geqslant C$,如果 $B+C \geqslant \dfrac{\pi}{2}$,则 $\alpha \leqslant \dfrac{\pi}{6} \leqslant \dfrac{1}{3}(B+C)$,即 $0 < \alpha < \dfrac{B+C}{3}$ 已经成立.

如果 $B+C < \dfrac{\pi}{2}$,则 $A > \dfrac{\pi}{2}$,所以 $\dfrac{1}{\sin^2\alpha} = \dfrac{1}{\sin^2 A} + \left(\dfrac{1}{\sin^2 B} + \dfrac{1}{\sin^2 C}\right)$.

取函数 $f(x) = \dfrac{1}{\sin^2 x}$,$x \in \left(0, \dfrac{\pi}{2}\right)$,则 $f''(x) > 0$,所以 $\dfrac{f(B)+f(C)}{2} \geqslant f\left(\dfrac{B+C}{2}\right)$,即 $\dfrac{1}{\sin^2 B} + \dfrac{1}{\sin^2 C} \geqslant \dfrac{2}{\sin^2\dfrac{B+C}{2}}$,故

$$\frac{1}{\sin^2\alpha} = \frac{1}{\sin^2 A} + \left(\frac{1}{\sin^2 B} + \frac{1}{\sin^2 C}\right) \geqslant \frac{1}{\sin^2(B+C)} + \frac{2}{\sin^2\dfrac{B+C}{2}}.$$

再由熟知的不等式 $\sin kx > k\sin x \left(0 < k < 1, 0 < x < \dfrac{\pi}{2}\right)$,知 $\sin x < \dfrac{1}{k}\sin kx$,

$$\frac{1}{\sin^2\alpha} \geqslant \frac{1}{\sin^2(B+C)} + \frac{2}{\sin^2\dfrac{B+C}{2}}$$

$$> \frac{1}{9\sin^2\dfrac{B+C}{3}} + \frac{8}{9\sin^2\dfrac{B+C}{3}} = \frac{1}{\sin^2\dfrac{B+C}{3}}.$$

因此 $\sin^2\alpha < \sin^2\dfrac{B+C}{3}$，即 $\sin\alpha < \sin\dfrac{B+C}{3}$，从而 $\alpha < \dfrac{B+C}{3}$．证毕．

推论　$3\alpha \leqslant \min\left\{\dfrac{\pi}{2}, A+B, B+C, C+A\right\}$．

下面(16)的证明，要用到琴生不等式：

对于函数 $f(x)$，$x\in \mathbf{D}$，若 $f''(x)>0$，则 $f\left(\dfrac{x_1+\cdots+x_n}{n}\right) \geqslant \dfrac{f(x_1)+\cdots+f(x_n)}{n}$．

> (16) 设 $\triangle ABC$ 的（正）勃罗卡角为 α，A,B,C 是三个内角，则
>
> ① 设 $A \leqslant B \leqslant C$，则 $A \leqslant 2\alpha \leqslant \dfrac{\pi}{3}$；
>
> ② $\alpha^3 \leqslant (A-\alpha)(B-\alpha)(C-\alpha)$；
>
> ③ $8\alpha^3 \leqslant ABC$（Yff 不等式）．

证明　① $2\alpha \leqslant \dfrac{\pi}{3}$ 之前已证．

当 $A \leqslant B \leqslant C$ 时，因为 $\cot x$ 在 $(0,\pi)$ 上是减函数，$\dfrac{B+C}{2} \leqslant C$，所以 $\tan\dfrac{A}{2} = \cot\dfrac{\pi-A}{2} = \cot\dfrac{B+C}{2} \geqslant \cot C$，即 $\tan\dfrac{A}{2} \geqslant \cot C$．

又因 $\cot A \geqslant \cot B$，所以

$$\cot B + \cot C \leqslant \cot A + \tan\dfrac{A}{2} = \dfrac{\cos A}{\sin A} + \dfrac{\sin\dfrac{A}{2}}{\cos\dfrac{A}{2}}$$

$$= \dfrac{\cos A\cos\dfrac{A}{2} + \sin A\sin\dfrac{A}{2}}{\sin A\cos\dfrac{A}{2}} = \dfrac{1}{\sin A},$$

因此

$$\cot\alpha = \cot A + \cot B + \cot C \leqslant \cot A + \dfrac{1}{\sin A} = \dfrac{\cos A + 1}{\sin A}$$

$$= \dfrac{2\cos^2\dfrac{A}{2}}{2\sin\dfrac{A}{2}\cos\dfrac{A}{2}} = \dfrac{\cos\dfrac{A}{2}}{\sin\dfrac{A}{2}} = \dfrac{1}{\tan\dfrac{A}{2}} = \cot\dfrac{A}{2},$$

即 $\cot\alpha \leqslant \cot\dfrac{A}{2}$，亦即 $\alpha \geqslant \dfrac{A}{2}$．所以 $A \leqslant 2\alpha$，等号当且仅当 $\triangle ABC$ 为正三角形时成立．

② 取函数 $f(x) = \ln\dfrac{x}{\sin x}$，$x\in(0,\pi)$，则 $f''(x) = \sin^{-2}x - x^{-2}$．因为 $0<\sin x<x$，

所以 $f''(x) > 0$. 由琴生不等式得

$$f\left(\frac{\pi}{6}\right) = f\left(\frac{1}{6}\left\{[\alpha + (A - \alpha)] + [\alpha + (B - \alpha)] + [\alpha + (C - \alpha)]\right\}\right)$$

$$\leqslant \frac{1}{6}\left\{[f(\alpha) + f(A - \alpha)] + [f(\alpha) + f(B - \alpha)] + [f(\alpha) + f(C - \alpha)]\right\},$$

即

$$\ln \frac{\frac{\pi}{6}}{\sin \frac{\pi}{6}} \leqslant \frac{1}{6}\ln\left[\frac{\alpha}{\sin \alpha} \cdot \frac{A - \alpha}{\sin(A - \alpha)} \cdot \frac{\alpha}{\sin \alpha} \cdot \frac{B - \alpha}{\sin(B - \alpha)} \cdot \frac{\alpha}{\sin \alpha} \cdot \frac{C - \alpha}{\sin(C - \alpha)}\right],$$

亦即

$$\ln \frac{\frac{\pi}{6}}{\sin \frac{\pi}{6}} \leqslant \frac{1}{6}\ln\left[\left(\frac{\alpha}{\sin \alpha}\right)^3 \cdot \frac{(A - \alpha)(B - \alpha)(C - \alpha)}{\sin(A - \alpha)\sin(B - \alpha)\sin(C - \alpha)}\right],$$

所以

$$\left[\frac{\frac{\pi}{6}}{\sin \frac{\pi}{6}}\right]^6 \leqslant \left(\frac{\alpha}{\sin \alpha}\right)^3 \cdot \frac{(A - \alpha)(B - \alpha)(C - \alpha)}{\sin(A - \alpha)\sin(B - \alpha)\sin(C - \alpha)}.$$

由（11）知 $\sin(A - \alpha)\sin(B - \alpha)\sin(C - \alpha) = \sin^3 \alpha$，所以

$$\left[\frac{\frac{\pi}{6}}{\sin \frac{\pi}{6}}\right]^6 \leqslant \left(\frac{\alpha}{\sin \alpha}\right)^3 \cdot \frac{(A - \alpha)(B - \alpha)(C - \alpha)}{\sin^3 \alpha}.$$

取 $g(x) = \dfrac{x}{\sin x}$，$x \in \left(0, \dfrac{\pi}{6}\right]$，则 $g'(x) = \dfrac{\tan x - x}{\sec x \sin^2 x} > 0$（因为 $\tan x > x$），$g(x)$

为增函数，所以

$$\left(\frac{\alpha}{\sin \alpha}\right)^6 \leqslant \left[\frac{\frac{\pi}{6}}{\sin \frac{\pi}{6}}\right]^6 \leqslant \frac{\alpha^3(A - \alpha)(B - \alpha)(C - \alpha)}{\sin^6 \alpha},$$

即 $\alpha^3 \leqslant (A - \alpha)(B - \alpha)(C - \alpha)$，等号显然当 $A = B = C$ 时成立.

③ 由②知

$$(8\alpha^3)^2 = 64\alpha^3 \cdot \alpha^3 \leqslant 64\alpha^3 \cdot (A - \alpha)(B - \alpha)(C - \alpha)$$

$$= [4\alpha(A - \alpha)][4\alpha(B - \alpha)][4\alpha(C - \alpha)],$$

又 $4[\alpha(A - \alpha)] \leqslant 4\left[\dfrac{\alpha + (A - \alpha)}{2}\right]^2 = A^2$，同理，$4[\alpha(B - \alpha)] \leqslant B^2$，$4[\alpha(C - \alpha)] \leqslant$

C^2，所以 $8\alpha^3 \leqslant ABC$，等号显然当 $A = B = C$ 时成立.

9.3 勃罗卡点到顶点及三边的距离

围绕(正)勃罗卡点产生了许多线段,由此引发三个基本问题:第一,这些线段与 $\triangle ABC$ 的边、角以及勃罗卡角 α 的关系是什么? 第二,勃罗卡点到边的距离与 $\triangle ABC$ 的边、角以及勃罗卡角有什么关系? 第三,由上述两个问题产生的线段长之间有什么关系?

本节探讨这些线段的表示以及相互关系.这是一段神奇之旅,当一个个关系被找到时,读者应该能体会到问题从提出到解决的乐趣.曾经在校本课程中学习过这些内容的一位同学说,勃罗卡点问题的学习,使他明白了一件事情:原来数学并不是专门用来解题的,而是用来提出问题并解决问题的,而且这个过程远比解决一个设计好的题目更加有趣,也更能增强学习数学的信心.另外一位同学说,数学原来如此生动有趣.

首先是勃罗卡点到三个顶点的距离问题,自然要找线段所在的三角形,这里的预设是勃罗卡角 α 已经求出.

> (1) 设 P 是 $\triangle ABC$ 的(正)勃罗卡点,则
>
> ① $\dfrac{PA}{\sin\alpha} = \dfrac{PC}{\sin(A-\alpha)} = \dfrac{b}{\sin A}$;
>
> ② $\dfrac{PB}{\sin\alpha} = \dfrac{PA}{\sin(B-\alpha)} = \dfrac{c}{\sin B}$;
>
> ③ $\dfrac{PC}{\sin\alpha} = \dfrac{PB}{\sin(C-\alpha)} = \dfrac{a}{\sin C}$;
>
> ④ $\dfrac{PA}{\dfrac{b}{a}} = \dfrac{PB}{\dfrac{c}{b}} = \dfrac{PC}{\dfrac{a}{c}} = 2R\sin\alpha$.

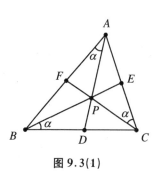

图 9.3(1)

证明 如图 9.3(1)所示,由 9.2(1)知 $\angle APB = \pi - B$,$\angle BPC = \pi - C$,$\angle CPA = \pi - A$.

在 $\triangle APC$ 中,$\angle CPA = \pi - A$,由正弦定理得

$$\frac{PA}{\sin\alpha} = \frac{PC}{\sin(A-\alpha)} = \frac{b}{\sin(\pi-A)} = \frac{b}{\sin A},$$

即得①.同理,可得②和③.证毕.

结论④可由①~③得到.

注意,(1)中的结果实际上刻画了 PA,PB,PC 与 $\triangle ABC$ 的边角以及勃罗卡角 α 的关系,提供了

PA,PB,PC 的计算方法.

PA,PB,PC 关于三边长的表达式如何呢？可以证明下面的结论：

> （2）① $PA = \dfrac{b^2 c}{\sqrt{a^2 b^2 + b^2 c^2 + c^2 a^2}}$，$PB = \dfrac{c^2 a}{\sqrt{b^2 c^2 + c^2 a^2 + a^2 b^2}}$，
>
> $PC = \dfrac{a^2 b}{\sqrt{c^2 a^2 + a^2 b^2 + b^2 c^2}}$；
>
> ② $PA + PB + PC = \dfrac{b^2 c + c^2 a + a^2 b}{\sqrt{a^2 b^2 + b^2 c^2 + c^2 a^2}}$；
>
> ③ $c \cdot PA + a \cdot PB + b \cdot PC = \sqrt{a^2 b^2 + b^2 c^2 + c^2 a^2}$.

这三个表达式很经典.在 9.1(5) 中实际上已经给出了一种证法,还有其他多种证法.

证法 1　②可由①直接推得,只要证明①即可.

一方面,由 9.2(13) 知 $\sin \alpha = \dfrac{2\Delta}{\sqrt{b^2 c^2 + c^2 a^2 + a^2 b^2}}$.

另一方面,由上述 (1)④ 知 $PA = \dfrac{b}{a} \cdot 2R \sin \alpha$,而由 1.3(3) 知 $R = \dfrac{abc}{4\Delta}$,故

$$PA = \frac{b}{a} \cdot 2 \cdot \frac{abc}{4\Delta} \cdot \frac{2\Delta}{\sqrt{a^2 b^2 + b^2 c^2 + c^2 a^2}} = \frac{b^2 c}{\sqrt{a^2 b^2 + b^2 c^2 + c^2 a^2}}.$$

同理,$PB = \dfrac{c^2 a}{\sqrt{b^2 c^2 + c^2 a^2 + a^2 b^2}}$,$PC = \dfrac{a^2 b}{\sqrt{c^2 a^2 + a^2 b^2 + b^2 c^2}}$.

证法 2　如图 9.3(2) 所示,过勃罗卡点 P 和顶点 A,C 作圆 O,连接 AO,则 $AO \perp AB$,且 AB 是圆 O 的切线,A 为切点.再作 $OD \perp AC$ 于点 D,则 $\angle OAD = 90° - \angle BAC$.

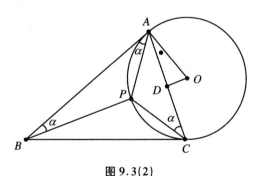

图 9.3(2)

在 Rt$\triangle OAD$ 中,

$$\cos\angle OAD = \frac{\frac{1}{2}AC}{OA} = \frac{b}{2OA} = \cos(90° - \angle BAC) = \sin\angle BAC.$$

$$OA = \frac{b}{2\sin\angle BAC}.$$

又 $\triangle = \frac{1}{2}bc\sin\angle BAC$，所以 $\sin\angle BAC = \frac{2\triangle}{bc}$，故 $OA = \frac{b^2 c}{4\triangle}$.

因为 $\sin\alpha = \dfrac{2\triangle}{\sqrt{b^2 c^2 + c^2 a^2 + a^2 b^2}}$，所以在 $\triangle APC$ 中，由正弦定理得

$$PA = 2OA\sin\alpha = 2 \cdot \frac{b^2 c}{4\triangle} \cdot \frac{2\triangle}{\sqrt{b^2 c^2 + c^2 a^2 + a^2 b^2}} = \frac{b^2 c}{\sqrt{b^2 c^2 + c^2 a^2 + a^2 b^2}}.$$

同理，可证 PB, PC. 证毕.

证法 3 利用 8.4(2) 的面积坐标法.

设 P 是 $\triangle ABC$ 的（正）勃罗卡点，则由（1）知 $PA = \dfrac{\sin B}{\sin A} \cdot 2R\sin\alpha = $

$\dfrac{2Rb}{a}\sin\alpha$. 同理，$PB = \dfrac{2Rc}{b}\sin\alpha$，$PC = \dfrac{2Ra}{c}\sin\alpha$. 所以

$$S_{\triangle PBC} : S_{\triangle PCA} : S_{\triangle PAB} = \left(\frac{1}{2}PB \cdot a\sin\alpha\right) : \left(\frac{1}{2}PC \cdot b\sin\alpha\right) : \left(\frac{1}{2}PA \cdot c\sin\alpha\right)$$

$$= aPB : bPC : cPA = \frac{ca}{b} : \frac{ab}{c} : \frac{bc}{a}$$

$$= c^2 a^2 : a^2 b^2 : b^2 c^2.$$

P 的面积坐标是 $\left(\dfrac{c^2 a^2}{k}, \dfrac{a^2 b^2}{k}, \dfrac{b^2 c^2}{k}\right)$，其中 $k = c^2 a^2 + a^2 b^2 + b^2 c^2$.

因为 A 的面积坐标为 $(1, 0, 0)$，代入 8.4(2) 的公式，得

$$PA^2 = -a^2\left(\frac{a^2 b^2}{k} - 0\right)\left(\frac{b^2 c^2}{k} - 0\right) - b^2\left(\frac{b^2 c^2}{k} - 0\right)\left(\frac{c^2 a^2}{k} - 1\right)$$

$$- c^2\left(\frac{c^2 a^2}{k} - 1\right)\left(\frac{a^2 b^2}{k} - 0\right)$$

$$= \frac{b^4 c^2(a^2 b^2 + b^2 c^2 + c^2 a^2)}{k^2} = \frac{b^4 c^2}{k},$$

所以 $PA = \dfrac{b^2 c}{\sqrt{c^2 a^2 + a^2 b^2 + b^2 c^2}} = \dfrac{b^2 c}{\sqrt{k}}$. 同理，可得 PB, PC.

③只要由①直接验证即可.

上述（2）也可以写成下列形式：

> （3）设 P 是 $\triangle ABC$ 的（正）勃罗卡点，则
>
> ① $\dfrac{PA}{b^2 c} = \dfrac{PB}{c^2 a} = \dfrac{PC}{a^2 b} = \dfrac{1}{\sqrt{a^2 b^2 + b^2 c^2 + c^2 a^2}} = \dfrac{\sin\alpha}{2\triangle}$；
>
> ② $PA + PB + PC = \dfrac{b^2 c + c^2 a + a^2 b}{\sqrt{a^2 b^2 + b^2 c^2 + c^2 a^2}}$；
>
> ③ $PA : PB : PC = b^2 c : c^2 a : a^2 b$.

设勃罗卡点 P 到 AB,BC,CA 的距离分别是 d_1,d_2,d_3,则 $d_1 = PA\sin\alpha = \dfrac{b^2 c}{\sqrt{a^2 b^2 + b^2 c^2 + c^2 a^2}}\sin\alpha$,或者写成 $\dfrac{d_1}{b^2 c} = \dfrac{\sin\alpha}{\sqrt{a^2 b^2 + b^2 c^2 + c^2 a^2}}$. 注意到 9.2(13)

中 $\sin\alpha = \dfrac{2\Delta}{\sqrt{a^2 b^2 + b^2 c^2 + c^2 a^2}}$,所以 $\dfrac{d_1}{b^2 c} = \dfrac{2\Delta}{a^2 b^2 + b^2 c^2 + c^2 a^2}$,同理,可得 d_2,d_3

相应的关系.

于是不难得到如下结论:

> (4) 设 P 是 $\triangle ABC$ 的(正)勃罗卡点,点 P 到 AB,BC,CA 的距离分别是 d_1,d_2,d_3,Δ 是 $\triangle ABC$ 的面积,则
>
> ① $\dfrac{d_1}{b^2 c} = \dfrac{d_2}{c^2 a} = \dfrac{d_3}{a^2 b} = \dfrac{2\Delta}{a^2 b^2 + b^2 c^2 + c^2 a^2}$;
>
> ② $d_1 : d_2 : d_3 = b^2 c : c^2 a : a^2 b$;
>
> ③ $d_1 + d_2 + d_3 = \dfrac{2(a^2 b + b^2 c + c^2 a)\Delta}{a^2 b^2 + b^2 c^2 + c^2 a^2}$.

由图 9.3(1),将 $\triangle ABC$ 的勃罗卡点 P 与顶点相连接,得到三个三角形,即 $\triangle PAB,\triangle PBC,\triangle PCA$,其面积分别记为 $\Delta_1,\Delta_2,\Delta_3$,则

$$\Delta_1 = \frac{1}{2} PA \cdot PB\sin\angle APB$$

$$= \frac{1}{2} \cdot \frac{b^2 c}{\sqrt{a^2 b^2 + b^2 c^2 + c^2 a^2}} \cdot \frac{c^2 a}{\sqrt{a^2 b^2 + b^2 c^2 + c^2 a^2}} \cdot \sin(\pi - B)$$

$$= \frac{b^2 c^2 \Delta}{a^2 b^2 + b^2 c^2 + c^2 a^2}.$$

同理,$\Delta_2 = \dfrac{c^2 a^2 \Delta}{a^2 b^2 + b^2 c^2 + c^2 a^2}$,$\Delta_3 = \dfrac{a^2 b^2 \Delta}{a^2 b^2 + b^2 c^2 + c^2 a^2}$.

于是得到下列结论:

> (5) 将 $\triangle ABC$ 的勃罗卡点 P 与顶点相连接,得到三个三角形,即 $\triangle PAB,\triangle PBC,\triangle PCA$,其面积分别记为 $\Delta_1,\Delta_2,\Delta_3$,则
>
> ① $\Delta_1 = \dfrac{b^2 c^2 \Delta}{a^2 b^2 + b^2 c^2 + c^2 a^2}$,$\Delta_2 = \dfrac{c^2 a^2 \Delta}{a^2 b^2 + b^2 c^2 + c^2 a^2}$,$\Delta_3 = \dfrac{a^2 b^2 \Delta}{a^2 b^2 + b^2 c^2 + c^2 a^2}$;
>
> ② $\Delta_1 : \Delta_2 : \Delta_3 = b^2 c^2 : c^2 a^2 : a^2 b^2$.

如图 9.3(3)所示,为书写简约,将 PA,PB,PC 分别记为 x,y,z,而 x,y,z 由结论(2)给出,则

$$\frac{1}{2}xy\sin(\pi - B) + \frac{1}{2}yz\sin(\pi - C) + \frac{1}{2}zx\sin(\pi - A) = \frac{abc}{4R},$$

即

$$\frac{1}{2}xy\sin B + \frac{1}{2}yz\sin C + \frac{1}{2}zx\sin A = \frac{abc}{4R}.$$

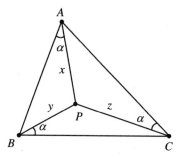

图 9.3(3)

再由正弦定理得 $\sin A = \dfrac{a}{2R}$，$\sin B = \dfrac{b}{2R}$，$\sin C = \dfrac{c}{2R}$，代入上式，得 $bxy + cyz + azx = abc$. 这就得到了一个结果.

由(2)知

$$PA = \frac{b^2 c}{\sqrt{a^2 b^2 + b^2 c^2 + c^2 a^2}},$$

$$PB = \frac{c^2 a}{\sqrt{b^2 c^2 + c^2 a^2 + a^2 b^2}},$$

$$PC = \frac{a^2 b}{\sqrt{c^2 a^2 + a^2 b^2 + b^2 c^2}},$$

所以

$$(cPA + aPB + bPC)^2 = a^2 b^2 + b^2 c^2 + c^2 a^2.$$

于是得到如下结论：

> (6) 设 P 是 $\triangle ABC$ 的(正)勃罗卡点，则
> ① $bPA \cdot PB + cPB \cdot PC + aPC \cdot PA = abc$；
> ② $cPA + aPB + bPC = \sqrt{a^2 b^2 + b^2 c^2 + c^2 a^2}$.

如图 9.3(3)所示，由(1)知

$$PA = \frac{b}{\sin A}\sin \alpha, \quad PB = \frac{c}{\sin B}\sin \alpha, \quad PC = \frac{a}{\sin C}\sin \alpha,$$

所以

$$PA \cdot PB \cdot PC = \frac{abc}{\sin A \sin B \sin C} \cdot \sin^3 \alpha = 8R^3 \sin^3 \alpha.$$

又因为 $0<\alpha\leqslant\dfrac{\pi}{6}$，所以 $0<\sin\alpha\leqslant\dfrac{1}{2}$，于是 $PA\cdot PB\cdot PC\leqslant R^3$.

将点 P 与 $\triangle ABC$ 的三个顶点相连接，得到三个三角形，即 $\triangle PAB$，$\triangle PBC$，$\triangle PCA$，若这三个三角形的外接圆半径分别是 R_1,R_2,R_3，$\triangle ABC$ 的外接圆半径为 R，则在 $\triangle PBC$，$\triangle ABC$ 中分别由正弦定理得 $c=2R_1\sin\angle APB=2R\sin C$. 因为 $\angle APB=\pi-B$，所以 $R_1\sin B=R\sin C$. 同理，$R_2\sin C=R\sin A$，$R_3\sin A=R\sin B$. 三式相乘，得 $R_1R_2R_3=R^3$.

于是得到如下结论：

> (7a) 设 P 是 $\triangle ABC$ 的（正）勃罗卡点，α 为勃罗卡角，三个三角形 $\triangle PAB$，$\triangle PBC$，$\triangle PCA$ 的外接圆半径分别是 R_1,R_2,R_3，$\triangle ABC$ 的外接圆半径为 R，则
> ① $PA\cdot PB\cdot PC=8R^3\sin^3\alpha$；
> ② $PA\cdot PB\cdot PC\leqslant R^3$；
> ③ $R_1R_2R_3=R^3$；
> ④ $\dfrac{R_1+R_2+R_3}{3}\geqslant R\geqslant 2r$.

④的证明很简单，由三个正数的基本不等式得 $\dfrac{R_1+R_2+R_3}{3}\geqslant\sqrt[3]{R_1R_2R_3}=R$，即 $\dfrac{R_1+R_2+R_3}{3}\geqslant R$. 而 $R\geqslant 2r$ 是著名的欧拉不等式，见 5.2(3)②. 不等式 $\dfrac{R_1+R_2+R_3}{3}\geqslant R\geqslant 2r$ 给出了 R 的一个上界，而这个上界也是"半径".

结论(7a)对负勃罗卡点也成立，请读者写出相应的结果，并给出证明过程.

上述(7a)中的③表明了将勃罗卡点与三角形的三个顶点相连接所得三角形的外接圆的关系，这个关系异常简洁，那么这三个内切圆有什么关系呢？

> (7b) 设 P 是 $\triangle ABC$ 的（正）勃罗卡点，$\triangle PAB$，$\triangle PBC$，$\triangle PCA$ 的内切圆半径分别为 r_1,r_2,r_3，而 $\triangle PAB$，$\triangle PBC$，$\triangle PCA$ 的面积分别为 $\Delta_1,\Delta_2,\Delta_3$，$\triangle ABC$ 的面积为 Δ，则
> $$\dfrac{\Delta_1}{r_1}+\dfrac{\Delta_2}{r_2}+\dfrac{\Delta_3}{r_3}-\dfrac{\Delta}{r}=PA+PB+PC.$$

证明 下列三式显然正确：
$$PA+PB+c=\dfrac{2\Delta_1}{r_1},\quad PB+PC+a=\dfrac{2\Delta_2}{r_2},\quad PC+PA+b=\dfrac{2\Delta_3}{r_3}.$$

三式相加得 $\dfrac{\Delta_1}{r_1}+\dfrac{\Delta_2}{r_2}+\dfrac{\Delta_3}{r_3}-p=PA+PB+PC$，其中 $2p=a+b+c$，而 $pr=\Delta$，即

$p = \dfrac{\Delta}{r}$，这就证明了

$$\frac{\Delta_1}{r_1} + \frac{\Delta_2}{r_2} + \frac{\Delta_3}{r_3} - \frac{\Delta}{r} = PA + PB + PC.$$

(8) 如图 9.3(4)所示，设 P 是 $\triangle ABC$ 的（正）勃罗卡点，α 是勃罗卡角，AP, BP, CP 的延长线分别交三边于点 D, E, F，则

① $\dfrac{\sin(A - \alpha)}{\dfrac{a^2}{bc}} = \dfrac{\sin(B - \alpha)}{\dfrac{b^2}{ca}} = \dfrac{\sin(C - \alpha)}{\dfrac{c^2}{ab}} = \sin \alpha$；

② $\dfrac{CD}{\dfrac{a^3}{c^2 + a^2}} = \dfrac{AE}{\dfrac{b^3}{a^2 + b^2}} = \dfrac{BF}{\dfrac{c^3}{b^2 + c^2}} = 1$；

③ $\dfrac{\sin(A + \alpha)}{\dfrac{b^2 + c^2}{bc}} = \dfrac{\sin(B + \alpha)}{\dfrac{c^2 + a^2}{ca}} = \dfrac{\sin(C + \alpha)}{\dfrac{a^2 + b^2}{ab}} = \sin \alpha$；

④ $\sin(A + \alpha)\sin(B + \alpha)\sin(C + \alpha) \geqslant 8\sin^3 \alpha$（等号当且仅当 $\triangle ABC$ 为正三角形时成立）.

证明 ① 由前面的(1)①知 $\dfrac{PA}{\sin \alpha} = \dfrac{PC}{\sin(A - \alpha)} = \dfrac{b}{\sin A}$，取 $\dfrac{PC}{\sin(A - \alpha)} = \dfrac{b}{\sin A}$，即 $\sin(A - \alpha) = \dfrac{PC \cdot \sin A}{b}$.

再由(1)③知 $PC = \dfrac{a}{\sin C}\sin \alpha = \dfrac{a}{\dfrac{c}{2R}}\sin \alpha = \dfrac{a}{c} \cdot 2R\sin \alpha$，所以

$$\sin(A - \alpha) = \frac{PC \cdot \sin A}{b} = \frac{\dfrac{a}{c} \cdot 2R\sin \alpha \cdot \sin A}{b}$$

$$= \frac{\dfrac{2aR}{c} \cdot \dfrac{a}{2R}\sin \alpha}{b} = \frac{a^2}{bc}\sin \alpha,$$

即 $\sin(A - \alpha) = \dfrac{a^2}{bc}\sin \alpha$. 同理，可证 $\sin(B - \alpha) = \dfrac{b^2}{ca}\sin \alpha$，$\sin(C - \alpha) = \dfrac{c^2}{ab}\sin \alpha$. ①证毕.

② 如图 9.3(4)所示，由面积关系得

$$\frac{BD}{CD} = \frac{S_{\triangle ABD}}{S_{\triangle ADC}} = \frac{\dfrac{1}{2}AB \cdot AD\sin \alpha}{\dfrac{1}{2}AD \cdot AC\sin(A - \alpha)}$$

$$= \frac{AB\sin \alpha}{AC\sin(A - \alpha)} = \frac{c\sin \alpha}{b\sin(A - \alpha)}.$$

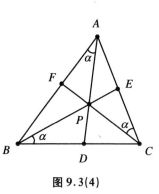

图 9.3(4)

所以 $\dfrac{BC}{CD} = \dfrac{c\sin\alpha + b\sin(A-\alpha)}{b\sin(A-\alpha)}$，即 $CD = \dfrac{ab\sin(A-\alpha)}{c\sin\alpha + b\sin(A-\alpha)}$．再结合上面已证

的①代换 $\sin(A-\alpha)$，得 $CD = \dfrac{ab \cdot \dfrac{a^2}{bc}\sin\alpha}{c\sin\alpha + b \cdot \dfrac{a^2}{bc}\sin\alpha} = \dfrac{a^3}{a^2+c^2}$．同理，还可以证明

$AE = \dfrac{b^3}{b^2+a^2}$，$BF = \dfrac{c^3}{c^2+b^2}$．②证毕．

③ 易见 $\angle ADC = B + \alpha$，$\angle PAC = A - \alpha$，在 $\triangle ADC$ 中，由正弦定理得

$\dfrac{CD}{\sin(A-\alpha)} = \dfrac{AC}{\sin(B+\alpha)} = \dfrac{b}{\sin(B+\alpha)}$，所以 $\sin(B+\alpha) = \dfrac{b\sin(A-\alpha)}{CD}$．

又由①知 $\sin(A-\alpha) = \dfrac{a^2}{bc}\sin\alpha$，结合上述 $CD = \dfrac{a^3}{a^2+c^2}$，得到 $\sin(B+\alpha) = $

$\dfrac{c^2+a^2}{ca}\sin\alpha$．同理，可证 $\sin(C+\alpha)$，$\sin(A+\alpha)$．

所以 $\dfrac{\sin(A+\alpha)}{\dfrac{b^2+c^2}{bc}} = \dfrac{\sin(B+\alpha)}{\dfrac{c^2+a^2}{ca}} = \dfrac{\sin(C+\alpha)}{\dfrac{a^2+b^2}{ab}} = \sin\alpha$．③证毕．

④ 由③知 $\sin(A+\alpha) = \dfrac{b^2+c^2}{bc}\sin\alpha \geqslant 2\sin\alpha$（等号当且仅当 $b = c$ 时成立）．同

理，$\sin(B+\alpha) \geqslant 2\sin\alpha$，$\sin(C+\alpha) \geqslant 2\sin\alpha$．所以 $\sin(A+\alpha)\sin(B+\alpha)\sin(C+\alpha)$

$\geqslant 8\sin^3\alpha$（等号当且仅当 $\triangle ABC$ 为正三角形时成立）．④证毕．

从④的证明过程可见，实际上我们证得了 $\sin(x+\alpha) \geqslant 2\sin\alpha$，其中 $x \in$
$\{A, B, C\}$，这就是前面的 9.2(15)①，那里的证法与这里的证法稍有不同．

这里有两点需要说明：

ⅰ．在 9.1(4) 中，我们知道 $\dfrac{BD}{DC} = \dfrac{c^2}{a^2}$，$\dfrac{CE}{EA} = \dfrac{a^2}{b^2}$，$\dfrac{AF}{FB} = \dfrac{b^2}{c^2}$，利用这个几何结论，

也可以得到②，正所谓条条大路通罗马，就看你有没有勇气．

ⅱ．$\dfrac{\sin(A+\alpha)}{\sin\alpha} \geqslant 2 \Rightarrow 2\sin\alpha \leqslant \sin(A+\alpha) \leqslant 1 \Rightarrow \sin\alpha \leqslant 1 \Rightarrow 0 < \alpha \leqslant \dfrac{\pi}{6}$，我们又一

次得到勃罗卡角的范围：$0 < \alpha \leqslant \dfrac{\pi}{6}$，等号当且仅当 $\alpha = \dfrac{\pi}{6}$，$b = c$，$A + \alpha = \dfrac{\pi}{2}$ 时成

立，即 $\triangle ABC$ 是正三角形．

如图 9.3(5) 所示，P 是勃罗卡点，我们称 AD，BE，CF 是勃罗卡线．

可证得以下结论：

> （9）设 P 是 $\triangle ABC$ 的（正）勃罗卡点，a, b, c 是三角形的三边，α 是勃罗
>
> 卡角，$k = \sqrt{a^2b^2 + b^2c^2 + c^2a^2}$，则
>
> ① $\dfrac{AD}{\dfrac{c}{c^2+a^2}} = \dfrac{BE}{\dfrac{a}{a^2+b^2}} = \dfrac{CF}{\dfrac{b}{b^2+c^2}} = k$；

② $\dfrac{PD}{\dfrac{ac^2}{b(c^2+a^2)}}=\dfrac{PE}{\dfrac{ba^2}{c(a^2+b^2)}}=\dfrac{PF}{\dfrac{cb^2}{a(b^2+c^2)}}=2R\sin\alpha.$

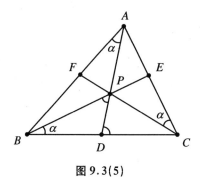

图 9.3(5)

证明 ① 在 $\triangle ADC$ 中，由正弦定理得 $\dfrac{AD}{\sin C}=\dfrac{CD}{\sin(A-\alpha)}$.

又由 (8)①② 知 $\sin(A-\alpha)=\dfrac{a^2}{bc}\sin\alpha$，$CD=\dfrac{a^3}{c^2+a^2}$，而 $\sin C=\dfrac{c}{2R}$，所以得

$$AD=\dfrac{CD\sin C}{\sin(A-\alpha)}=\dfrac{abc^2}{c^2+a^2}\cdot\dfrac{1}{2R\sin\alpha}$$

$$=\dfrac{c}{c^2+a^2}\cdot\sqrt{a^2b^2+b^2c^2+c^2a^2},$$

即 $\dfrac{AD}{\dfrac{c}{c^2+a^2}}=\sqrt{a^2b^2+b^2c^2+c^2a^2}\,k$. 同理，$\dfrac{BE}{\dfrac{a}{a^2+b^2}}=k$，$\dfrac{CF}{\dfrac{b}{b^2+c^2}}=k$. ① 证毕.

② **证法 1** 由于 PA，AD 都已经有结果，因此可以直接由 $PD=AD-PA$ 得到，此处略去，留给读者自行写出详细过程.

证法 2 在图 9.3(5) 中，考察 $\triangle PCD$，$\angle PDC=B+\alpha$，$\angle CPD=180°-\angle PDC-\angle PCD=180°-(B+\alpha)-(C-\alpha)=A$.

由正弦定理得 $\dfrac{PD}{\sin(C-\alpha)}=\dfrac{CD}{\sin A}$，由本节 8(1) 知 $\sin(C-\alpha)=\dfrac{c^2}{ab}\sin\alpha$，而由本节 (8)② 知 $CD=\dfrac{a^3}{c^2+a^2}$，所以

$$PD=\dfrac{CD\sin(C-\alpha)}{\sin A}=\dfrac{\dfrac{a^3}{c^2+a^2}\cdot\dfrac{c^2}{ab}\sin\alpha}{\dfrac{a}{2R}}=\dfrac{ac^2}{b(c^2+a^2)}\cdot 2R\sin\alpha.$$

同理，$PE=\dfrac{ba^2}{c(a^2+b^2)}\cdot 2R\sin\alpha$，$PF=\dfrac{cb^2}{a(b^2+c^2)}\cdot 2R\sin\alpha$. ② 证毕.

回到负勃罗卡点.

由于给定的三角形有两个勃罗卡点(正、负勃罗卡点),我们上面讨论的结果都是关于正勃罗卡点的,于是就有两个基本问题:第一,类似于上述正勃罗卡点的性质,负勃罗卡点的相关结论是怎样的? 第二,正勃罗卡点与负勃罗卡点有什么关系?

需要说明的是,上述关于正勃罗卡点的相关结论,对负勃罗卡点来说,同样存在,而且可以用非常类似的方法找到.为简洁起见,对于简单的结论略去证明过程,请读者对照正勃罗卡点的相关结论自己证明.对善于学习的读者来说,这是非常难得的机会.

由 9.1(3)知负勃罗卡角与正勃罗卡角相等,所以图 9.3(6)所示的角依然用 α 表示,而不加区分.

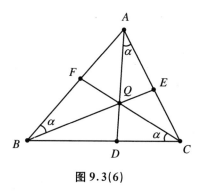

图 9.3(6)

设 $\triangle ABC$ 的负勃罗卡点为 Q.首先,下列的(10)①②显然成立,可参见 9.1(1) 和 9.3(1)④的证明得到.

> (10) 设点 Q 是 $\triangle ABC$ 的负勃罗卡点(图 9.3(6)),则
> ① $\angle AQB = \pi - A$, $\angle BQC = \pi - B$, $\angle CQA = \pi - C$;
> ② $QA = \dfrac{c}{a} \cdot 2R\sin\alpha$, $QB = \dfrac{a}{b} \cdot 2R\sin\alpha$, $QC = \dfrac{b}{c} \cdot 2R\sin\alpha$.

再由上述结论中的②,易得 $\dfrac{QA}{QB} = \dfrac{bc}{a^2}$.在 $\triangle AQB$ 中,由余弦定理得

$$c^2 = QA^2 + QB^2 - 2QA \cdot QB\cos(\pi - A) = QA^2 + QB^2 + 2QA \cdot QB\cos A$$

$$\Rightarrow \frac{c^2}{QA^2} = 1 + \frac{QB^2}{QA^2} + 2\frac{QB}{QA} \cdot \cos A = 1 + \left(\frac{a^2}{bc}\right)^2 + 2 \cdot \frac{a^2}{bc} \cdot \frac{b^2 + c^2 - a^2}{2bc},$$

整理得 $QA = \dfrac{bc^2}{\sqrt{a^2 b^2 + b^2 c^2 + c^2 a^2}}$.同理,$QB = \dfrac{ca^2}{\sqrt{a^2 b^2 + b^2 c^2 + c^2 a^2}}$, $QC = \dfrac{ab^2}{\sqrt{a^2 b^2 + b^2 c^2 + c^2 a^2}}$.

于是得到下列结论:

(11) 设点 Q 是 $\triangle ABC$ 的负勃罗卡点(图9.3(6)),a,b,c 是三角形的三边,则

① $QA = \dfrac{bc^2}{\sqrt{a^2b^2 + b^2c^2 + c^2a^2}}$, $QB = \dfrac{ca^2}{\sqrt{a^2b^2 + b^2c^2 + c^2a^2}}$, $QC = \dfrac{ab^2}{\sqrt{a^2b^2 + b^2c^2 + c^2a^2}}$;

② $QA + QB + QC = \dfrac{bc^2 + ca^2 + ab^2}{\sqrt{a^2b^2 + b^2c^2 + c^2a^2}}$.

与9.3(2)的结果相类似.

有时,为了方便,通常会令 $k = a^2b^2 + b^2c^2 + c^2a^2$,这样,上述(11)①的结论又可以记为 $QA = \dfrac{bc^2}{\sqrt{k}}$,$QB = \dfrac{ca^2}{\sqrt{k}}$,$QC = \dfrac{ab^2}{\sqrt{k}}$. 在下面的叙述中,将用到这个记法.

设 $\triangle ABC$ 的勃罗卡点 Q 到 AB,BC,CA 的距离分别是 d_1',d_2',d_3',由于两个勃罗卡角相等,故由 QA,QB,QC 的表达式并参考图9.3(6),可得如下结论:

(12) 设 $\triangle ABC$ 的勃罗卡点 Q 到 AB,BC,CA 的距离分别是 d_1',d_2',d_3',$k = a^2b^2 + b^2c^2 + c^2a^2$,则

① $d_1' = \dfrac{2ca^2\Delta}{k}$,$d_2' = \dfrac{2ab^2\Delta}{k}$,$d_3' = \dfrac{2bc^2\Delta}{k}$;

② $d_1' + d_2' + d_3' = \dfrac{2(ca^2 + ab^2 + bc^2)\Delta}{k}$.

(13) 设 $\triangle ABC$ 的正勃罗卡点为 P,负勃罗卡点为 Q,点 P 到 AB,BC,CA 的距离分别是 d_1,d_2,d_3,点 Q 到 AB,BC,CA 的距离分别是 d_1',d_2',d_3',R 是 $\triangle ABC$ 的外接圆半径,α 是勃罗卡角,$k = a^2b^2 + b^2c^2 + c^2a^2$,则

① $\dfrac{PA^2}{b^2} + \dfrac{PB^2}{c^2} + \dfrac{PC^2}{a^2} = 1$;

② $\dfrac{QA^2}{c^2} + \dfrac{QB^2}{a^2} + \dfrac{QC^2}{b^2} = 1$;

③ $PA \cdot PB \cdot PC = QA \cdot QB \cdot QC = 8R^3\sin^3\alpha$;

④ $\dfrac{PA \cdot QA}{bc} + \dfrac{PB \cdot QB}{ca} + \dfrac{PC \cdot QC}{ab} = 1$;

⑤ $\dfrac{d_1}{ab} + \dfrac{d_2}{bc} + \dfrac{d_3}{ca} = \dfrac{d_1'}{ab} + \dfrac{d_2'}{bc} + \dfrac{d_3'}{ca} = \dfrac{1}{2R}$;

⑥ $8R^3 d_1 d_2 d_3 = (PA \cdot PB \cdot PC)^2$;

⑦ $8R^3 d_1' d_2' d_3' = (QA \cdot QB \cdot QC)^2$;

⑧ $d_1 d_2 d_3 = d_1' d_2' d_3'$；

⑨ $PA \cdot QB = PB \cdot QC = PC \cdot QA = 4R^2 \sin^2 \alpha$；

⑩ 设 (a'^2, b'^2, c'^2) 是 (a^2, b^2, c^2) 的任意一个排列，则 $\dfrac{PA \cdot QB}{a'^2} + \dfrac{PB \cdot QC}{b'^2} + \dfrac{PC \cdot QA}{c'^2} = 1$；

⑪ $d_1 d_1' = d_2 d_2' = d_3 d_3' = 16R^2 \sin^4 \alpha$；

⑫ $c \cdot PA + a \cdot PB + b \cdot PC = b \cdot QA + c \cdot QB + a \cdot QC = \dfrac{2\Delta}{\sin \alpha}$.

证明　由 9.2(13)① 知 $\sin \alpha = \dfrac{2\Delta}{\sqrt{k}}$.

由 9.3(2)① 知 $PA = \dfrac{b^2 c}{\sqrt{k}}, PB = \dfrac{c^2 a}{\sqrt{k}}, PC = \dfrac{a^2 b}{\sqrt{k}}$.

由 9.3(11)① 知 $QA = \dfrac{bc^2}{\sqrt{k}}, QB = \dfrac{ca^2}{\sqrt{k}}, QC = \dfrac{ab^2}{\sqrt{k}}$.

以上就可以直接验证①~④，⑨，⑩，⑫.

又由 9.3(4)① 知 $d_1 = \dfrac{2b^2 c\Delta}{k}, d_2 = \dfrac{2c^2 a\Delta}{k}, d_3 = \dfrac{2a^2 b\Delta}{k}$，易知 $\dfrac{d_1}{ab} = \dfrac{b^2 c^2}{k} \cdot \dfrac{1}{2R}, \dfrac{d_2}{bc} = \dfrac{c^2 a^2}{k} \cdot \dfrac{1}{2R}, \dfrac{d_3}{ca} = \dfrac{a^2 b^2}{k} \cdot \dfrac{1}{2R}$，所以 $\dfrac{d_1}{ab} + \dfrac{d_2}{bc} + \dfrac{d_3}{ca} = \dfrac{1}{2R}$.

同样，由 9.3(12)① 知 $d_1' = \dfrac{2ca^2\Delta}{k}, d_2' = \dfrac{2ab^2\Delta}{k}, d_3' = \dfrac{2bc^2\Delta}{k}$，所以 $\dfrac{d_1'}{ab} = \dfrac{c^2 a^2}{k} \cdot \dfrac{1}{2R}, \dfrac{d_2'}{bc} = \dfrac{a^2 b^2}{k} \cdot \dfrac{1}{2R}, \dfrac{d_3'}{ca} = \dfrac{b^2 c^2}{k} \cdot \dfrac{1}{2R}$，故 $\dfrac{d_1'}{ab} + \dfrac{d_2'}{bc} + \dfrac{d_3'}{ca} = \dfrac{1}{2R}$.

这就证明了⑤.

现在证明 $\dfrac{PA \cdot QB}{a'^2} + \dfrac{PB \cdot QC}{b'^2} + \dfrac{PC \cdot QA}{c'^2} = 1$.

因为 $PA \cdot QB = \dfrac{b^2 c}{\sqrt{k}} \cdot \dfrac{ca^2}{\sqrt{k}} = \dfrac{a^2 b^2 c^2}{k}$，同理，$PB \cdot QC = PC \cdot QA = \dfrac{a^2 b^2 c^2}{k}$，

所以当 a', b', c' 是 a, b, c 的任意一个排列时，

$$\frac{PA \cdot QB}{a'^2} + \frac{PB \cdot QC}{b'^2} + \frac{PC \cdot QA}{c'^2} = \frac{a^2 b^2 + b^2 c^2 + c^2 a^2}{k} = 1.$$

这就证明了⑩.

其他的证明，留给读者思考.

下面再看一个"对偶现象".

在图 9.3(5)中，因为 $PA = \dfrac{d_1}{\sin \alpha}, PB = \dfrac{d_2}{\sin \alpha}, PC = \dfrac{d_3}{\sin \alpha}$，所以

$$f(PA,PB,PC) = 0 \iff f\left(\frac{d_1}{\sin\alpha}, \frac{d_2}{\sin\alpha}, \frac{d_3}{\sin\alpha}\right) = 0.$$

同理,对于负勃罗卡点 Q,$QA = \dfrac{d_3'}{\sin\alpha}$,$QB = \dfrac{d_1'}{\sin\alpha}$,$QC = \dfrac{d_2'}{\sin\alpha}$,有下列对偶性质:

> (14) 设△ABC 的正勃罗卡点为 P,负勃罗卡点为 Q,点 P 到 AB,BC,CA 的距离分别是 d_1,d_2,d_3,点 Q 到 AB,BC,CA 的距离分别是 d_1',d_2',d_3',R 是△ABC 的外接圆半径,α 是勃罗卡角,则
>
> ① $f(PA,PB,PC) = 0 \iff f\left(\dfrac{d_1}{\sin\alpha}, \dfrac{d_2}{\sin\alpha}, \dfrac{d_3}{\sin\alpha}\right) = 0$;
>
> ② $f(QA,QB,QC) = 0 \iff f\left(\dfrac{d_3'}{\sin\alpha}, \dfrac{d_1'}{\sin\alpha}, \dfrac{d_2'}{\sin\alpha}\right) = 0$.

我们称上述两个等价符号两端的式子为对偶式,若其中一个正确,则可推知另外一个也正确.

> (15) 设△ABC 的正勃罗卡点为 P,负勃罗卡点为 Q,点 P 到 AB,BC,CA 的距离分别是 d_1,d_2,d_3,点 Q 到 AB,BC,CA 的距离分别是 d_1',d_2',d_3',R 是△ABC 的外接圆半径,α 是勃罗卡角,则
>
> ① $\dfrac{PA^2}{b^2} + \dfrac{PB^2}{c^2} + \dfrac{PC^2}{a^2} = 1$ 与 $\dfrac{d_1^2}{b^2} + \dfrac{d_2^2}{c^2} + \dfrac{d_3^2}{a^2} = \sin^2\alpha$ 是对偶式;
>
> ② $\dfrac{QA^2}{c^2} + \dfrac{QB^2}{a^2} + \dfrac{QC^2}{b^2} = 1$ 与 $\dfrac{d_3'^2}{c^2} + \dfrac{d_1'^2}{a^2} + \dfrac{d_2'^2}{b^2} = \sin^2\alpha$ 是对偶式;
>
> ③ 设 (a'^2, b'^2, c'^2) 是 (a^2, b^2, c^2) 的任意一个排列,则 $\dfrac{PA \cdot QB}{a'^2} + \dfrac{PB \cdot QC}{b'^2} + \dfrac{PC \cdot QA}{c'^2} = 1$ 与 $\dfrac{d_1 d_1'}{a'^2} + \dfrac{d_2 d_2'}{b'^2} + \dfrac{d_3 d_3'}{c'^2} = \sin^2\alpha$ 是对偶式.

9.4　与勃罗卡点有关的不等式

利用 9.3 节的内容,注意到 $0 < \sin\alpha \leqslant \dfrac{1}{2}$,于是可以得到以下结论:

> (1) 设△ABC 的正勃罗卡点为 P,负勃罗卡点为 Q,点 P 到 AB,BC,CA 的距离分别是 d_1,d_2,d_3,点 Q 到 AB,BC,CA 的距离分别是 d_1',d_2',d_3',R 是 △ABC 的外接圆半径,则

① $PA \cdot PB \cdot PC = QA \cdot QB \cdot QC \leqslant R^3$;

② $PA \cdot QB = PB \cdot QC = PC \cdot QA \leqslant R^2$;

③ $d_1 d_1' = d_2 d_2' = d_3 d_3' \leqslant R^2$;

④ $c \cdot PA + a \cdot PB + b \cdot PC = b \cdot QA + c \cdot QB + a \cdot QC \geqslant 4\Delta$.

同样,利用 9.3(15) 可以得到以下结论:

(2) 设 $\triangle ABC$ 的正勃罗卡点为 P,负勃罗卡点为 Q,点 P 到 AB,BC,CA 的距离分别是 d_1,d_2,d_3,点 Q 到 AB,BC,CA 的距离分别是 d_1',d_2',d_3',R 是 $\triangle ABC$ 的外接圆半径,则

① $\dfrac{d_1^2}{b^2} + \dfrac{d_2^2}{c^2} + \dfrac{d_3^2}{a^2} \leqslant \dfrac{1}{4}$;

② $\dfrac{d_3'^2}{c^2} + \dfrac{d_1'^2}{a^2} + \dfrac{d_2'^2}{b^2} \leqslant \dfrac{1}{4}$;

③ 设 (a'^2, b'^2, c'^2) 是 (a^2, b^2, c^2) 的任意一个排列,则 $\dfrac{d_1 d_1'}{a'^2} + \dfrac{d_2 d_2'}{b'^2} + \dfrac{d_3 d_3'}{c'^2} \leqslant \dfrac{1}{4}$ 是对偶式.

注意到 $\dfrac{PA^2}{b^2} + \dfrac{PB^2}{c^2} + \dfrac{PC^2}{a^2} = 1$,利用柯西不等式,得

$$
(PA + PB + PC)^2 = \left(\frac{PA}{b} \cdot b + \frac{PB}{c} \cdot c + \frac{PC}{a} \cdot a \right)^2
$$

$$
\leqslant \left[\left(\frac{PA}{b} \right)^2 + \left(\frac{PB}{c} \right)^2 + \left(\frac{PC}{a} \right)^2 \right] (b^2 + c^2 + a^2)
$$

$$
= a^2 + b^2 + c^2,
$$

所以 $PA + PB + PC \leqslant \sqrt{a^2 + b^2 + c^2}$.

又由 1.1(6)③ 知 $(PA + PB + PC)\left(\dfrac{1}{PA} + \dfrac{1}{PB} + \dfrac{1}{PC} \right) \geqslant 9$,而 $PA + PB + PC \leqslant \sqrt{a^2 + b^2 + c^2}$,所以 $\dfrac{1}{PA} + \dfrac{1}{PB} + \dfrac{1}{PC} \geqslant \dfrac{9}{\sqrt{a^2 + b^2 + c^2}}$.

同理,对于负勃罗卡点 Q,利用上述同样的方法,可得 $QA + QB + QC \leqslant \sqrt{a^2 + b^2 + c^2}$,且 $\dfrac{1}{QA} + \dfrac{1}{QB} + \dfrac{1}{QC} \geqslant \dfrac{9}{\sqrt{a^2 + b^2 + c^2}}$.

于是得到以下结论:

(3) 设 $\triangle ABC$ 的正勃罗卡点为 P, 负勃罗卡点为 Q, a, b, c 为 $\triangle ABC$ 的三边, 则

① $PA + PB + PC \leqslant \sqrt{a^2 + b^2 + c^2}$;

② $\dfrac{1}{PA} + \dfrac{1}{PB} + \dfrac{1}{PC} \geqslant \dfrac{9}{\sqrt{a^2 + b^2 + c^2}}$;

③ $QA + QB + QC \leqslant \sqrt{a^2 + b^2 + c^2}$;

④ $\dfrac{1}{QA} + \dfrac{1}{QB} + \dfrac{1}{QC} \geqslant \dfrac{9}{\sqrt{a^2 + b^2 + c^2}}$.

以上等号当且仅当 $\triangle ABC$ 是正三角形时成立.

因为 $PA = \dfrac{d_1}{\sin \alpha}$, $PB = \dfrac{d_2}{\sin \alpha}$, $PC = \dfrac{d_3}{\sin \alpha}$, 所以

$$PA + PB + PC = (d_1 + d_2 + d_3) \cdot \dfrac{1}{\sin \alpha} \geqslant 2(d_1 + d_2 + d_3).$$

同理, $QA + QB + QC \geqslant 2(d_1' + d_2' + d_3')$.

于是得到以下结论:

(4) 设 $\triangle ABC$ 的正勃罗卡点为 P, 负勃罗卡点为 Q, 点 P 到 AB, BC, CA 的距离分别是 d_1, d_2, d_3, 点 Q 到 AB, BC, CA 的距离分别是 d_1', d_2', d_3', 则

① $PA + PB + PC \geqslant 2(d_1 + d_2 + d_3)$;

② $QA + QB + QC \geqslant 2(d_1' + d_2' + d_3')$.

注 ⅰ. (3)和(4)还表明, $2(d_1 + d_2 + d_3) \leqslant PA + PB + PC \leqslant \sqrt{a^2 + b^2 + c^2}$.

ⅱ. (4)中的两个不等式, 实际上是 1.4(10) 中的 Erdos-Mordell 不等式在勃罗卡点情形下的直接结果.

注意到由 9.3(2)① 知 $PA = \dfrac{b^2 c}{\sqrt{k}}$, $PB = \dfrac{c^2 a}{\sqrt{k}}$, $PC = \dfrac{a^2 b}{\sqrt{k}}$, 以及由 9.3(11)① 知

$QA = \dfrac{bc^2}{\sqrt{k}}$, $QB = \dfrac{ca^2}{\sqrt{k}}$, $QC = \dfrac{ab^2}{\sqrt{k}}$, 故易知 $PA \cdot PB \cdot b + PB \cdot PC \cdot c + PC \cdot PA \cdot a = abc$.

由柯西不等式得

$$(abc)^2 = (PA \cdot PB \cdot b + PB \cdot PC \cdot c + PC \cdot PA \cdot a)^2$$
$$\leqslant [(PA \cdot PB)^2 + (PB \cdot PC)^2 + (PC \cdot PA)^2](a^2 + b^2 + c^2).$$

于是得到以下结论:

(5) 设 $\triangle ABC$ 的正勃罗卡点为 P，则

$$(PA \cdot PB)^2 + (PB \cdot PC)^2 + (PC \cdot PA)^2 \geqslant \frac{a^2 b^2 c^2}{a^2 + b^2 + c^2}.$$

注意到

$$PA \cdot PB + PB \cdot PC + PC \cdot PA = \frac{b^2 c}{\sqrt{k}} \cdot \frac{c^2 a}{\sqrt{k}} + \frac{c^2 a}{\sqrt{k}} \cdot \frac{a^2 b}{\sqrt{k}} + \frac{a^2 b}{\sqrt{k}} \cdot \frac{b^2 c}{\sqrt{k}}$$

$$= \frac{abc(ab^2 + bc^2 + ca^2)}{a^2 b^2 + b^2 c^2 + c^2 a^2},$$

对分子应用基本不等式，得

$$上式 \geqslant \frac{3a^2 b^2 c^2}{a^2 b^2 + b^2 c^2 + c^2 a^2} = \frac{3}{\dfrac{1}{a^2} + \dfrac{1}{b^2} + \dfrac{1}{c^2}}.$$

又因 $\dfrac{1}{a^2} + \dfrac{1}{b^2} + \dfrac{1}{c^2} \leqslant \dfrac{1}{4r^2}$，所以

$$PA \cdot PB + PB \cdot PC + PC \cdot PA \geqslant 12r^2.$$

再由不等式得

$$PA^2 + PB^2 + PC^2 \geqslant PA \cdot PB + PB \cdot PC + PC \cdot PA \geqslant 12r^2.$$

于是得到以下结论：

(6) 设 $\triangle ABC$ 的正勃罗卡点为 P，内切圆半径为 r，则

① $PA \cdot PB + PB \cdot PC + PC \cdot PA \geqslant 12r^2$；

② $PA^2 + PB^2 + PC^2 \geqslant 12r^2$.

以上等号当且仅当 $\triangle ABC$ 是正三角形时成立.

因为 $PA = \dfrac{b^2 c}{\sqrt{k}}$，$PB = \dfrac{c^2 a}{\sqrt{k}}$，$PC = \dfrac{a^2 b}{\sqrt{k}}$，$\sin \alpha = \dfrac{2\Delta}{\sqrt{k}}$（$k = a^2 b^2 + b^2 c^2 + c^2 a^2$），所以

$$a \cdot PA + b \cdot PB + c \cdot PC = \frac{abc(a + b + c)}{\sqrt{k}} = \frac{4R\Delta(a + b + c)}{\sqrt{k}}$$

$$= 2R \cdot \frac{2\Delta(a + b + c)}{\sqrt{k}} = 2R(a + b + c)\sin \alpha$$

$$\leqslant 2R(a + b + c) \cdot \frac{1}{2} \leqslant R(a + b + c).$$

又由 1.4(8)③ 知 $6\sqrt{3} r \leqslant a + b + c \leqslant 3\sqrt{3} R$，所以

$$12\sqrt{3} Rr\sin \alpha \leqslant a \cdot PA + b \cdot PB + c \cdot PC \leqslant 3\sqrt{3} R^2.$$

于是得到以下结论：

(7) 设 $\triangle ABC$ 的正勃罗卡点为 P,三边为 a,b,c,则

$$12\sqrt{3}Rr\sin\alpha\leqslant a\cdot PA+b\cdot PB+c\cdot PC\leqslant 3\sqrt{3}R^2,$$

等号当且仅当 $\triangle ABC$ 是正三角形时成立.

上述结论(7)中的上、下界是原三角形的外接圆半径和内切圆半径,这在几何不等式中是一个传统,将三角形的量用这两个量表示,具有非常清晰的量的直观感受.我们现在的问题是:$PA+PB+PC$ 的上、下界能不能用 R,r 表示?

首先给出如下结论:

(8) 设 $\triangle ABC$ 的正勃罗卡点为 P,三角形的三边为 a,b,c,则

$$ab+bc+ca\leqslant(PA+PB+PC)^2\leqslant a^2+b^2+c^2,$$

等号当且仅当 $\triangle ABC$ 为正三角形时成立.

证明 前面的(3)①已经证明了该不等式的右端,现在只要证明左端即可.

由 9.3(2)②知 $PA+PB+PC=\dfrac{b^2c+c^2a+a^2b}{\sqrt{a^2b^2+b^2c^2+c^2a^2}}$,则上述不等式左端等价于

$$(a^2b+b^2c+c^2a)^2\geqslant(ab+bc+ca)(a^2b^2+b^2c^2+c^2a^2)$$

$$\Leftrightarrow\ b^2c^2(b-c)(b-a)+c^2a^2(c-a)(c-b)+a^2b^2(a-b)(a-c)\geqslant 0.$$

不妨设 $a\geqslant b\geqslant c$,则 $0\geqslant b-a\geqslant c-a$.要证上式,只要证明

$$b^2c^2(b-c)(c-a)+c^2a^2(c-a)(c-b)+a^2b^2(a-b)(a-c)\geqslant 0,$$

即只要证明

$$(c-a)\left[b^2c^2(b-c)+c^2a^2(c-b)-a^2b^2(a-b)\right]\geqslant 0,$$

亦即证明

$$(c-a)(b-a)\left[c^2(b-c)(b+a)+a^2b^2\right]\geqslant 0.$$

而这个不等式显然成立,从而证得(8).

又由 1.4(5),$ab+bc+ca\geqslant 36r^2$ 及 $a^2+b^2+c^2\leqslant 9R^2$,再结合(8)得到 $6r\leqslant PA+PB+PC\leqslant 3R$.

于是可得以下结论:

(9) 设 $\triangle ABC$ 的正勃罗卡点为 P,其外接圆和内切圆的半径分别是 R,r,点 P 到 AB,BC,CA 的距离分别是 d_1,d_2,d_3,α 为勃罗卡角,则

① $6r\leqslant PA+PB+PC\leqslant 3R$;

② $6r\sin\alpha\leqslant d_1+d_2+d_3\leqslant 3R\sin\alpha$.

注意,这两个不等式给出了欧拉不等式 $R\geqslant 2r$ 的一个"分割".

（10）设 $\triangle ABC$ 的正勃罗卡点为 P，三边为 a,b,c，则

$$\frac{PA^2}{a^2+b^2}+\frac{PB^2}{b^2+c^2}+\frac{PC^2}{c^2+a^2}\geq 2.$$

证明　由 9.3(2)① 知 $PA=\dfrac{b^2c}{\sqrt{k}}$，$PB=\dfrac{c^2a}{\sqrt{k}}$，$PC=\dfrac{a^2b}{\sqrt{k}}$，其中 $k=a^2b^2+b^2c^2+c^2a^2$.

故只需证明 $\dfrac{b^4c^2}{a^2+b^2}+\dfrac{c^4a^2}{b^2+c^2}+\dfrac{a^4b^2}{c^2+a^2}\geq 2k$，即证明

$$\frac{b^4c^2}{a^2+b^2}+\frac{c^4b^2}{b^2+c^2}+\frac{a^4b^2}{c^2+a^2}\geq 2(a^2b^2+b^2c^2+c^2a^2).$$

令 $x=a^2,y=b^2,z=c^2$，则上式变为

$$x^3y^2+x^2y^3+y^3z^2+y^2z^3+z^3x^2+z^2x^3-2x^2y^2z-2y^2z^2x-2z^2x^2y\geq 0$$
$$\Leftrightarrow\quad x^3y^2+x^2y^3+y^3z^2+y^2z^3+z^3x^2+z^2x^3\geq 2x^2y^2z+2y^2z^2x+2z^2x^2y.$$
$$①$$

易知 $y^3(z-x)^2+z^3(x-y)^2+x^3(y-z)^2\geq 0$，展开得

$$x^3y^2+x^2y^3+y^3z^2+y^2z^3+z^3x^2+z^2x^3\geq 2x^3yz+2y^3zx+2z^3xy.$$

比较上式与式① 知，要证式①，只要证明

$$2x^3yz+2y^3zx+2z^3xy\geq 2x^2y^2z+2y^2z^2x+2z^2x^2y,$$

只要证明 $x^2+y^2+z^2\geq xy+yz+zx$. 而由 1.1(2)③ 知，该不等式显然成立. 所以式① 证得，结论（10）证毕.

（11）设 $\triangle ABC$ 的正勃罗卡点为 P，三边为 a,b,c，相应边上的旁切圆半径分别为 r_a,r_b,r_c，则 $\dfrac{PA}{\sqrt{r_ar_b}}+\dfrac{PB}{\sqrt{r_br_c}}+\dfrac{PC}{\sqrt{r_cr_a}}\geq 2$，等号当且仅当 $\triangle ABC$ 是正三角形时成立.

证明　由 $PA=\dfrac{b^2c}{\sqrt{k}}$，$PB=\dfrac{c^2a}{\sqrt{k}}$，$PC=\dfrac{a^2b}{\sqrt{k}}$ 知

$$cPA+aPB+bPC=\frac{k}{\sqrt{k}}=\sqrt{k}=\sqrt{a^2b^2+b^2c^2+c^2a^2},$$

而 $(ab-c^2)^2=a^2b^2+b^2c^2+c^2a^2-c^2[(a+b)^2-c^2]\geq 0$，所以

$$\frac{1}{(a+b)^2-c^2}\geq\frac{c^2}{a^2b^2+b^2c^2+c^2a^2}.$$

又由 6.2(1)② 知 $4r_ar_b=(a+b)^2-c^2$，得

$$\frac{1}{2\sqrt{r_ar_b}}\geq\frac{c}{\sqrt{a^2b^2+b^2c^2+c^2a^2}},$$

即

$$\frac{PA}{2\sqrt{r_a r_b}} \geqslant \frac{cPA}{\sqrt{a^2 b^2 + b^2 c^2 + c^2 a^2}}.$$

同理,

$$\frac{PB}{2\sqrt{r_b r_c}} \geqslant \frac{aPB}{\sqrt{a^2 b^2 + b^2 c^2 + c^2 a^2}},$$

$$\frac{PC}{2\sqrt{r_c r_a}} \geqslant \frac{bPC}{\sqrt{a^2 b^2 + b^2 c^2 + c^2 a^2}}.$$

将以上三式相加,并利用 $cPA + aPB + bPC = \sqrt{a^2 b^2 + b^2 c^2 + c^2 a^2}$,即得不等式.

$$不等式等号成立 \iff \begin{cases} c^2 = ab \\ a^2 = bc \\ b^2 = ca \end{cases} \iff a = b = c$$

$$\iff \triangle ABC \text{ 是正三角形}.$$

> (12) 设 $\triangle ABC$ 的正勃罗卡点为 P,三边为 a,b,c,$\triangle PAB$,$\triangle PBC$,$\triangle PCA$ 的外接圆半径分别是 R_1,R_2,R_3,则
>
> $$\frac{R_1^2}{a^2} + \frac{R_2^2}{b^2} + \frac{R_3^2}{c^2} \geqslant 1.$$

证明 由 9.3(7a)③的证明过程知 $R_1 = \dfrac{Rc}{b}$,$R_2 = \dfrac{Ra}{c}$,$R_3 = \dfrac{Rb}{a}$.

由 1.1(7)柯西不等式得

$$(R_1 + R_2 + R_3)^2 = \left(\frac{R_1}{a} \cdot a + \frac{R_2}{b} \cdot b + \frac{R_3}{c} \cdot c \right)^2$$

$$\leqslant \left[\left(\frac{R_1}{a}\right)^2 + \left(\frac{R_2}{b}\right)^2 + \left(\frac{R_3}{c}\right)^2 \right] (a^2 + b^2 + c^2)$$

$$= \left(\frac{R_1^2}{a^2} + \frac{R_2^2}{b^2} + \frac{R_3^2}{c^2} \right) (a^2 + b^2 + c^2).$$

注意到 1.4(5),$a^2 + b^2 + c^2 \leqslant 9R^2$,以及 1.1(6)②,$\dfrac{c}{b} + \dfrac{a}{c} + \dfrac{b}{a} \geqslant 3$,所以

$$\frac{R_1^2}{a^2} + \frac{R_2^2}{b^2} + \frac{R_3^2}{c^2} \geqslant \frac{(R_1 + R_2 + R_3)^2}{a^2 + b^2 + c^2} = \frac{R^2 \left(\dfrac{c}{b} + \dfrac{a}{c} + \dfrac{b}{a} \right)^2}{a^2 + b^2 + c^2}$$

$$\geqslant \frac{R^2 \cdot 9}{9R^2} = 1,$$

即

$$\frac{R_1^2}{a^2} + \frac{R_2^2}{b^2} + \frac{R_3^2}{c^2} \geqslant 1.$$

易见,上述不等式等号成立 $\Leftrightarrow R_1 : R_2 : R_3 = a^2 : b^2 : c^2$ 且 $a = b = c \Leftrightarrow \triangle ABC$ 是正三角形.此时,勃罗卡点是正三角形的中心.

我们知道,在给定的 $\triangle ABC$ 中有正(负)两个勃罗卡点,那么这两个勃罗卡点到三个顶点的距离之和有确定的大小关系吗?

由 9.3(2)① 知对于正勃罗卡点 P,有 $PA = \dfrac{b^2 c}{\sqrt{k}}, PB = \dfrac{c^2 a}{\sqrt{k}}, PC = \dfrac{a^2 b}{\sqrt{k}}$.

由 9.3(11)① 知对于负勃罗卡点 Q,有 $QA = \dfrac{bc^2}{\sqrt{k}}, QB = \dfrac{ca^2}{\sqrt{k}}, QC = \dfrac{ab^2}{\sqrt{k}}$.

其中,$k = a^2 b^2 + b^2 c^2 + c^2 a^2$.则

$$\sum PA = PA + PB + PC = \frac{b^2 c + c^2 a + a^2 b}{\sqrt{k}},$$

$$\sum QA = QA + QB + QC = \frac{bc^2 + ca^2 + ab^2}{\sqrt{k}},$$

所以

$$\sum PA - \sum QA = \frac{b^2 c + c^2 a + a^2 b - bc^2 - ca^2 - ab^2}{\sqrt{k}}$$

$$= -\frac{(a - b)(b - c)(c - a)}{\sqrt{k}} = \sigma.$$

当 $(a - b)(b - c)(c - a) \geqslant 0$ 时,$\sigma \leqslant 0$,所以 $\sum PA \leqslant \sum QA$,等号当且仅当 $\triangle ABC$ 是等腰三角形时成立.

由于 $d_P = d_1 + d_2 + d_3 = (PA + PB + PC)\sin\alpha$,同理,$d_Q = d'_1 + d'_2 + d'_3 = (QA + QB + QC)\sin\alpha$,因此得 d_P 与 d_Q 的大小关系.

于是得到以下结论:

> (13) 设 $\triangle ABC$ 的正、负勃罗卡点分别是 P, Q,当 $(a - b)(b - c)(c - a) \geqslant 0$ 时,有
>
> ① $PA + PB + PC \leqslant QA + QB + QC$,等号当且仅当 $\triangle ABC$ 是等腰三角形时成立;
>
> ② 若 d_P, d_Q 分别是正、负勃罗卡点到三边的距离之和,则当 $(a - b) \cdot (b - c)(c - a) \geqslant 0$ 时,$d_P \leqslant d_Q$,等号当且仅当 $\triangle ABC$ 是等腰三角形时成立.

下面的结论告诉我们关于(正)勃罗卡点的另外一个性质.这个性质不需要 $a \leqslant b \leqslant c$ 的条件,也就是说,上述(13)对任意非钝角 $\triangle ABC$ 都成立.

> (14) 在非钝角 $\triangle ABC$ 中,点 G 为重心,点 P 是(正)勃罗卡点,点 G 到 AB, BC, CA 的距离之和为 d_G;点 P 到 AB, BC, CA 的距离之和为 d_P,则
>
> $$d_P \leqslant d_G.$$

证明 由 7.3(2)②知 $d_G = \dfrac{ab + bc + ca}{6R}$.

再由 9.3(4)③知 $d_P = \dfrac{2(a^2 b + b^2 c + c^2 a)\Delta}{a^2 b^2 + b^2 c^2 + c^2 a^2}$.

因为 $\Delta = \dfrac{abc}{4R}$,所以

$$d_G \geqslant d_P \iff (ab + bc + ca)(a^2 b^2 + b^2 c^2 + c^2 a^2)$$
$$\geqslant 3abc(a^2 b + b^2 c + c^2 a).$$

令 $x = ab, y = bc, z = ca$,则只要证明

$$d_G \geqslant d_P \iff (x + y + z)(x^2 + y^2 + z^2) \geqslant 3(xy^2 + yz^2 + zx^2)$$
$$\iff x^3 + y^3 + z^3 + xz^2 + yx^2 + zy^2 - 2xy^2 - 2yz^2 - 2zx^2 \geqslant 0$$
$$\iff (x^3 - 2zx^2 + xz^2) + (y^3 - 2xy^2 + yx^2) + (z^3 - 2yz^2 + zy^2) \geqslant 0$$
$$\iff x(x - z)^2 + y(y - x)^2 + z(z - y)^2 \geqslant 0,$$

等号当且仅当 $x = y = z$,也即 $a = b = c$ 时成立.证毕.

实际上,我们可以证明一个更有意思的结论,这个结论包含两个勃罗卡点,这并不常见.

如果我们将 d_P, d_Q "拉平均",定义 $d_{P'} = \dfrac{d_P + d_Q}{2}$,其中 d_P, d_Q 分别是点 P, Q 到三边的距离之和,则可以证明如下结论:

> (15) 设 $\triangle ABC$ 的正勃罗卡点为 P,负勃罗卡点为 Q,它们到三边的距离之和分别为 $d_P, d_Q, d_{P'} = \dfrac{d_P + d_Q}{2}$,点 G 为重心,点 G 到 AB, BC, CA 的距离之和为 d_G,则 $d_G \geqslant d_{P'}$,等号当且仅当 $\triangle ABC$ 为正三角形时成立.

证明 由 7.3(2)②知 $d_G = \dfrac{ab + bc + ca}{6R}$.

由 9.3(4)① 及 9.3(12)① 知 $d_P = \dfrac{2(b^2 c + c^2 a + a^2 b)\Delta}{a^2 b^2 + b^2 c^2 + c^2 a^2}$, $d_Q = \dfrac{2(bc^2 + ca^2 + ab^2)\Delta}{a^2 b^2 + b^2 c^2 + c^2 a^2}$,其中,$\Delta = \dfrac{abc}{4R}$.所以

$$d_G \geqslant d_{P'} = \dfrac{d_P + d_Q}{2} \iff 2(ab + bc + ca)(a^2 b^2 + b^2 c^2 + c^2 a^2)$$
$$\geqslant 3abc(bc^2 + ca^2 + ab^2 + b^2 c + c^2 a + a^2 b).$$

令 $x = ab, y = bc, z = ca$,则只要证明

$$2(x + y + z)(x^2 + y^2 + z^2) \geqslant 3x^2 y + 3y^2 z + 3zx^2 + 3xy^2 + 3yz^2 + 3zx^2$$
$$\iff 2(x^3 + y^3 + z^3) \geqslant xy^2 + yz^2 + zx^2 + x^2 y + y^2 z + z^2 x$$
$$\iff (x^3 + y^3) + (y^3 + z^3) + (z^3 + x^3)$$

$$\geqslant xy(x + y) + yz(y + z) + zx(z + x)$$

$$\Leftrightarrow \left[(x^3 + y^3) - xy(x + y) \right] + \left[(y^3 + z^3) - yz(y + z) \right]$$

$$+ \left[(z^3 + x^3) - zx(z + x) \right] \geqslant 0$$

$$\Leftrightarrow (x + y)(x - y)^2 + (y + z)(y - z)^2 + (z + x)(z - x)^2 \geqslant 0.$$

而上述不等式显然成立,所以 $d_G \geqslant d_{P'}$. 证毕.

结论(14)和(15)表明,在(正)勃罗卡点相应的结论中,勃罗卡点比较"小",下列结论②也验证了这个现象.

---

(16) 设点 P 是 $\triangle ABC$ 的(正)勃罗卡点,a,b,c 是三边,点 P' 是 $\triangle ABC$ 所在平面内的任意一点,则

① $a \dfrac{\overrightarrow{PB}}{|\overrightarrow{PB}|} + b \dfrac{\overrightarrow{PC}}{|\overrightarrow{PC}|} + c \dfrac{\overrightarrow{PA}}{|\overrightarrow{PA}|} = \mathbf{0}$;

② $a \cdot PB + b \cdot PC + c \cdot PA \leqslant a \cdot P'B + b \cdot P'C + c \cdot P'A$,等号当且仅当 P 与 P' 重合时成立.

证明　① 如图 9.4(1)所示,作向量 $\overrightarrow{PB'} = -c \dfrac{\overrightarrow{PA}}{|\overrightarrow{PA}|}$,$\overrightarrow{PC'} = b \dfrac{\overrightarrow{PC}}{|\overrightarrow{PC}|}$.

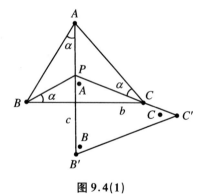

图 9.4(1)

在 $\triangle PB'C'$ 中,$\angle B'PC' = \angle PAC + \angle PCA = A$,$|\overrightarrow{PB'}| = c$,$|\overrightarrow{PC'}| = b$,所以 $\triangle ABC \cong \triangle PB'C'$,得到 $|\overrightarrow{B'C'}| = a$.

因为 $\angle BPB' = \angle PAB + \angle PBA = B'$,所以 $PB /\!/ B'C'$,$\overrightarrow{C'B'} = a \dfrac{\overrightarrow{PB}}{|\overrightarrow{PB}|}$. 因此在 $\triangle PB'C'$ 中,

$$a \dfrac{\overrightarrow{PB}}{|\overrightarrow{PB}|} + b \dfrac{\overrightarrow{PC}}{|\overrightarrow{PC}|} + c \dfrac{\overrightarrow{PA}}{|\overrightarrow{PA}|} = \overrightarrow{C'B'} + \overrightarrow{PC'} - \overrightarrow{PB'} = \mathbf{0}.$$

证毕.

注 如果是负勃罗卡点,易证 $a\cdot\dfrac{\overrightarrow{PC}}{|\overrightarrow{PC}|}+b\cdot\dfrac{\overrightarrow{PA}}{|\overrightarrow{PA}|}+c\cdot\dfrac{\overrightarrow{PB}}{|\overrightarrow{PB}|}=\mathbf{0}$. 其规律是:与勃罗卡角所夹的边长与相应的向量 $\dfrac{\overrightarrow{PX}}{|\overrightarrow{PX}|}$($X$ 是 A,B,C 之一)的数乘.

为方便起见,令 $\overrightarrow{PA}=\boldsymbol{x}$,$\overrightarrow{PB}=\boldsymbol{y}$,$\overrightarrow{PC}=\boldsymbol{z}$,$\overrightarrow{PP'}=\boldsymbol{r}$,则 $\boldsymbol{x}-\boldsymbol{r}=\overrightarrow{P'A}$,$\boldsymbol{y}-\boldsymbol{r}=\overrightarrow{P'B}$,$\boldsymbol{z}-\boldsymbol{r}=\overrightarrow{P'C}$($P'$ 是平面中的任意点).

利用(16)①知 $a\dfrac{\boldsymbol{y}}{|\boldsymbol{y}|}+b\dfrac{\boldsymbol{z}}{|\boldsymbol{z}|}+c\dfrac{\boldsymbol{x}}{|\boldsymbol{x}|}=\mathbf{0}$,则

$$a\cdot PB+b\cdot PC+c\cdot PA$$
$$=a|\boldsymbol{y}|+b|\boldsymbol{z}|+c|\boldsymbol{x}|$$
$$=a\frac{(\boldsymbol{y}-\boldsymbol{r}+\boldsymbol{r})\cdot\boldsymbol{y}}{|\boldsymbol{y}|}+b\frac{(\boldsymbol{z}-\boldsymbol{r}+\boldsymbol{r})\cdot\boldsymbol{z}}{|\boldsymbol{z}|}+c\frac{(\boldsymbol{x}-\boldsymbol{r}+\boldsymbol{r})\cdot\boldsymbol{x}}{|\boldsymbol{x}|}$$
$$=a\frac{(\boldsymbol{y}-\boldsymbol{r})\cdot\boldsymbol{y}}{|\boldsymbol{y}|}+a\frac{\boldsymbol{y}\cdot\boldsymbol{r}}{|\boldsymbol{y}|}+b\frac{(\boldsymbol{z}-\boldsymbol{r})\cdot\boldsymbol{z}}{|\boldsymbol{z}|}+b\frac{\boldsymbol{z}\cdot\boldsymbol{r}}{|\boldsymbol{z}|}+c\frac{(\boldsymbol{x}-\boldsymbol{r})\cdot\boldsymbol{x}}{|\boldsymbol{x}|}+c\frac{\boldsymbol{x}\cdot\boldsymbol{r}}{|\boldsymbol{x}|}$$
$$=a\frac{(\boldsymbol{y}-\boldsymbol{r})\cdot\boldsymbol{y}}{|\boldsymbol{y}|}+b\frac{(\boldsymbol{z}-\boldsymbol{r})\cdot\boldsymbol{z}}{|\boldsymbol{z}|}+c\frac{(\boldsymbol{x}-\boldsymbol{r})\cdot\boldsymbol{x}}{|\boldsymbol{x}|}$$
$$\quad+\left(a\frac{\boldsymbol{y}}{|\boldsymbol{y}|}+b\frac{\boldsymbol{z}}{|\boldsymbol{z}|}+c\frac{\boldsymbol{x}}{|\boldsymbol{x}|}\right)\cdot\boldsymbol{r}$$
$$=c\frac{\boldsymbol{x}}{|\boldsymbol{x}|}\cdot\overrightarrow{P'A}+a\frac{\boldsymbol{y}}{|\boldsymbol{y}|}\cdot\overrightarrow{P'B}+b\frac{\boldsymbol{z}}{|\boldsymbol{z}|}\cdot\overrightarrow{P'C}$$
$$\leqslant c|\overrightarrow{P'A}|+a|\overrightarrow{P'B}|+b|\overrightarrow{P'C}|$$
$$=a\cdot P'B+b\cdot P'C+c\cdot P'A,$$

即 $a\cdot PB+b\cdot PC+c\cdot PA\leqslant a\cdot P'B+b\cdot P'C+c\cdot P'A$,等号当且仅当点 P 与 P' 重合时成立.

再由 9.3(2)③知 $c\cdot PA+a\cdot PB+b\cdot PC=\sqrt{a^2b^2+b^2c^2+c^2a^2}$. 所以,若给定 $\triangle ABC$,而 P' 是 $\triangle ABC$ 所在平面内的任意点,则

$$a\cdot P'B+b\cdot P'C+c\cdot P'A\geqslant\sqrt{a^2b^2+b^2c^2+c^2a^2},$$

等号当且仅当点 P' 是正勃罗卡点时成立.

实际上,我们得到了以下结论:

---

(17) 若 $\triangle ABC$ 所在的平面内,点 P 是正勃罗卡点,则对于平面内的任意一点 M,有

① $a\cdot MB+b\cdot MC+c\cdot MA\geqslant a\cdot PB+b\cdot PC+c\cdot PA$;

② P 是 $\triangle ABC$ 的正勃罗卡点的充要条件是

$$c\cdot PA+a\cdot PB+b\cdot PC=\sqrt{a^2b^2+b^2c^2+c^2a^2}.$$

第 10 章　特殊三角形的勃罗卡点

前面我们讨论了一般三角形的勃罗卡点的基本性质,现在将这些结果用于特殊三角形,看看可以得到什么结论.在思维方式上,这是一种从一般到特殊的过程;在科学美的审美情趣上,属于从一般的审美情趣中体会个性化的美.

在开始本章的内容之前,有一个信念我们必须确定,这就是:一方面,针对特殊三角形,勃罗卡点的性质就有了特别表现;另一方面,在特殊三角形里引入勃罗卡点,会加深我们对特殊三角形的理解,从而丰富对特殊三角形的认识.

我们提出的特殊三角形是等腰直角三角形、直角三角形、边成等比(等差)数列的三角形、顶角为 $36°$ 的等腰三角形.这 1 章的内容应该是第 1 章涉及勃罗卡点的各类考试题讨论的继续.下面我们对上述某些特殊三角形的勃罗卡点提出一些有趣的问题.

10.1　直角三角形的勃罗卡点

我们先研究等腰直角三角形的勃罗卡点问题.

首先是勃罗卡角的大小问题,对于等腰直角三角形而言,这个角是定值.下面的结论(1)给出了在等腰直角三角形中,(负)勃罗卡点的作法及几个性质.

> (1a) 如图 10.1(1a)所示,△ABC 是等腰直角三角形,A 是直角顶点,CD 是中线,过顶点 A 作 $AP \perp CD$,垂足为 P,则
>
> ① 点 P 是△ABC 的负勃罗卡点,且勃罗卡角的余切值是 2;
>
> ② $BE : CE = 1 : 2$;
>
> ③ BP 平分∠DPE.

证明　① 因为 CD 为中线,$AP \perp CD$,所以∠$ACD = $ ∠BAE.要证明点 P 为负勃罗卡点,只要证明∠$PBC = $ ∠PCA.

不难发现,在△ABE 中,由正弦定理得 $\dfrac{AB}{\sin \angle AEB} = \dfrac{AE}{\sin 45°}$,即 $AE = \dfrac{\sqrt{5}}{3} a$.又在

Rt$\triangle ACP$ 中，$AP = AC\sin\alpha = \dfrac{1}{\sqrt{5}}a = \dfrac{\sqrt{5}}{5}a$，所以

$$PE = AE - AP = \frac{\sqrt{5}}{3}a - \frac{\sqrt{5}}{5}a = \frac{2\sqrt{5}}{15}a.$$

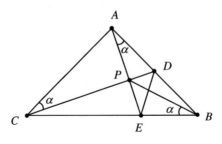

图 10.1(1a)

考察 $\triangle ABE$ 与 $\triangle BPE$，$\angle AEB$ 公用，而 $\dfrac{BE}{PE} = \dfrac{AE}{BE}$，所以 $\triangle ABE \backsim \triangle BPE$，故 $\angle PBE = \angle BAE = \alpha$. 这就证明了点 P 是负勃罗卡点.

而在 $\triangle ACD$ 中，$\tan\alpha = \dfrac{1}{2}$，即 $\cot\alpha = 2$. ①得证.

② 设 $AC = a$，则 $CD = \dfrac{\sqrt{5}}{2}a$. 因为 $\cos\alpha = \dfrac{a}{\frac{\sqrt{5}}{2}a} = \dfrac{2}{\sqrt{5}}$，$\sin\alpha = \dfrac{1}{\sqrt{5}}$，所以在 $\triangle APC$

中，得 $AP = \dfrac{a}{\sqrt{5}}$. 又 $\angle BEA = 45° + 90° - \alpha = 135° - \alpha$，则在 $\triangle AEB$ 中由正弦定理得

$$\frac{AB}{\sin\angle BEA} = \frac{BE}{\sin\alpha} \iff \frac{AB}{\sin(135° - \alpha)} = \frac{BE}{\sin\alpha}$$

$$\iff \frac{BE}{AB} = \frac{\sin\alpha}{\sin(135° - \alpha)} = \frac{\sin\alpha}{\sin(45° + \alpha)}$$

$$= \frac{\sin\alpha}{\sin 45°\cos\alpha + \cos 45°\sin\alpha}$$

$$= \frac{1}{\frac{\sqrt{2}}{2}(\cot\alpha + 1)} = \frac{\sqrt{2}}{3},$$

所以 $BE = \dfrac{\sqrt{2}}{3}a$，$CE = \sqrt{2}a - \dfrac{\sqrt{2}}{3}a = \dfrac{2\sqrt{2}}{3}a$，故 $BE : CE = 1 : 2$.

③ 这可由 $\triangle ABE \backsim \triangle BPE$ 直接推出.

类似地，考虑到正勃罗卡点，如图 10.1(1b)所示，有以下结论：

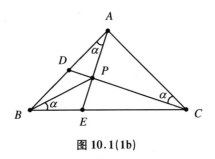

图 10.1(1b)

(1b) 在等腰 Rt$\triangle ABC$ 中，A 为直角顶点，CD 为 AB 边上的中线，过定点 A 作 $AP \perp CD$ 于点 P，连接 BP，则

① 点 P 为等腰 Rt$\triangle ABC$ 的正勃罗卡点，勃罗卡角正切值为 $\frac{1}{2}$；

② $BE : CE = 1 : 2$；

③ BP 是 $\angle DPE$ 的平分线.

结论 (1a) 就是《数学通报》1991 年第 11 期上刊登的《关于等腰直角三角形中的一个特殊点——一道几何题解法的探讨》中提出的结果. 在对勃罗卡点了解不多的情况下，原作者认为这个结论很特别.

关于勃罗卡点 P 与顶点的距离关系，有如下基本性质：

(2) 设 $\triangle ABC$ 是等腰直角三角形，A 为直角顶点，P 为勃罗卡点 (图 10.1 (1a))，则

① $PA = \dfrac{b}{\sqrt{5}}$，$PB = \dfrac{\sqrt{2}}{\sqrt{5}} c$，$PC = \dfrac{\sqrt{2}}{\sqrt{5}} a$（其中 $a = \sqrt{2} c = \sqrt{2} b$）；

② $2PA^2 + PB^2 = PC^2$.

证明　① 由上述的 (1a) 知 $\cot \alpha = 2$，所以 $\sin \alpha = \dfrac{1}{\sqrt{5}}$.

再由 9.3(1) 知 $PA = \dfrac{b}{\sin A} \sin \alpha$，$PB = \dfrac{c}{\sin B} \sin \alpha$，$PC = \dfrac{a}{\sin C} \sin \alpha$，注意到 $\sin A = 1$，$\sin B = \sin C = \dfrac{1}{\sqrt{2}}$，从而①易得.

② 因为 $a = \dfrac{\sqrt{5}}{\sqrt{2}} PC$，$b = \sqrt{5} PA$，$c = \dfrac{\sqrt{5}}{\sqrt{2}} PB$，$a^2 = b^2 + c^2$，所以②成立.

上述 PA，PB，PC 的表示很有用，反过来表示就是 $a = \dfrac{\sqrt{5}}{\sqrt{2}} PC$，$b = \sqrt{5} PA$，$c =$

$\dfrac{\sqrt{5}}{\sqrt{2}}PB$,从而关于边 a,b,c 的关系都可以变换为关于 PA,PB,PC 的关系.

于是不难得到下列两个半径和距离的关系:

> (3) 设 $\triangle ABC$ 是等腰直角三角形,A 为直角顶点,P 为勃罗卡点,R 为外接圆半径,r 为内切圆半径,则
> $$PC = \frac{2\sqrt{10}}{5}R, \quad 2\sqrt{2}r = \sqrt{10}PA + \sqrt{5}PB - \sqrt{5}PC.$$

证明 注意到 $a = 2R = \dfrac{\sqrt{5}}{\sqrt{2}}PC$ 及 3.1(2)$2r = b + c - a = \sqrt{5}PA + \dfrac{\sqrt{5}}{\sqrt{2}}PB - \dfrac{\sqrt{5}}{\sqrt{2}}PC$,上述结论不难验证. 证毕.

由于勃罗卡点 P 将 $\triangle ABC$ 分成了三个小三角形,那么,这三个小三角形的外接圆半径之间有什么关系呢? 这里设 $\triangle APB$,$\triangle BPC$,$\triangle CPA$ 的外接圆半径分别为 R_1,R_2,R_3.

注意到 $\angle APB = 180° - \alpha - (B - \alpha) = 180° - B$,所以在 $\triangle APB$ 中,由正弦定理得

$$\frac{PB}{\sin \alpha} = \frac{c}{\sin(180° - B)} = 2R_1 \quad \Rightarrow \quad \frac{PB}{\sin \alpha} = \frac{c}{\sin B} = 2R_1,$$

即

$$\frac{c}{\sin B} = 2R_1. \tag{①}$$

同理,在 $\triangle BPC$,$\triangle CPA$ 中,分别得

$$\frac{a}{\sin C} = 2R_2, \tag{②}$$

$$\frac{b}{\sin A} = 2R_3. \tag{③}$$

由 ①×②×③ 得 $\dfrac{abc}{\sin A \sin B \sin C} = 8R_1R_2R_3$,注意到 $a = 2R\sin A$,$b = 2R\sin B$,$c = 2R\sin C$,从而得 $R_1R_2R_3 = R^3$. 显然该结论对任意 $\triangle ABC$ 都成立,参见 9.3 (7a)③.

另一方面,显然 $a = 2R$,所以 $8R_1R_2R_3 = a^3$.

于是有下列结论:

> (4) 在等腰 $\mathrm{Rt}\triangle ABC$ 中,A 为直角,P 为勃罗卡点,$\triangle APB$,$\triangle BPC$,$\triangle CPA$ 的外接圆半径分别为 R_1,R_2,R_3,$\triangle ABC$ 的外接圆半径为 R,则 $8R_1R_2R_3 = a^3$.

下面我们再研究一般直角三角形的勃罗卡点问题.

先看勃罗卡角的度量.有以下结论:

---

(5) 设 $\triangle ABC$ 是直角三角形,α 为勃罗卡角,C 为直角顶点,则

① $\cot \alpha = \tan A + \cot A$;

② $\tan \alpha = \dfrac{ab}{c^2}$;

③ $\cot \alpha \geqslant 2$,等号当且仅当 $\triangle ABC$ 为等腰直角三角形时成立.

证明　① 由 $C = 90°$,$B = 90° - A$,以及 9.1(2)① 知

$$\cot \alpha = \cot A + \cot B + \cot C = \cot A + \cot(90° - A)$$
$$= \tan A + \cot A.$$

② 因为 $\cot \alpha = \tan A + \cot A = \dfrac{a}{b} + \dfrac{b}{a} = \dfrac{a^2 + b^2}{ab} = \dfrac{c^2}{ab}$,所以 $\tan \alpha = \dfrac{ab}{c^2}$.

③ 因为 A 为锐角,所以由平均不等式得 $\tan A + \cot A \geqslant 2$,等号当且仅当 $A = B = 45°$,即 $\triangle ABC$ 是等腰直角三角形时成立.

类似地,对于直角三角形的勃罗卡点到三个顶点的距离,有以下结论:

---

(6) 设 $\triangle ABC$ 是直角三角形,α 为勃罗卡角,C 为直角顶点,P 为勃罗卡点,a,b,c 为 $\triangle ABC$ 的三边,则

① $PA = \dfrac{b^2 c}{\sqrt{a^2 b^2 + c^4}}$,$PB = \dfrac{c^2 a}{\sqrt{a^2 b^2 + c^4}}$,$PC = \dfrac{a^2 b}{\sqrt{a^2 b^2 + c^4}}$;

② $\dfrac{PA}{c} + \dfrac{PC}{b} = \dfrac{PB}{a}$;

③ $\dfrac{PB^2}{c^4} + \dfrac{PC^2}{a^4} = \dfrac{PA^2}{b^4}$.

证明　① 注意到 $a^2 b^2 + b^2 c^2 + c^2 a^2 = a^2 b^2 + c^2(a^2 + b^2) = a^2 b^2 + c^4$,再由 9.3(2)① 知

$$PA = \frac{b^2 c}{\sqrt{a^2 b^2 + b^2 c^2 + c^2 a^2}},$$

$$PB = \frac{c^2 a}{\sqrt{b^2 c^2 + c^2 a^2 + a^2 b^2}},$$

$$PC = \frac{a^2 b}{\sqrt{c^2 a^2 + a^2 b^2 + b^2 c^2}},$$

于是 ① 成立.

② $PA = \dfrac{b^2 c}{\sqrt{a^2 b^2 + b^2 c^2 + c^2 a^2}}$,取 $k = \sqrt{a^2 b^2 + b^2 c^2 + c^2 a^2}$,则 $PA = \dfrac{b^2 c}{k}$.同

理,$PB = \dfrac{c^2 a}{k}$,$PC = \dfrac{a^2 b}{k}$. 所以 $a^2 = \dfrac{k \cdot PC}{b}$,$b^2 = \dfrac{k \cdot PA}{c}$,$c^2 = \dfrac{k \cdot PB}{a}$;因 $c^2 = a^2 + b^2$,故结论②成立. 又 $a = \dfrac{k \cdot PB}{c^2}$,$b = \dfrac{k \cdot PC}{a^2}$,$c = \dfrac{k \cdot PA}{b^2}$,注意到 $a^2 + b^2 = c^2$,故结论③显然成立.

在 Rt$\triangle ABC$ 中,C 为直角,其负勃罗卡点为 Q,由于两个勃罗卡角相等,因此对于负勃罗卡点,也有相应的结果.

在 Rt$\triangle ABC$ 中,C 为直角,其负勃罗卡点为 Q. 再由 9.3(11)①知

$$QA = \frac{bc^2}{k}, \quad QB = \frac{ca^2}{k}, \quad QC = \frac{ab^2}{k}, \qquad ④$$

其中 $k = \sqrt{a^2 b^2 + b^2 c^2 + c^2 a^2}$.

注意到 $a^2 + b^2 = c^2$,所以

$$QA = \frac{bc^2}{\sqrt{a^2 b^2 + c^4}}, \quad QB = \frac{ca^2}{\sqrt{a^2 b^2 + c^4}}, \quad QC = \frac{ab^2}{\sqrt{a^2 b^2 + c^4}}.$$

同样由式④知 $c^2 = \dfrac{k \cdot QA}{b}$,$a^2 = \dfrac{k \cdot QB}{c}$,$b^2 = \dfrac{k \cdot QC}{a}$,所以 $\dfrac{QC}{a} + \dfrac{QB}{c} = \dfrac{QA}{b}$;

另外由 $b = \dfrac{k \cdot QA}{c^2}$,$c = \dfrac{k \cdot QB}{a^2}$,$a = \dfrac{k \cdot QC}{b^2}$,结合 $a^2 + b^2 = c^2$,得到 $\dfrac{QC^2}{b^4} + \dfrac{QA^2}{c^4} = \dfrac{QB^2}{a^4}$.

注意到

$$PA = \frac{b^2 c}{k}, \quad PB = \frac{c^2 a}{k}, \quad PC = \frac{a^2 b}{k},$$

$$QA = \frac{bc^2}{k}, \quad QB = \frac{ca^2}{k}, \quad QC = \frac{ab^2}{k}.$$

由于 $a^2 + b^2 = c^2$,易得

$$\frac{PA^2}{QA^2} + \frac{QB^2}{PB^2} = 1,$$

$$\frac{b^2 PC^2}{QC^2} + \frac{c^2 PA^2}{QA^2} = \frac{a^2 PB^2}{QB^2}.$$

于是得到下列结论:

> (7) 在 Rt$\triangle ABC$ 中,C 为直角顶点,Q 为负勃罗卡点,a,b,c 为 $\triangle ABC$ 的三边,则
>
> ① $QA = \dfrac{bc^2}{\sqrt{a^2 b^2 + c^4}}$,$QB = \dfrac{ca^2}{\sqrt{a^2 b^2 + c^4}}$,$QC = \dfrac{ab^2}{\sqrt{a^2 b^2 + c^4}}$;
>
> ② $\dfrac{QC}{a} + \dfrac{QB}{c} = \dfrac{QA}{b}$;

③ $\dfrac{QC^2}{b^4} + \dfrac{QA^2}{c^4} = \dfrac{QB^2}{a^4}$；

④ $\dfrac{PA^2}{QA^2} + \dfrac{QB^2}{PB^2} = 1$；

⑤ $\dfrac{b^2 PC^2}{QC^2} + \dfrac{c^2 PA^2}{QA^2} = \dfrac{a^2 PB^2}{QB^2}$.

关于一般直角三角形的勃罗卡点 P 分直角三角形为三个三角形，类似于（4），显然有以下结论：

(8) 如图 10.1(2) 所示，设 $\triangle ABC$ 是直角三角形，C 为直角顶点，P 为勃罗卡点，若 $\triangle CPA$，$\triangle APB$，$\triangle BPC$ 的外接圆半径依次为 R_1，R_2，R_3，则 $8R_1 R_2 R_3 = c^3$.

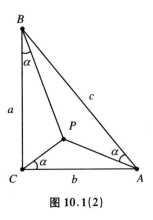

图 10.1(2)

证明　在 $\triangle CPA$ 中，$\angle CPA = 180° - A$，所以由正弦定理得 $\dfrac{b}{\sin A} = 2R_1$. 同理，$\dfrac{c}{\sin B} = 2R_2$，$\dfrac{a}{\sin C} = 2R_3$. 而 $2R = c$，所以

$$8R_1 R_2 R_3 = \frac{abc}{\sin A \sin B \sin C} = 8R^3 = 8 \cdot \left(\frac{c}{2}\right)^3,$$

即 $8R_1 R_2 R_3 = c^3$.

同样对于负勃罗卡点 Q，$\triangle CQA$，$\triangle AQB$，$\triangle BQC$ 的外接圆半径分别为 R_1，R_2，R_3，$\triangle ABC$ 的外接圆半径为 R，上述结论(8)依然成立. 证明过程留给读者思考.

10.2　三边成等比数列和等差数列
三角形的勃罗卡点

当 $\triangle ABC$ 的三边成等比数列或等差数列时,其勃罗卡角的计算依然用 9.1(2)①,9.2(13)①,9.1(6)①中的公式,即用 $\cot\alpha = \cot A + \cot B + \cot C$,或者 $\sin\alpha = \dfrac{2\Delta}{\sqrt{a^2b^2 + b^2c^2 + c^2a^2}}$,或者 $\cos\alpha = \dfrac{a^2 + b^2 + c^2}{2\sqrt{a^2b^2 + b^2c^2 + c^2a^2}}$,但是,我们应该关心的是:当三边成等比数列或等差数列时,勃罗卡角和勃罗卡点是否有特殊性?

先探讨当三边 a,b,c 成等比数列时,勃罗卡点的特殊性.这种情况下,我们发现,勃罗卡角 α 是 $\triangle ABC$ 内角的直接表示.

由 9.3(1)知,若 P 为 $\triangle ABC$ 的(正)勃罗卡点(图 10.2(1)),则有

$$PA = \frac{b}{\sin A}\sin\alpha, \quad PB = \frac{c}{\sin B}\sin\alpha, \quad PC = \frac{a}{\sin C}\sin\alpha,$$

进一步,$PA = \dfrac{b}{a}\cdot 2R\sin\alpha$ 等等.

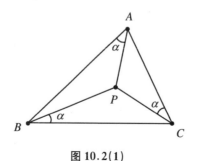

图 10.2(1)

又在 $\triangle APB$ 中,由正弦定理得 $\dfrac{PA}{\sin(B - \alpha)} = \dfrac{PB}{\sin\alpha}$,结合上面的关系得

$$\sin(B - \alpha) = \frac{PA\sin\alpha}{PB} = \frac{\dfrac{b}{a}\cdot 2R\sin\alpha\sin\alpha}{\dfrac{c}{b}\cdot 2R\sin\alpha} = \frac{b^2}{ac}\sin\alpha.$$

若 a,b,c 成等比数列,则

$$b^2 = ac \Leftrightarrow \sin(B - \alpha) = \sin\alpha$$
$$\Leftrightarrow B - \alpha = \alpha \quad 或者 \quad B - \alpha = \pi - \alpha(舍去)$$
$$\Leftrightarrow B = 2\alpha.$$

综合以上讨论,实际上已经得到 $b^2 = ac \Leftrightarrow B = 2\alpha$.

另一方面,继续用上面的关系,不难看出 $\dfrac{PA}{PB} = \dfrac{\dfrac{b}{\sin A} \cdot \sin \alpha}{\dfrac{c}{\sin B} \cdot \sin \alpha} = \dfrac{b\sin B}{c\sin A} = \dfrac{b^2}{ac}$,所以得到 $b^2 = ac \Leftrightarrow PA = PB$.

将上面的讨论结合起来,我们得到如下结论:

> (1) 设 $\triangle ABC$ 的三边 a,b,c 成等比数列,P 为正勃罗卡点,则下列等价关系是成立的:
> $$b^2 = ac \quad \Leftrightarrow \quad B = 2\alpha \quad \Leftrightarrow \quad PA = PB.$$

由于一个三角形有两个勃罗卡点,而对应的勃罗卡角相等,因此当 $B = 2\alpha$,即 $\alpha = \dfrac{B}{2}$ 时,PB 平分角 B.对于负勃罗卡点 Q,QB 也平分角 B(图 10.2(2)).也就是说,当 a,b,c 成等比数列时,P,Q,B 三点共线,反之也是正确的.

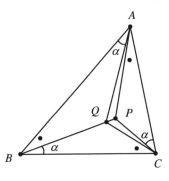

图 10.2(2)

于是有下面的结论:

> (2) 设 P,Q 分别是 $\triangle ABC$ 的正、负勃罗卡点,α 为勃罗卡角,则下列等价关系是成立的:
> $$b^2 = ac \quad \Leftrightarrow \quad P,Q,B \text{ 共线} \quad \Leftrightarrow \quad PA = PB \quad \Leftrightarrow \quad B = 2\alpha.$$

当 $b^2 = ac$ 时,除了 $PA = PB$ 以外,PA,PC 关系如何呢? 由 9.3(2)①知

$$PA = \dfrac{b^2 c}{\sqrt{a^2 b^2 + b^2 c^2 + c^2 a^2}},$$

$$PB = \dfrac{c^2 a}{\sqrt{b^2 c^2 + c^2 a^2 + a^2 b^2}},$$

$$PC = \dfrac{a^2 b}{\sqrt{c^2 a^2 + a^2 b^2 + b^2 c^2}},$$

记 $k = \sqrt{a^2 b^2 + b^2 c^2 + c^2 a^2}$，则 $a = \dfrac{k \cdot PB}{c^2}, b = \dfrac{k \cdot PC}{a^2}, c = \dfrac{k \cdot PA}{b^2}$．

所以当 $b^2 = ac$ 时，$\left(\dfrac{k \cdot PC}{a^2}\right)^2 = \dfrac{k \cdot PB}{c^2} \cdot \dfrac{k \cdot PA}{b^2}$，结合 (1) 中 $PA = PB$，可得

$\dfrac{PC}{PA} = \dfrac{a^3}{c^3}$．

于是得到以下结论：

> (3) 设 $\triangle ABC$ 的三边 a, b, c 成等比数列，点 P 为正勃罗卡点，则 $\dfrac{PC}{PA} = \dfrac{a^3}{c^3}$．

当 $b^2 = ac$ 时，对于负勃罗卡点 Q，由 9.3(10)②知

$$QA = \dfrac{c}{a} \cdot 2R\sin\alpha, \quad QB = \dfrac{a}{b} \cdot 2R\sin\alpha, \quad QC = \dfrac{b}{c} \cdot 2R\sin\alpha,$$

所以 $\dfrac{QC}{QB} = \dfrac{b^2}{ac} = 1$，即 $b^2 = ac \Leftrightarrow QB = QC$．因为勃罗卡角是相等的，所以由 (1) 知 $B = 2\alpha \Leftrightarrow QB = QC$．

于是得到以下结论：

> (4) 设 $\triangle ABC$ 的负勃罗卡点为 Q，勃罗卡角为 α，则
> $$b^2 = ac \iff QB = QC \iff B = 2\alpha.$$

关于三边成等比数列的三角形的勃罗卡点问题暂且告一段落，下面研究三边成等差数列的三角形的勃罗卡点问题．以下问题中，三边成等差数列，就是指 a, b, c 成等差数列．

首先我们证明如下结果：

> (5) 在 $\triangle ABC$ 中，α 是勃罗卡角，P 是勃罗卡点，且 a, b, c 成等差数列，则
> ① $\sin(B - \alpha) \geqslant \sin\alpha$；
> ② $PA \geqslant PB \Leftrightarrow \sin(B - \alpha) \geqslant \sin\alpha$；
> ③ $2\alpha \leqslant B \leqslant \dfrac{\pi}{3}$．
>
> 上述不等式中，等号当且仅当 $\triangle ABC$ 为正三角形时成立．

证明 ① 由 9.3(1)④知

$$PB = \dfrac{c}{b} \cdot 2R\sin\alpha, \quad PA = \dfrac{b}{a} \cdot 2R\sin\alpha, \quad PC = \dfrac{a}{c} \cdot 2R\sin\alpha.$$

在 $\triangle APB$ 中，由正弦定理得

$$\frac{PA}{\sin(B-\alpha)} = \frac{PB}{\sin\alpha}, \qquad ①$$

所以

$$\sin(B-\alpha) = \frac{PA\sin\alpha}{PB} = \frac{\dfrac{b}{a}\cdot 2R\sin\alpha\sin\alpha}{\dfrac{c}{b}\cdot 2R\sin\alpha} = \frac{b^2}{ac}\sin\alpha.$$

又 a,b,c 成等差数列,所以 $2b=a+c$,则有

$$\sin(B-\alpha) = \frac{b^2}{ac}\sin\alpha \geqslant \frac{b^2}{\left(\dfrac{a+c}{2}\right)^2}\sin\alpha = \sin\alpha,$$

即 $\sin(B-\alpha)\geqslant\sin\alpha$,等号当且仅当 $a=b=c$ 时成立.①证毕.

② 由式①知 $\dfrac{PA}{PB} = \dfrac{\sin(B-\alpha)}{\sin\alpha}$,所以当 $2b=a+c$ 时,由①知 $\sin(B-\alpha)\geqslant\sin$ α,则 $PA\geqslant PB$;反之,$PA\geqslant PB\Rightarrow\sin(B-\alpha)\geqslant\sin\alpha$.即当 $2b=a+c$ 时,$PA\geqslant PB$ $\Leftrightarrow\sin(B-\alpha)\geqslant\sin\alpha$.证毕.

一方面,由余弦定理得

$$\cos B = \frac{a^2+c^2-b^2}{2ac} = \frac{a^2+c^2-\left(\dfrac{a+c}{2}\right)^2}{2ac} = \frac{\dfrac{3}{4}(a^2+c^2)-\dfrac{1}{2}ac}{2ac}$$

$$\geqslant \frac{\dfrac{3}{4}\cdot 2ac-\dfrac{1}{2}ac}{2ac} = \frac{1}{2},$$

由此得 $0<B\leqslant\dfrac{\pi}{3}$.

③ 另一方面,由②,当 $2b=a+c$ 时,$0<B\leqslant\dfrac{\pi}{3}$,

$$\sin(B-\alpha)\geqslant\sin\alpha \quad\Leftrightarrow\quad B-\alpha\geqslant\alpha \quad\Leftrightarrow\quad B\geqslant 2\alpha,$$

等号当且仅当 $a=b=c$ 时成立.

综合得 $2\alpha\leqslant B\leqslant\dfrac{\pi}{3}$.③证毕.

我们知道,当 $\triangle ABC$ 的三边 a,b,c 成等差数列时,有 $0<B\leqslant\dfrac{\pi}{3}$.上述③表明,$B$ 还满足 2α $\leqslant B\leqslant\dfrac{\pi}{3}$,确定了 B 的下界,这是一个有意思的界定.

下面讨论三边成等差数列的三角形的负勃罗卡点 Q 的性质.下面的讨论类似于正勃罗卡点讨论的方法,如图 10.2(3) 所示.

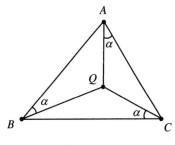

图 10.2(3)

由 9.3(10)②知

$$QA = \frac{c}{a} \cdot 2R\sin\alpha, \quad QB = \frac{a}{b} \cdot 2R\sin\alpha, \quad QC = \frac{b}{c} \cdot 2R\sin\alpha,$$

所以 $\dfrac{QC}{QB} = \dfrac{b^2}{ac}$;

又在 $\triangle QBC$ 中,$\dfrac{QC}{\sin(B-\alpha)} = \dfrac{QB}{\sin\alpha}$,即 $\dfrac{QC}{QB} = \dfrac{\sin(B-\alpha)}{\sin\alpha}$,由此得到

$$\frac{\sin(B-\alpha)}{\sin\alpha} = \frac{b^2}{ac} = \frac{\left(\dfrac{a+c}{2}\right)^2}{ac} \geqslant 1 \Rightarrow \sin(B-\alpha) \geqslant \sin\alpha \Leftrightarrow B-\alpha \geqslant \alpha,$$

所以 $QC \geqslant QB$,且 $B-\alpha \geqslant \alpha \Leftrightarrow B \geqslant 2\alpha$.

另一方面,当 $2b = a+c$ 时,由(5)③的证明过程知 $0 < B \leqslant \dfrac{\pi}{3}$.

综合得 $2\alpha \leqslant B \leqslant \dfrac{\pi}{3}$.

到此为止,我们已经证得下列结论:

> (6) 设 Q 是 $\triangle ABC$ 的负勃罗卡点,α 是勃罗卡角,a,b,c 成等差数列,则
>
> ① $\sin(B-\alpha) \geqslant \sin\alpha$;
>
> ② $QC \geqslant QB \Leftrightarrow \sin(B-\alpha) \geqslant \sin\alpha$;
>
> ③ $2\alpha \leqslant B \leqslant \dfrac{\pi}{3}$.
>
> 上述不等式中,等号当且仅当 $\triangle ABC$ 是正三角形时成立.

下面的结论表明了勃罗卡点到三个顶点距离的关系:

> (7) 在 $\triangle ABC$ 中,α 是勃罗卡角,P 是正勃罗卡点,Q 是负勃罗卡点,则
>
> ① a,b,c 成等差数列 $\Leftrightarrow \dfrac{2PC}{a^2} = \dfrac{PB}{c^2} + \dfrac{PA}{b^2}$;
>
> ② a,b,c 成等差数列 $\Leftrightarrow \dfrac{2QA}{c^2} = \dfrac{QC}{b^2} + \dfrac{QB}{a^2}$.

证明 取 $k = \sqrt{a^2 b^2 + b^2 c^2 + c^2 a^2}$. 由 9.3(2)①知 $a = \dfrac{k \cdot PB}{c^2}$,$b = \dfrac{k \cdot PC}{a^2}$,

$c = \dfrac{k \cdot PA}{b^2}$,代入 $2b = a + c$,得 $\dfrac{2PC}{a^2} = \dfrac{PB}{c^2} + \dfrac{PA}{b^2}$;反之显然也对. 证得①.

由 9.3(11)①知 $QA = \dfrac{bc^2}{k}$,$QB = \dfrac{ca^2}{k}$,$QC = \dfrac{ab^2}{k}$,所以 $b = \dfrac{k \cdot QA}{c^2}$,$c =$

$\dfrac{k \cdot QB}{a^2}$,$a = \dfrac{k \cdot QC}{b^2}$. 因为 $2b = a + c$,所以证得②.

如果 $\triangle ABC$ 的三边为 a，b，c，且 a^2，b^2，c^2 成等差数列，那么我们有以下结论：

> (8) 在 $\triangle ABC$ 中，α 为正勃罗卡角，则
>
> a^2，b^2，c^2 成等差数列　$\Leftrightarrow$　$\cot A$，$\cot B$，$\cot C$ 成等差数列
>
> $\Leftrightarrow$　$\cot \alpha = 3\cot B$.

证明　因为

$$\cot A = \frac{\cos A}{\sin A} = \frac{\dfrac{b^2+c^2-a^2}{2bc}}{\dfrac{a}{2R}} = \frac{R}{abc}(b^2+c^2-a^2),$$

同理，可得 $\cot B$，$\cot C$，所以

$$\cot A + \cot C = \frac{R}{abc}(b^2+c^2-a^2) + \frac{R}{abc}(a^2+b^2-c^2) = \frac{2Rb^2}{abc}.$$

而

$$2\cot B = 2 \cdot \frac{R}{abc}(c^2+a^2-b^2) = \frac{2R(c^2+a^2-b^2)}{abc},$$

所以

$$c^2+a^2 = 2b^2 \quad \Leftrightarrow \quad c^2+a^2-b^2 = b^2 \quad \Leftrightarrow \quad \cot A + \cot C = 2\cot B.$$

注意到 9.2(7)，$\cot \alpha = \cot A + \cot B + \cot C$，从而下列等价关系是正确的：

$$a^2，b^2，c^2 \text{ 成等差数列} \quad \Leftrightarrow \quad \cot A，\cot B，\cot C \text{ 成等差数列}$$

$$\Leftrightarrow \quad \cot \alpha = 3\cot B.$$

证毕.

10.3　黄金三角形的勃罗卡点

顶角为 $36°$ 的等腰三角形是非常有趣的三角形，人们把这样的三角形称作"黄金三角形".之所以有这个名称，是因为这个三角形与黄金比 $\dfrac{\sqrt{5}-1}{2}$ 有关系.我们熟知的五角星的一个角所在的三角形，就是一个黄金三角形(图 10.3(1)).

如图 10.3(2)所示，设 BD 为 $\angle ABC$ 的平分线，不难看出 $\triangle BCD \backsim \triangle ABC$，因此 $\dfrac{BC}{CD} = \dfrac{AB}{BC}$.若取 $AB = AC = 1$，$BC = \gamma$，则有 $\dfrac{\gamma}{1-\gamma} = \dfrac{1}{\gamma}$，即 $\gamma^2 + \gamma - 1 = 0$，解得

$$\gamma = \frac{\sqrt{5}-1}{2} = 2\sin 18° \approx 0.618.$$

黄金比 γ 是 $\triangle ABC$ 的底与腰长的比,这个比例表明,$\triangle BCD$ 与 $\triangle ABC$ 的相似比为 $\gamma = \dfrac{\sqrt{5}-1}{2}$.我们称方程 $\gamma^2 + \gamma - 1 = 0$ 的正数解为黄金比.

图 10.3(1)

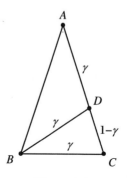

图 10.3(2)

0.618 是非常神秘的数字,符合黄金比例的图形不仅仅有视觉上的美感,而且还暗示了某种"优化"特点.有人称 0.618 是自然界的一个密码.

下面看看黄金三角形的勃罗卡点有什么特性.

由 9.2(2)知,若黄金三角形的勃罗卡角为 α,则

$$\cot \alpha = \cot A + \cot B + \cot C = \cot 36° + 2\cot 72°.$$

---

(1) 黄金 $\triangle ABC$ 的顶角 A 为 36°,勃罗卡角为 α,如图 10.3(3)所示,则

① $\angle APB = \angle BPC = 108°$,$\angle APC = 144°$;

② $\cot \alpha = \cot 36° + 2\cot 72°$.

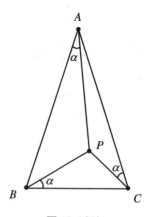

图 10.3(3)

结论(1)②,我们直接应用了 9.2(1),实际上,我们也可以直接求得.如图 10.3 (4)所示,设黄金 $\triangle ABC$ 的顶角 A 为 36°.过点 A,C 作与 AB 切于点 A 的圆 O,再

过点 A 作 BC 的平行线,交圆 O 于点 D,连接 BD 交圆 O 于点 P.不难看到,$\angle PAB$ $= \angle PBC = \angle PCA = \alpha$.过点 D 作 BC 的垂线,交 BC 的延长线于点 K,作 $AL \perp BC$ 于点 L,则 $\angle DCK = \angle CDA = \angle CDP + \angle PDA = \angle BAC$.在 $Rt \triangle BDK$, $Rt \triangle CDK$,$Rt \triangle ACL$ 中,有

$$\cot \alpha = \frac{BK}{KD} = \frac{BL + LC + CK}{KD} = \frac{BL}{KD} + \frac{LC}{KD} + \frac{CK}{KD}$$

$$= \cot B + \cot C + \cot A$$

$$= \cot 36° + 2\cot 72°.$$

这个勃罗卡角的大小大约是 $26.27°$.

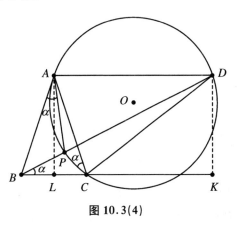

图 10.3(4)

下面研究 PA,PB,PC 的关系,这里读者可以由 $9.3(2)$① 写出 PA,PB,PC 的表达式,并利用 $b = c$ 化简.比如,可以求得 $PA = \dfrac{b}{\sqrt{2a^2 + b^2}}$ 等等.这里略去其他几个相应结论.实际上,我们可以更加简洁地得到三者关系.

如图 $10.3(3)$ 所示,由 (1)① 知 $\angle APB = \angle BPC = 108°$,所以 $\triangle PAB \backsim \triangle PBC$,因此 $\dfrac{PB}{PC} = \dfrac{PA}{PB}$,即 $PB^2 = PA \cdot PC$,这是我们得到的第一个结论;

如图 $10.3(4)$ 所示,因为 $AD \parallel BK$,所以 $\angle DCK = \angle CDA = \angle BAC$,于是 $\angle DCA = \angle ABC$,从而 $\angle DAC = \angle BCA = \angle ABC$($CA$ 是 $\angle BCD$ 的平分线),所以 $\triangle ABC \backsim \triangle DAC$,则 $\dfrac{BC}{AC} = \dfrac{AC}{DA}$,即

$$AC^2 = DA \cdot BC. \tag{①}$$

易见 $\triangle BCD \backsim \triangle CPA$,所以

$$\frac{BC}{PC} = \frac{DC}{PA}. \tag{②}$$

因为 $DC = DA$,所以由式①、式②得 $\dfrac{AC^2}{BC^2} = \dfrac{PA}{PC}$.

于是我们得到下面的结论:

(2) 黄金△ABC 的顶角 A 为 $36°$,P 为正勃罗卡点(图 10.3(3)),则

① $PB^2 = PA \cdot PC$;

② $\dfrac{PA}{PC} = \dfrac{AC^2}{BC^2}$.

因为 $\dfrac{BC}{AC} = \dfrac{\sqrt{5}-1}{2}$,所以 $\left(\dfrac{AC}{BC}\right)^2 = \left(\dfrac{2}{\sqrt{5}-1}\right)^2 = \dfrac{3+\sqrt{5}}{2}$,于是上述②也可以写成

$PA = \dfrac{3+\sqrt{5}}{2} PC$.

下面给出 PA,PB,PC 的长度比,以及点 P 分△ABC 的三个小三角形,即 △PAB,△PBC,△PCA 的面积比.

由(2)②知 $PA = \dfrac{AC^2}{BC^2} \cdot PC$,则 $PB^2 = PA \cdot PC = \dfrac{AC^2}{BC^2} \cdot PC^2$,即 $PB = \dfrac{AC}{BC} \cdot PC$,所以

$$PA : PB : PC = \left(\dfrac{AC^2}{BC^2} \cdot PC\right) : \left(\dfrac{AC}{BC} \cdot PC\right) : PC = AC^2 : (AC \cdot BC) : BC^2.$$

进一步地,因为 $\sin 18° = \dfrac{\dfrac{BC}{2}}{AC}$,所以 $\dfrac{AC}{BC} = \dfrac{1}{2\sin 18°}$,代入上式,得

$$PA : PB : PC = 1 : 2\sin 18° : 4\sin^2 18°.$$

记 $\triangle_1, \triangle_2, \triangle_3$ 分别是△PAB,△PBC,△PCA 的面积,则

$$\triangle_1 = \dfrac{1}{2} PA \cdot AB\sin\alpha, \quad \triangle_2 = \dfrac{1}{2} PB \cdot BC\sin\alpha, \quad \triangle_3 = \dfrac{1}{2} PC \cdot CA\sin\alpha.$$

所以

$$\triangle_1 : \triangle_2 : \triangle_3 = (PA \cdot AB) : (PB \cdot BC) : (PC \cdot CA)$$

$$= \left(PA \cdot \dfrac{AB}{BC}\right) : PB : \left(PC \cdot \dfrac{CA}{BC}\right)$$

$$= \left(1 \cdot \dfrac{1}{2\sin 18°}\right) : 2\sin 18° : \left(4\sin^2 18° \cdot \dfrac{1}{2\sin 18°}\right)$$

$$= 1 : 4\sin^2 18° : 4\sin^2 18°.$$

至此,我们证明了以下结论:

(3) 黄金△ABC 的顶角 A 为 $36°$(图 10.3(3)),P 为正勃罗卡点,$\triangle_1, \triangle_2,$ $\triangle_3$ 分别是△PAB,△PBC,△PCA 的面积,则

① $PA : PB : PC = AC^2 : (AC \cdot BC) : BC^2$;

② $PA : PB : PC = 1 : 2\sin 18° : 4\sin^2 18°$;

③ $\triangle_1 : \triangle_2 : \triangle_3 = 1 : 4\sin^2 18° : 4\sin^2 18°$.

对于黄金三角形的负勃罗卡点 Q(图 10.3(5)),我们采用与正勃罗卡点不同的方法,用结论 9.3(10)①和结论 9.3(11)①可以证明如下结论,这里略去详细证明过程,留给读者思考.

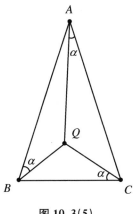

图 10.3(5)

> (4) 黄金 $\triangle ABC$ 的负勃罗卡点为 Q(图 10.3(5)),勃罗卡角为 α,则
>
> ① $\angle AQB = 144^\circ$, $\angle BQC = \angle CQA = 108^\circ$;
>
> ② $\cot \alpha = \cot 36^\circ + 2\cot 72^\circ$.

利用 1.6(5)(奔驰定理)知,对于任意 $\triangle ABC$ 的正勃罗卡点 P,有 $\triangle_1 \overrightarrow{PA} + \triangle_2 \overrightarrow{PB} + \triangle_3 \overrightarrow{PC} = \mathbf{0}$(其中 $\triangle_1, \triangle_2, \triangle_3$ 分别是 $\triangle PBC, \triangle PCA, \triangle PAB$ 的面积).

另一方面,因为 $\angle APB = \pi - B$, $\angle BPC = \pi - C$, $\angle CPA = \pi - A$,所以

$$\triangle_1 : \triangle_2 : \triangle_3 = \left(\frac{1}{2} PB \cdot PC \sin C\right) : \left(\frac{1}{2} PC \cdot PA \sin A\right) : \left(\frac{1}{2} PA \cdot PB \sin B\right)$$

$$= (PC \cdot PB \cdot c) : (PA \cdot PC \cdot a) : (PB \cdot PA \cdot b)$$

$$= \frac{c}{PA} : \frac{a}{PB} : \frac{b}{PC}. \tag{③}$$

再由 9.3(2)①知 $PA = \dfrac{b^2 c}{\sqrt{k}}$, $PB = \dfrac{c^2 a}{\sqrt{k}}$, $PC = \dfrac{a^2 b}{\sqrt{k}}$,代入式③,得

$$\triangle_1 : \triangle_2 : \triangle_3 = \frac{1}{b^2} : \frac{1}{c^2} : \frac{1}{a^2} = c^2 a^2 : a^2 b^2 : b^2 c^2.$$

由此得到,对于任意 $\triangle ABC$,当点 P 是 $\triangle ABC$ 的勃罗卡点时,

$$c^2 a^2 \overrightarrow{PA} + a^2 b^2 \overrightarrow{PB} + b^2 c^2 \overrightarrow{PC} = \mathbf{0}. \tag{④}$$

若 P 是黄金 $\triangle ABC$(顶点为 A)的勃罗卡点(图 10.3(6)),因为 $b = c$,所以上式变为

$$a^2 \overrightarrow{PA} + a^2 \overrightarrow{PB} + c^2 \overrightarrow{PC} = \mathbf{0}.$$

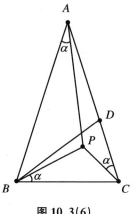

图 10.3(6)

另一方面,若点 P' 满足

$$c^2 a^2 \overrightarrow{P'A} + a^2 b^2 \overrightarrow{P'B} + b^2 c^2 \overrightarrow{P'C} = \mathbf{0}, \qquad ⑤$$

④ - ⑤,得

$$c^2 a^2 (\overrightarrow{PA} - \overrightarrow{P'A}) + a^2 b^2 (\overrightarrow{PB} - \overrightarrow{P'B}) + b^2 c^2 (\overrightarrow{PC} - \overrightarrow{P'C}) = \mathbf{0},$$

即 $c^2 a^2 \overrightarrow{PP'} + a^2 b^2 \overrightarrow{PP'} + b^2 c^2 \overrightarrow{PP'} = \mathbf{0}$,亦即 $\overrightarrow{PP'} = \mathbf{0}$,所以点 P 与 P' 重合. 这就证明了点 P 是 $\triangle ABC$ 的正勃罗卡点的充要条件是

$$c^2 a^2 \overrightarrow{PA} + a^2 b^2 \overrightarrow{PB} + b^2 c^2 \overrightarrow{PC} = \mathbf{0}.$$

同理可证,点 Q 是 $\triangle ABC$ 的负勃罗卡点的充要条件是

$$a^2 b^2 \overrightarrow{QA} + b^2 c^2 \overrightarrow{QB} + c^2 a^2 \overrightarrow{QC} = \mathbf{0}.$$

当 $\triangle ABC$ 是黄金三角形(A 为顶角)时,点 Q 是 $\triangle ABC$ 的负勃罗卡点的充要条件是

$$a^2 \overrightarrow{QA} + c^2 \overrightarrow{QB} + a^2 \overrightarrow{QC} = \mathbf{0}.$$

实际上已经得到下列结论:

> (5) 在 $\triangle ABC$ 中,有
>
> ① 点 P 是 $\triangle ABC$ 的正勃罗卡点 $\Leftrightarrow c^2 a^2 \overrightarrow{PA} + a^2 b^2 \overrightarrow{PB} + b^2 c^2 \overrightarrow{PC} = \mathbf{0}$;
>
> ② 点 Q 是 $\triangle ABC$ 的负勃罗卡点 $\Leftrightarrow a^2 b^2 \overrightarrow{QA} + b^2 c^2 \overrightarrow{QB} + c^2 a^2 \overrightarrow{QC} = \mathbf{0}$;
>
> ③ 若 $\triangle ABC$ 是黄金三角形,A 为顶角,则点 P 为正勃罗卡点 $\Leftrightarrow a^2 \overrightarrow{PA} + a^2 \overrightarrow{PB} + c^2 \overrightarrow{PC} = \mathbf{0}$;
>
> ④ 若 $\triangle ABC$ 是黄金三角形,A 为顶角,则点 Q 为负勃罗卡点 $\Leftrightarrow a^2 \overrightarrow{QA} + c^2 \overrightarrow{QB} + a^2 \overrightarrow{QC} = \mathbf{0}$.

注意,当 P 为黄金三角的正勃罗卡点时,有 $a^2 (\overrightarrow{PA} + \overrightarrow{PB}) + c^2 \overrightarrow{PC} = \mathbf{0}$,此表明,若以 PA, PB 为邻边的平行四边形为 $PAC'B$,则 C', P, C 三点共线.

　　凭直觉可知,对于正、负勃罗卡点 P,Q,PQ 应该与 BC 是平行的,这是可以证明的.事实上,设 P,Q 分别是黄金 $\triangle ABC$(A 是顶角)的正、负勃罗卡点(图 10.3(7)),则上述的(5)③④同时成立,两式相减,得

$$a^2(\overrightarrow{PA}-\overrightarrow{QA})+a^2(\overrightarrow{PB}-\overrightarrow{QC})+c^2(\overrightarrow{PC}-\overrightarrow{QB})=\mathbf{0},$$

即

$$a^2\overrightarrow{PQ}+a^2(\overrightarrow{PQ}+\overrightarrow{QB}-\overrightarrow{QC})+c^2(\overrightarrow{PQ}+\overrightarrow{QC}-\overrightarrow{QB})=\mathbf{0}$$

$$\Rightarrow\quad(2a^2+c^2)\overrightarrow{PQ}+(c^2-a^2)\overrightarrow{BC}=\mathbf{0}.$$

由此得到 $PQ /\!/ BC$,且 $PQ=\dfrac{a(c^2-a^2)}{2a^2+c^2}$.

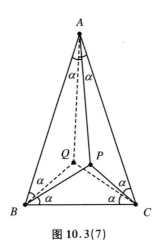

图 10.3(7)

　　由于 $\dfrac{a}{c}=\gamma$($\gamma>0$ 且 $\gamma^2+\gamma-1=0$),故不难看出,$PQ=\dfrac{1-\gamma^2}{2\gamma^2+1}a=\dfrac{\gamma}{2\gamma^2+1}a$.

于是得到黄金 $\triangle ABC$(A 为顶点)的正、负勃罗卡点的一个性质:

　　(6) 黄金 $\triangle ABC$(A 为顶点)的正、负勃罗卡点分别为 P,Q,则

　　① $PQ /\!/ BC$;

　　② $PQ=\dfrac{a(c^2-a^2)}{2a^2+c^2}=\dfrac{\gamma a}{2\gamma^2+1}$(其中 γ 是黄金分割比).

　　上述①的证明过程表明,当 $b=c$,即 $\triangle ABC$ 是等腰三角形时,有 $PQ /\!/ BC$,这个结论的逆命题是:当 $PQ /\!/ BC$ 时,$\triangle ABC$ 是等腰三角形.这个结论对任意 $\triangle ABC$ 是正确的.有如下结论:

　　(7) 任意 $\triangle ABC$ 的正、负勃罗卡点的连线平行于 $\triangle ABC$ 的一条边 $\Leftrightarrow$ 三角形是等腰三角形.

证明 我们只证明 $PQ /\!/ BC$ 时，$AB = AC$.

对于平面中的任意点 O，取 $k = a^2 b^2 + b^2 c^2 + c^2 a^2$，我们将 (5)①② 分别写成奔驰定理的形式：

$$\overrightarrow{OP} = \frac{c^2 a^2}{k} \overrightarrow{OA} + \frac{a^2 b^2}{k} \overrightarrow{OB} + \frac{b^2 c^2}{k} \overrightarrow{OC},$$

$$\overrightarrow{OQ} = \frac{a^2 b^2}{k} \overrightarrow{OA} + \frac{b^2 c^2}{k} \overrightarrow{OB} + \frac{c^2 a^2}{k} \overrightarrow{OC},$$

两式相减，得

$$\overrightarrow{PQ} = \frac{a^2 b^2 - c^2 a^2}{k} \overrightarrow{OA} + \frac{b^2 c^2 - a^2 b^2}{k} \overrightarrow{OB} + \frac{c^2 a^2 - b^2 c^2}{k} \overrightarrow{OC}.$$

下面证明，存在 $x \in \mathbf{R}$ 使得下列式子成立：

$$\overrightarrow{PQ} /\!/ \overrightarrow{BC} \quad \Leftrightarrow \quad \overrightarrow{PQ} = x \overrightarrow{BC}$$

$$\Leftrightarrow \quad \frac{a^2 b^2 - c^2 a^2}{k} \overrightarrow{OA} + \frac{b^2 c^2 - a^2 b^2}{k} \overrightarrow{OB} + \frac{c^2 a^2 - b^2 c^2}{k} \overrightarrow{OC}$$

$$= x(\overrightarrow{OC} - \overrightarrow{OB})$$

$$\Leftrightarrow \quad \frac{a^2 b^2 - c^2 a^2}{k} \overrightarrow{OA} + \left(\frac{b^2 c^2 - a^2 b^2}{k} + x \right) \overrightarrow{OB}$$

$$+ \left(\frac{c^2 a^2 - b^2 c^2}{k} - x \right) \overrightarrow{OC} = \mathbf{0}.$$

由于点 O 的任意性，取点 O 为点 B；则

$$\frac{a^2 b^2 - c^2 a^2}{k} \overrightarrow{OA} + \left(\frac{c^2 a^2 - b^2 c^2}{k} - x \right) \overrightarrow{OC} = \mathbf{0}.$$

因为 $\overrightarrow{OB}, \overrightarrow{OC}$ 不共线，所以 $\dfrac{a^2 b^2 - c^2 a^2}{k} = 0$ 且 $\dfrac{c^2 a^2 - b^2 c^2}{k} - x = 0$，则 $b = c$ 且 $x = \dfrac{c^2 a^2 - b^2 c^2}{k}$. 这就证明了结论 (7).

读者也可以尝试利用其他方法证明上述 (7).

如图 10.3(8) 所示，对于黄金 $\triangle ABC$（A 为顶角），作底角 B 的角平分线 BD，则 $\triangle BCD$ 也是黄金三角形；同样得到 $\triangle DEF$，$\triangle EFG$，$\cdots$，它们都是黄金三角形，如此下去，就得到一连串的黄金三角形，它们一个套一个，这就产生了两个问题：第一，每个黄金三角形的正勃罗卡点是不是一样的？第二，黄金三角形套最后套出的是不是正勃罗卡点？显然，只要解决了第一个问题，第二个问题就解决了.

为此，我们只要证明图 10.3(9) 中 $\triangle ABC$，$\triangle BCD$（注意第一个字母是顶点，字母顺序按逆时针方向排列）有相同的正勃罗卡点.

如图 10.3(10) 所示，在黄金 $\triangle ABC$（A 为顶角）中，过 A，B 作与 BC 切于点 B 的圆 O，交 AC 于点 D. 在圆 O 上的 $\overset{\frown}{BD}$ 上取点 P，使得 $\angle PBC = \angle PCA = \alpha$，则 $\angle PAB = \alpha$，即点 P 是 $\triangle ABC$ 的正勃罗卡点.

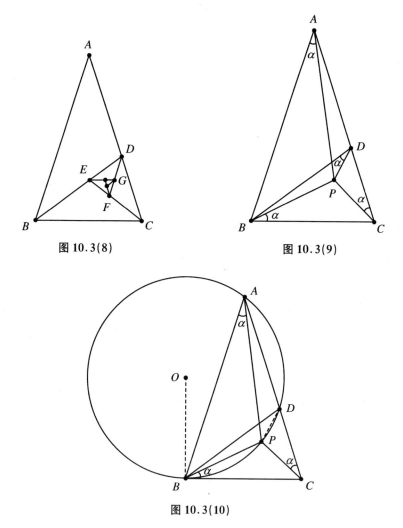

图 10.3(8)

图 10.3(9)

图 10.3(10)

另一方面,对于上述确定的点 P,在黄金 $\triangle BCD$ 中,显然有 $\angle PDB = \alpha$,于是在黄金 $\triangle BCD$ 内,存在点 P 满足 $\angle PBC = \angle PCD = \angle PDB = \alpha$,即点 P 也是 $\triangle BCD$ 的正勃罗卡点.

于是得到下列结论:

> (8) 对于黄金 $\triangle ABC$(A 为顶角),作底角 B 的角平分线 BD,则 $\triangle BCD$ 也是黄金三角形;同样得到 $\triangle DEF$,$\triangle EFG$,$\cdots$,它们都是黄金三角形,如此下去,就得到一连串的黄金三角形,它们一个套一个,这些黄金三角形都有相同的正勃罗卡点和相同大小的勃罗卡角.

结论(8)的上述证明看起来很简单.利用(5)③也可以证明这个结论,但过程稍微复杂一些.事实上,如图 10.3(9)所示,由(5)③知,若点 P 是黄金 $\triangle ABC$(A 为顶角)的正勃罗卡点,则有 $a^2\overrightarrow{PA}+a^2\overrightarrow{PB}+c^2\overrightarrow{PC}=\mathbf{0}$. 由于 $a=\gamma c\left(\gamma=\dfrac{\sqrt{5}-1}{2},\gamma^2+\gamma-1=0\right)$,则

$$\gamma^2\overrightarrow{PA}+\gamma^2\overrightarrow{PB}+\overrightarrow{PC}=\mathbf{0}. \tag{⑥}$$

另一方面,设黄金 $\triangle BCD$(顶角为 $\angle CBD$)的正勃罗卡点为 P',利用(5)③得

$$CD^2\overrightarrow{P'B}+CD^2\overrightarrow{P'C}+BD^2\overrightarrow{P'D}=\mathbf{0}.$$

因为 $BD=\dfrac{CD}{\gamma}$,所以代入化简得

$$\gamma^2\overrightarrow{P'B}+\gamma^2\overrightarrow{P'C}+\overrightarrow{P'D}=\mathbf{0}, \tag{⑦}$$

⑦$-$⑥,得

$$\gamma^2(\overrightarrow{P'B}-\overrightarrow{PA})+\gamma^2(\overrightarrow{P'C}-\overrightarrow{PB})+\overrightarrow{P'D}-\overrightarrow{PC}=\mathbf{0}$$

$$\Rightarrow\quad \gamma^2(\overrightarrow{P'P}+\overrightarrow{PB}-\overrightarrow{PA})+\gamma^2(\overrightarrow{P'P}+\overrightarrow{PC}-\overrightarrow{PB})+\overrightarrow{P'P}+\overrightarrow{PD}-\overrightarrow{PC}=\mathbf{0}$$

$$\Rightarrow\quad (2\gamma^2+1)\overrightarrow{P'P}+\gamma^2(\overrightarrow{AB}+\overrightarrow{BC})+\overrightarrow{CD}=\mathbf{0}$$

$$\Rightarrow\quad (2\gamma^2+1)\overrightarrow{P'P}+(1-\gamma)\overrightarrow{AC}+\overrightarrow{CD}=\mathbf{0}.$$

因为 $CD=\gamma BC=\gamma\cdot\gamma\cdot AC=\gamma^2 AC$,即 $\overrightarrow{CD}=-\gamma^2\overrightarrow{AC}$,所以

$$(2\gamma^2+1)\overrightarrow{P'P}+[(1-\gamma)-\gamma^2]\overrightarrow{AC}=\mathbf{0}.$$

因为 $\gamma^2+\gamma-1=0$,所以 $\overrightarrow{PP'}=\mathbf{0}$,即点 P' 与 P 重合. 这就证明了 $\triangle ABC$ 与 $\triangle BCD$ 的勃罗卡点相同.

第 11 章　勃罗卡点相关问题

11.1　勃罗卡点的垂足三角形与两个勃罗卡点

这一节我们研究与三角形的勃罗卡点相关的三角形. 如图 11.1(1) 所示, 点 P 是 $\triangle ABC$ 的正勃罗卡点, 分别延长 AP, BP, CP 交 $\triangle ABC$ 的外接圆于点 B_1, C_1, A_1, 交 $\triangle ABC$ 的边于点 D, E, F. 由此产生的线段 PA, PB, PC 叫**勃罗卡线**, 相关的问题我们在前面已经有研究, 相应的 PD, PE, PF 以及 BD, CE, AF 等线段长度问题也都已解决, 读者可以回读了解.

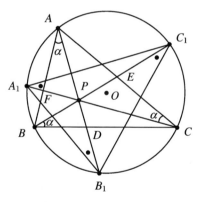

图 11.1(1)

现在的问题是: 图 11.1(1) 中的 $\triangle ABC$, $\triangle A_1B_1C_1$, 它们内接于同一个外接圆, 它们之间有什么关系? AA_1, BB_1, CC_1 的长度之间有什么关系?

首先证明以下结论:

> (1) 如图 11.1(1) 所示, 点 P 是 $\triangle ABC$ 的正勃罗卡点, 分别延长 AP, BP, CP 交 $\triangle ABC$ 的外接圆于点 B_1, C_1, A_1, 得到 $\triangle A_1B_1C_1$, 则 $\triangle ABC \cong \triangle A_1B_1C_1$, 且点 P 是 $\triangle A_1B_1C_1$ 的负勃罗卡点.

证明 因为点 P 是 $\triangle ABC$ 的正勃罗卡点,所以由图 11.1(1)立刻看出,点 P 是 $\triangle A_1B_1C_1$ 的负勃罗卡点.下面证明 $\triangle ABC \cong \triangle A_1B_1C_1$.

三个 α 所对的弧长相等,即 $\overparen{BB_1} = \overparen{CC_1} = \overparen{AA_1}$,从而 $\overparen{A_1AC_1} = \overparen{AC_1C}$,$AC = A_1C_1$.同理,$BC = B_1C_1$,$AB = A_1B_1$,所以 $\triangle ABC \cong \triangle A_1B_1C_1$.

连接图 11.1(1)中两个三角形的顶点,得到图 11.1(2).在图 11.1(2)中还有其他相似三角形.考察 $\triangle ABC$ 与 $\triangle PA_1A$,易见 $\angle PA_1A = \angle ABC$,$\angle PAA_1 = \angle BCA$,所以 $\triangle PA_1A \backsim \triangle ABC$.

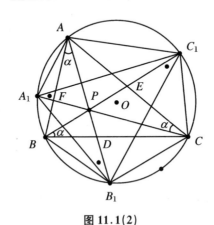

图 11.1(2)

类似地,可以证明,以点 P 为顶点,以六边形 $AA_1BB_1CC_1$ 的边为底,所形成的三角形都与 $\triangle ABC$ 相似.比如,$\triangle PA_1A \backsim \triangle ABC$,$\triangle PA_1B \backsim \triangle ABC$,$\triangle BPB_1 \backsim \triangle ABC$,$\triangle PB_1C \backsim \triangle ABC$,$\triangle C_1CP \backsim \triangle ABC$,$\triangle APC_1 \backsim \triangle ABC$.

于是得到如下结论:

> (2) 设点 P 是 $\triangle ABC$ 的正勃罗卡点,如图 11.1(2)所示,则以点 P 为公共顶点,以六边形 $AA_1BB_1CC_1$ 的边为底的每个三角形都相似:$\triangle PA_1A \backsim \triangle ABC$,$\triangle PA_1B \backsim \triangle ABC$,$\triangle BPB_1 \backsim \triangle ABC$,$\triangle PB_1C \backsim \triangle ABC$,$\triangle C_1CP \backsim \triangle ABC$,$\triangle APC_1 \backsim \triangle ABC$.

考察 AB_1 度量.因为 $\triangle PA_1A \backsim \triangle BPB_1$,$\dfrac{PA}{BB_1} = \dfrac{AA_1}{PB_1}$,所以

$$PA \cdot PB_1 = AA_1 \cdot BB_1 = AA_1^2 = (2R\sin\alpha)^2.$$

又由相交弦定理,$PB \cdot PC_1 = PC \cdot PA_1$,综合得

$$PA \cdot PB_1 = PB \cdot PC_1 = PC \cdot PA_1 = 4R^2\sin^2\alpha.$$

又由 9.3(1)①知 $PA = \dfrac{b\sin\alpha}{\sin A} = \dfrac{2Rb\sin\alpha}{a}$,结合 $PA \cdot PB_1 = 4R^2\sin^2\alpha$,得 $PB_1 = \dfrac{2Ra\sin\alpha}{b}$,因此

$$AB_1 = \frac{2Rb\sin\alpha}{a} + \frac{2Ra\sin\alpha}{b} = \frac{a^2+b^2}{ab} \cdot 2R\sin\alpha.$$

同理得 BC_1, CA_1.

于是得到下列结论:

> （3）设点 P 是 $\triangle ABC$ 的正勃罗卡点，如图 11.1(2) 所示，$\triangle ABC$ 的外接圆半径为 R，勃罗卡角为 α，则
>
> ① $PA \cdot PB_1 = PB \cdot PC_1 = PC \cdot PA_1 = 4R^2\sin^2\alpha$;
>
> ② $AB_1 = \dfrac{a^2+b^2}{ab} \cdot 2R\sin\alpha, BC_1 = \dfrac{b^2+c^2}{bc} \cdot 2R\sin\alpha, CA_1 = \dfrac{c^2+a^2}{ca} \cdot 2R\sin\alpha.$

易见（3）中，$AA_1 = BB_1 = CC_1 = 2R\sin\alpha$，而（3）① 可写成 $PA \cdot PB_1 = AA_1^2$，等等.

下面考虑三角形正、负勃罗卡点的距离计算.

由（1）知 $\triangle ABC$ 的正勃罗卡点 P 是 $\triangle A_1B_1C_1$ 的负勃罗卡点，而 $\triangle ABC$ 的负勃罗卡点 Q 是 $\triangle A_1B_1C_1$ 的正勃罗卡点，如图 11.1(3) 所示. 因为 $\triangle ABC \cong \triangle A_1B_1C_1$，它们有公共的外接圆，所以可以看成将 $\triangle ABC$ 按逆时针旋转 $\angle APA_1$ 后得到 $\triangle A_1B_1C_1$，显然 $\angle APA_1 = 2\angle A_1CA = 2\alpha$. 故 $\triangle ABC$ 的外心 O、正勃罗卡点 P、负勃罗卡点 Q 构成的 $\triangle OPQ$ 是一个等腰三角形，$OP = OQ$，且 $\angle POQ = 2\alpha$，其中 α 为勃罗卡角.

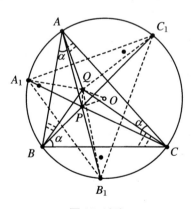

图 11.1(3)

过点 P, O 作直线，延长可得圆 O 的一条弦，由相交弦定理得 $AP \cdot PB_1 = (R + OP)(R - OP)$，由（3）① 知 $PA \cdot PB_1 = 4R^2\sin^2\alpha$，所以

$$OP^2 = R^2(1 - 4\sin^2\alpha).$$

又在等腰 $\triangle OPQ$ 中，由于顶角 $\angle POQ = 2\alpha$，因此易得 $PQ = 2R\sqrt{1-4\sin^2\alpha} \cdot \sin\alpha$. 这就证明了下列结论:

(4) 设 $\triangle ABC$ 的外接圆半径为 R，勃罗卡角为 α，其正、负勃罗卡点分别为 P,Q,O 为外心，则

① $OP^2 = R^2(1 - 4\sin^2\alpha) = OQ^2 = \dfrac{abc\sqrt{(a-b)^2 + (b-c)^2 + (c-a)^2}}{\sqrt{2}(a^2b^2 + b^2c^2 + c^2a^2)}$；

② $PQ = 2R\sin\alpha\sqrt{1 - 4\sin^2\alpha}$.

注意，因为 $AA_1 = 2R\sin\alpha$，所以上述 (4)① 也可写成 $OP^2 + AA_1^2 = OP^2 + BB_1^2 = OP^2 + CC_1^2 = R^2$.

上述 (4)② 是一个非常有趣的结论，其证明用到了一个辅助 $\triangle A_1B_1C_1$，通过图形的旋转得到了一个简洁的证明. 为方便理解，我们再用下列方法给出证明.

回到图 11.1(3)，我们考察 $\triangle APQ$，其中 PA, QA 前面已经有结论，而 $\angle PAQ = A - 2\alpha$，于是可以考虑用余弦定理求 PQ.

由 9.3(1)④ 知 $PA = \dfrac{b}{a} \cdot 2R\sin\alpha$，由 9.3(10)② 知 $QA = \dfrac{c}{a} \cdot 2R\sin\alpha$.

在 $\triangle APQ$ 中，由余弦定理得 $PQ^2 = PA^2 + QA^2 - 2PA \cdot QA\cos(A - 2\alpha)$，将上式中的 PA, QA 代入，化简得

$$PQ^2 = \frac{\sin^2\alpha}{\sin^2 A}\left[b^2 + c^2 - 2bc\cos(A - 2\alpha)\right]$$

$$= \frac{\sin^2\alpha}{\sin^2 A}\left[a^2 - 4bc\sin(A - \alpha)\sin\alpha\right].$$

由 9.2(6) 知 $\dfrac{\sin(A - \alpha)}{\sin\alpha} = \dfrac{\sin^2 A}{\sin B\sin C} = \dfrac{a\sin A}{b\sin C}$，所以 $\sin(A - \alpha)\sin\alpha = \dfrac{a\sin A}{b\sin C} \cdot \sin^2\alpha$，代入得

$$PQ^2 = \frac{\sin^2\alpha}{\sin^2 A}\left(a^2 - \frac{4ac\sin A\sin^2\alpha}{\sin C}\right) = 4R^2\sin^2\alpha(1 - 4\sin^2\alpha).$$

证毕.

PQ 也可以化成边的形式. 事实上，由于

$$c^2 = 4R^2\sin^2 C = 4R^2\left[1 - \left(\frac{a^2 + b^2 - c^2}{2ab}\right)^2\right],$$

因此

$$R = \frac{abc}{\sqrt{4a^2b^2 - (a^2 + b^2 - c^2)^2}},$$

$$\sin^2\alpha = \frac{4\Delta^2}{a^2b^2 + b^2c^2 + c^2a^2} = \frac{4 \cdot \left(\dfrac{abc}{4R}\right)^2}{a^2b^2 + b^2c^2 + c^2a^2}$$

$$= \frac{1}{4R^2} \cdot \frac{a^2b^2c^2}{a^2b^2 + b^2c^2 + c^2a^2}.$$

将这些结果代入 $PQ = 2R\sin\alpha\sqrt{1 - 4\sin^2\alpha}$ 中，化简可得

$$PQ = \frac{abc\ \sqrt{(a-b)^2 + (b-c)^2 + (c-a)^2}}{\sqrt{2}(a^2b^2 + b^2c^2 + c^2a^2)}.$$

有了(4)之后,还可以证得下列结论:

> (5) 设△ABC 的外接圆半径为 R,其正、负勃罗卡点分别为 P,Q,I 为内心,O 为外心,则
>
> ① $PQ \leqslant \dfrac{R}{2}$,等号当且仅当 $\sin\alpha = \dfrac{\sqrt{2}}{4}$ 时成立;
>
> ② $PO \geqslant IO$,等号当且仅当△ABC 是正三角形时成立;
>
> ③ $\sin\alpha \leqslant \sqrt{\dfrac{r}{2R}} \leqslant \dfrac{1}{2}$.

证明 ① $PQ^2 = 4R^2 \cdot \dfrac{1}{4} \cdot [4\sin^2\alpha \cdot (1 - 4\sin^2\alpha)] \leqslant \dfrac{R^2}{4}$,即 $PQ \leqslant \dfrac{R}{2}$,显然,

等号当且仅当 $\sin\alpha = \dfrac{\sqrt{2}}{4}$ 时成立.

② 由 7.1(2)④知 $IO^2 = R^2 - 2Rr$,其中 r 是△ABC 的内切圆半径.

而由 9.2(13)①知 $\sin\alpha = \dfrac{2\Delta}{\sqrt{a^2b^2 + b^2c^2 + c^2a^2}}$,所以

$$\sin^2\alpha = \frac{4\Delta \cdot \Delta}{a^2b^2 + b^2c^2 + c^2a^2} = \frac{4 \cdot \dfrac{abc}{4R} \cdot pr}{a^2b^2 + b^2c^2 + c^2a^2}$$

$$= \frac{r}{2R} \cdot \frac{abc(a+b+c)}{a^2b^2 + b^2c^2 + c^2a^2}.$$

又

$$IO^2 - PO^2 = R^2 - 2Rr - R^2(1 - 4\sin^2\alpha) = 2R(2R\sin^2\alpha - r),$$

而

$2R\sin^2\alpha - r$

$$= \frac{abc(a+b+c) - (a^2b^2 + b^2c^2 + c^2a^2)}{a^2b^2 + b^2c^2 + c^2a^2} \cdot r$$

$$= \frac{\dfrac{1}{2}[(ab + bc + ca)^2 - (a^2b^2 + b^2c^2 + c^2a^2)] - (a^2b^2 + b^2c^2 + c^2a^2)}{a^2b^2 + b^2c^2 + c^2a^2} \cdot r$$

$$= \frac{1}{2} \cdot \frac{(ab + bc + ca)^2 - 3(a^2b^2 + b^2c^2 + c^2a^2)}{a^2b^2 + b^2c^2 + c^2a^2} \cdot r.$$

对于分子,令 $x = ab, y = bc, z = ca$,则

$$(ab + bc + ca)^2 - 3(a^2b^2 + b^2c^2 + c^2a^2) \leqslant 0$$

$$\Leftrightarrow (x + y + z)^2 - 3(x^2 + y^2 + z^2) \leqslant 0$$

$$\Leftrightarrow x^2 + y^2 + z^2 \geqslant xy + yz + zx.$$

该不等式即第 1 章中的 1.1(2)③.从而证明了 $PO \geqslant IO$.

③ 上述证明,实际上得到了 $2R\sin^2\alpha - r \leqslant 0$,即 $\sin^2\alpha \leqslant \dfrac{r}{2R}$,这个不等式比 $\sin^2\alpha \leqslant \dfrac{1}{4}$ 强.

当 $PQ = \dfrac{R}{2}$ 时,$\sin^2\alpha = \dfrac{1}{8}$,$\triangle ABC$ 是一个特殊的三角形,它有什么样的特性呢? 比如三边具有什么特性呢?

由 9.2(3) 知 $\cos\alpha = \dfrac{a^2 + b^2 + c^2}{2\sqrt{a^2b^2 + b^2c^2 + c^2a^2}}$,所以

$$PQ = \frac{R}{2} \quad \Longleftrightarrow \quad \sin^2\alpha = \frac{1}{8} \quad \Longleftrightarrow \quad \cos^2\alpha = \frac{7}{8}$$

$$\Longleftrightarrow \quad 2(a^2 + b^2 + c^2)^2 = 7(a^2b^2 + b^2c^2 + c^2a^2)$$

$$\Longleftrightarrow \quad 2(a^4 + b^4 + c^4) = 3(a^2b^2 + b^2c^2 + c^2a^2).$$

于是得到如下结论:

> (6) 设 $\triangle ABC$ 的外接圆半径为 R,其正、负勃罗卡点分别为 P, Q,则
>
> $$PQ = \frac{R}{2} \quad \Longleftrightarrow \quad 2(a^4 + b^4 + c^4) = 3(a^2b^2 + b^2c^2 + c^2a^2).$$

图 11.1(4) 与图 11.1(5) 是同一个 $\triangle ABC$,P, Q 分别是正、负勃罗卡点,过勃罗卡点向三边作垂线,得到 $\triangle P_1P_2P_3$,$\triangle Q_1Q_2Q_3$,这样的三角形叫勃罗卡点的垂足三角形.

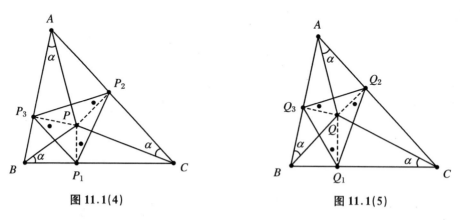

图 11.1(4)　　　　　　　　　　　　图 11.1(5)

在图 11.1(4) 中,注意到 A, P_2, P, P_3 四点共圆,所以 $\angle PP_2P_3 = \alpha$.同理,$\angle PP_3P_1 = \alpha$,$\angle PP_1P_2 = \alpha$,所以 $\angle PP_1P_2 = \angle PP_2P_3 = \angle PP_3P_1 = \alpha$,即点 P 是 $\triangle P_1P_2P_3$ 的正勃罗卡点,且与 $\triangle ABC$ 有相同的勃罗卡角.同理,在图 11.1(5) 中,点 Q 是 $\triangle Q_1Q_2Q_3$ 的负勃罗卡点.

还不难看出 $\triangle P_3P_1P_2 \backsim \triangle ABC$, 且由 9.3(1)④知 $PA = \dfrac{b}{a} \cdot 2R\sin\alpha$, 所以相似比为

$$\frac{P_2P_3}{AC} = \frac{PA \cdot \sin A}{b} = \frac{\dfrac{b}{a} \cdot 2R\sin\alpha \cdot \dfrac{a}{2R}}{b} = \sin\alpha.$$

同理, $\triangle Q_2Q_3Q_1 \backsim \triangle ABC$, 相似比也是 $\sin\alpha$.

最后, 当图 11.1(4)与图 11.1(5)是同一个 $\triangle ABC$ 时, 结合上述的相同的相似比得到 $\triangle Q_2Q_3Q_1 \cong \triangle P_3P_1P_2$. 由于 $\triangle Q_2Q_3Q_1 \cong \triangle P_3P_1P_2$, 而 $\triangle Q_2Q_3Q_1$ 与 $\triangle ABC$ 的相似比为 $\sin\alpha$, 因此 $\triangle Q_1Q_2Q_3$, $\triangle P_1P_2P_3$ 的外接圆半径均为 $R\sin\alpha$.

我们将上面讨论的结果写成如下结论:

(7) $\triangle P_1P_2P_3$ 是 $\triangle ABC$ 的正勃罗卡点 P 的垂足三角形, $\triangle Q_1Q_2Q_3$ 是负勃罗卡点 Q 的垂足三角形, $\triangle ABC$ 的外接圆半径为 R, 勃罗卡角为 α, 则

① 点 P, Q 分别是 $\triangle P_1P_2P_3$ 和 $\triangle Q_1Q_2Q_3$ 的正勃罗卡点和负勃罗卡点;

② $\triangle P_3P_1P_2 \backsim \triangle ABC$, $\triangle Q_2Q_3Q_1 \backsim \triangle ABC$, 相似比都是 $\sin\alpha$;

③ $\triangle Q_2Q_3Q_1 \cong \triangle P_3P_1P_2$;

④ $\triangle P_1P_2P_3$ 与 $\triangle Q_1Q_2Q_3$ 的外接圆半径均为 $R\sin\alpha$.

图 11.1(4)和图 11.1(5)中还有其他的相似三角形, 以下结论是显然的, 证明留给读者.

(8) 在图 11.1(4)中, $\triangle ABC$ 的正、负勃罗卡点分别为 P, Q, $\triangle P_1P_2P_3$ 的面积为 $\triangle_P$, $\triangle Q_1Q_2Q_3$ 的面积为 $\triangle_Q$, $\triangle ABC$ 的面积为 $\triangle$, 则

① $\triangle APB \backsim \triangle P_3PP_1$, $\triangle BPC \backsim \triangle P_1PP_2$, $\triangle CPA \backsim \triangle P_2PP_3$, 相似比为 $\dfrac{1}{\sin\alpha}$;

② $\triangle_P = \triangle_Q = \triangle\sin^2\alpha$;

③ $\triangle_P = \triangle_Q \leqslant \dfrac{1}{4}\triangle$, 等号当且仅当 $\triangle ABC$ 为正三角形时成立.

11.2　共勃罗卡点(角)的三角形

对给定的 $\triangle ABC$, 与这个三角形相关的三角形也会与 $\triangle ABC$ 有相同的勃罗卡

点(角),11.1 节中勃罗卡点的垂足三角形就是典型的共勃罗卡点的命题,本节专门讨论这个问题,我们将得到几个有意思的命题.

首先,因为 $\cot \alpha = \cot A + \cot B + \cot C$,所以两个相似三角形的勃罗卡角相等,我们写成如下结论:

> (1) 两个相似三角形的勃罗卡角相等.

对于 $\triangle ABC$,有三条中线,由 2.2(4) 知 m_a, m_b, m_c 可以构成一个三角形,我们将这个三角形记为 $\triangle A'B'C'$(其中 A', B', C' 的对边分别为 m_a, m_b, m_c),且面积为 $\triangle'$ 时,有 $\triangle' = \dfrac{3}{4}\triangle$(2.2(4)).

由 2.2(2)① 知 $m_a^2 + m_b^2 + m_c^2 = \dfrac{3}{4}(a^2 + b^2 + c^2)$.

对于 $\triangle A'B'C'$,设勃罗卡角为 α',则

$$\cot \alpha' = \frac{m_a^2 + m_b^2 + m_c^2}{4\triangle'} = \frac{\dfrac{3}{4}(a^2 + b^2 + c^2)}{4 \cdot \dfrac{3}{4}\triangle} = \frac{a^2 + b^2 + c^2}{4\triangle} = \cot \alpha,$$

所以 $\alpha = \alpha'$.

上述结论表明,以 $\triangle ABC$ 的三条中线为边的三角形与 $\triangle ABC$ 有相同的勃罗卡角.我们得到如下结论:

> (2) 由 $\triangle ABC$ 的三条中线构成的三角形与 $\triangle ABC$ 有相同的勃罗卡角.

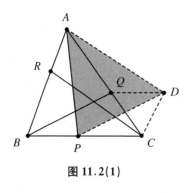

图 11.2(1)

注意到 $\triangle ABC$ 的中线是顶点到对边中点的连线,说明中线分该边为 $1:1$,且三中线可围成一个三角形,如果在 $\triangle ABC$ 三边上三点分该边的比不是 $1:1$,而是形成相同的比,也可以得到三条线段(图 11.2(1)).我们将证明,这三条线段可以围成一个三角形,且这个三角形的勃罗卡角与 $\triangle ABC$ 的勃罗卡角相等.

如图 11.2(1) 所示,设 $\dfrac{AR}{RB} = \dfrac{BP}{PC} = \dfrac{CQ}{QA} = \dfrac{\lambda}{1-\lambda}(0 < \lambda < 1)\left(\lambda = \dfrac{1}{2}$ 就是中线情形$\right)$.

首先证明,AP, BQ, CR 可以围成一个三角形.

事实上,作平行四边形 $ARCD$,并连接 DQ, DP.由条件知 $CD = AR = \lambda c$,$CQ = \lambda b$,所以 $\dfrac{CD}{CQ} = \dfrac{c}{b} = \dfrac{AB}{AC}$,而 $\angle DCQ = \angle CAB$,得到 $\triangle CDQ \backsim \triangle ABC$.由此得

$\dfrac{DQ}{CQ} = \dfrac{BC}{AC} = \dfrac{\lambda a}{\lambda b} = \dfrac{a}{b}$，则 $DQ = \dfrac{a}{b}CQ = \dfrac{a}{b} \cdot \lambda b = \lambda a = BP$，所以四边形 $BPDQ$ 为平行四边形. 故 $\triangle APD$ 就是 AP, BQ, CR 构成的三角形.

我们仍然用 $\cot \alpha' = \dfrac{a^2 + b^2 + c^2}{4\Delta}$ 求 $\triangle APD$ 的勃罗卡角，为此，先求 $\triangle APD$ 的三边平方和. 由 7.1(1) 斯图尔特定理知

$$AP^2 = \lambda b^2 + (1 - \lambda)c^2 - \lambda(1 - \lambda)a^2.$$

同理，可求 BQ^2, CR^2. 所以通过运算得

$$AP^2 + BQ^2 + CR^2 = (1 - \lambda + \lambda^2)(a^2 + b^2 + c^2).$$

记 $\triangle ACR, \triangle ABP, \triangle PCD$ 的面积分别为 $\Delta_1, \Delta_2, \Delta_3$（图 11.2(1)），则

$$\Delta_1 = \lambda\Delta, \quad \Delta_2 = \lambda\Delta, \quad \Delta_3 = (\lambda - \lambda^2)\Delta,$$

$$\Delta' = S_{\triangle ABC} + S_{\triangle ACD} - S_{\triangle ABP} - S_{\triangle CPD} = (1 - \lambda + \lambda^2)\Delta.$$

设 $\triangle APD$ 的勃罗卡角为 α'，则

$$\cot \alpha' = \frac{AP^2 + BQ^2 + CR^2}{4\Delta'} = \frac{(1 - \lambda + \lambda^2)(a^2 + b^2 + c^2)}{4(1 - \lambda + \lambda^2)\Delta}$$

$$= \frac{a^2 + b^2 + c^2}{4\Delta} = \cot \alpha,$$

所以 $\alpha = \alpha'$.

于是证明了下述结论：

> （3）设 P, Q, R 分别在 $\triangle ABC$ 的边 BC, CA, AB 上，如图 11.2(1)所示，且 $\dfrac{AR}{RB} = \dfrac{BP}{PC} = \dfrac{CQ}{QA} = \dfrac{\lambda}{1 - \lambda}$（$0 < \lambda < 1$），$\triangle ABC$ 的勃罗卡角为 α，则
>
> ① 以 AP, BQ, CR 为边可以构成一个三角形；
> ② 若①中的三角形的勃罗卡角为 α'，则 $\alpha = \alpha'$.

三条中线构成的三角形与原三角形有相同的勃罗卡角，那么三条高能构成三角形吗？这个三角形的勃罗卡角和原三角形的勃罗卡角相等吗？

在给定的 $\triangle ABC$ 中，三条高为 h_a, h_b, h_c，则 $\Delta = \dfrac{1}{2}ah_a$，所以 $\dfrac{1}{h_a} = \dfrac{1}{2\Delta} \cdot a$.

同理，有 $h_b = \dfrac{1}{2\Delta} \cdot b$，$h_c = \dfrac{1}{2\Delta} \cdot c$. 显然 $\dfrac{1}{h_a}, \dfrac{1}{h_b}, \dfrac{1}{h_c}$ 可以构成一个三角形，记为 $\triangle A'B'C'$，则 $\triangle A'B'C' \backsim \triangle ABC$，相似比为 $\dfrac{1}{2\Delta}$.

由（1）得到如下结论：

> （4）设 $\triangle ABC$ 的三条高为 h_a, h_b, h_c 则 $h_a^{-1}, h_b^{-1}, h_c^{-1}$ 可以构成一个三角形，且这个三角形的勃罗卡角与 $\triangle ABC$ 的勃罗卡角相等.

遗憾的是,除了等边三角形以外,一般三角形的三条角平分线不能构成一个三角形(除非是正三角形).我们转为考虑下一个问题.

在图 11.2(2) 中,设 $\triangle ABC$ 的勃罗卡角为 α,勃罗卡点为 P.过点 A,B,C 分别作 AB'',BC'',CA'',与 AB,BC,CA 都成相同的角 $\theta(0<\theta<\alpha)$,得到 $\triangle A'B'C'$.考虑 $\triangle ABC$ 与 $\triangle A'B'C'$ 的勃罗卡角和勃罗卡点.

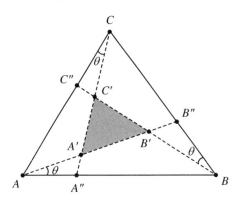

图 11.2(2)

在 $\triangle A'B'C'$ 中,$\angle C'A'B'$ 是 $\triangle AA'C$ 的一个外角,所以 $\angle C'A'B' = \angle BAC - \theta + \theta = \angle BAC$.同理,$\angle A'B'C' = \angle ABC$,$\angle B'C'A' = \angle BCA$.所以 $\triangle A'B'C' \backsim \triangle ABC$,而相似三角形的勃罗卡角相等,所以得到下列结论:

> (5) 设 $\triangle ABC$ 的勃罗卡角为 α,勃罗卡点为 P.过点 A,B,C 分别作 AB'',BC'',CA'',与 AB,BC,CA 都成相同的角 $\theta(0<\theta<\alpha)$,得到 $\triangle A'B'C'$,则 $\triangle ABC$ 与 $\triangle A'B'C'$ 的勃罗卡角相等.

为方便叙述,记 $\triangle A'B'C'$ 为 $\triangle(\theta)$,则 $\triangle(0)$ 就是 $\triangle ABC$,而 $\triangle(\alpha)$ 就(缩为)正勃罗卡点,结论(5)表明,对于给定的 $\theta,\theta\in(0,\alpha)$,由于每个 $\triangle(\theta)$ 与 $\triangle(0)$ 都有相同的勃罗卡角,因此当 $\theta\to\alpha$ 时,在这个过程中,每个 $\triangle(\theta)\backsim\triangle(0)$,这些三角形都有相同的勃罗卡点,以至于一个无穷小的 $\triangle(\theta)$ 也与 $\triangle(0)$ 有相同的勃罗卡角,从而不难想象,这些三角形与 $\triangle ABC(\triangle(0))$ 有相同的勃罗卡角.从动态角度看,$\triangle ABC$ 的勃罗卡点可以用 $\triangle(\theta)$"套出来".对大部分读者来说,如此得出这一系列三角形有相同的勃罗卡角和勃罗卡点,显得唐突而不能理解.以下用另外一种方法给出详细的分析与证明.

先考虑 $\triangle A'B'C'$ 的边长.

在 $\triangle AB'B$ 中,由正弦定理得

$$\frac{AB'}{\sin(B-\theta)} = \frac{AB}{\sin\angle AB'B} \quad \Rightarrow \quad \frac{AB'}{\sin(B-\theta)} = \frac{AB}{\sin B}$$

$$\Rightarrow \quad AB' = AB\,\frac{\sin(B-\theta)}{\sin B}.$$

同理,在 $\triangle AA'C$ 中,

$$AA' = AC\,\frac{\sin\theta}{\sin A} = AB\,\frac{\sin B}{\sin C}\cdot\frac{\sin\theta}{\sin A}.$$

所以

$$A'B' = AB' - AA' = AB\,\frac{\sin(B-\theta)}{\sin B} - AB\,\frac{\sin B}{\sin C}\cdot\frac{\sin\theta}{\sin A}$$

$$= AB\left[\frac{\sin(B-\theta)}{\sin B} - \frac{\sin B}{\sin C}\cdot\frac{\sin\theta}{\sin A}\right]$$

$$= AB\left[\frac{\sin B\cos\theta - \cos B\sin\theta}{\sin B} - \frac{\sin(A+C)\sin\theta}{\sin A\sin C}\right]$$

$$= AB\left(\cos\theta - \cot B\sin\theta - \frac{\sin A\cos C + \cos A\sin C}{\sin A\sin C}\cdot\sin\theta\right)$$

$$= AB(\cos\theta - \cot B\sin\theta - \cot C\sin\theta - \cot A\sin\theta).$$

因为 $\cot\alpha = \cot A + \cot B + \cot C$,所以

$$A'B' = AB(\cos\theta - \cot\alpha\sin\theta) = AB\left(\cos\theta - \frac{\cos\alpha\sin\theta}{\sin\alpha}\right) = AB\,\frac{\sin(\alpha-\theta)}{\sin\alpha}.$$

由此得到 $\dfrac{A'B'}{AB} = \dfrac{\sin(\alpha-\theta)}{\sin\alpha}$.

设点 P 是 $\triangle(\theta)$ 的勃罗卡点,如图 11.2(3)所示.反复用正弦定理,得

$$\frac{AA'}{AC} = \frac{\sin\theta}{\sin A}, \qquad \frac{BB'}{AB} = \frac{\sin\theta}{\sin B},$$

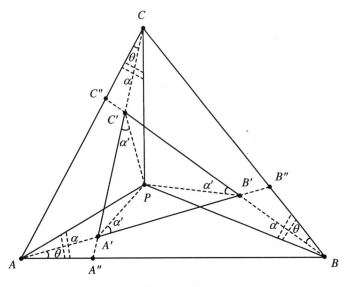

图 11.2(3)

所以 $\dfrac{AA'}{BB'} = \dfrac{AC}{AB} \cdot \dfrac{\sin B}{\sin A} = \dfrac{\sin^2 B}{\sin A \sin C}$.

由 9.2(4) 和 9.2(6) 知 $\dfrac{\sin(B-\alpha)}{\sin \alpha} = \dfrac{\sin^2 B}{\sin A \sin C}$,所以 $\dfrac{AA'}{BB'} = \dfrac{\sin(B-\alpha)}{\sin \alpha}$.同理,

$\dfrac{A'P}{B'P} = \dfrac{\sin(B-\alpha)}{\sin \alpha}$.所以 $\dfrac{AA'}{A'P} = \dfrac{BB'}{B'P}$,则 $\triangle AA'P \backsim \triangle BB'P$.从而从图 11.2(3) 中易

见点 P 也是 $\triangle(0)$ 的勃罗卡点.这就证明了下述结论:

> (6) 在图 11.2(3) 中,记 $\triangle A'B'C'$ 为 $\triangle(\theta)$,面积为 $S(\theta)$,记 $\triangle ABC$ 为
> $\triangle(0)$,面积为 $S(0)$,点 P 是 $\triangle(0)$ 的正勃罗卡点,则
>
> ① $\triangle(\theta)$ 与 $\triangle(0)$ 相似,相似比为 $\dfrac{\sin(\alpha-\theta)}{\sin \alpha}\left(=\dfrac{A'B'}{AB}\right)$;
>
> ② $S(0) = \dfrac{\sin^2(\alpha-\theta)}{\sin^2 \alpha} S(\theta)$,其中 α 为勃罗卡角;
>
> ③ 对任意 $\theta \in (0, \alpha)$,$\triangle(\theta)$ 的正勃罗卡点也是点 P.

需要注意的是,(6) 中的结论对 $\triangle ABC$ 的负勃罗卡点也成立.

下面是 $\triangle(\theta)$ 与 $\triangle(0)$ 有相同勃罗卡点的另外一种证法.

由 10.3(5)① 知在给定的 $\triangle ABC$ 中,点 P 为正勃罗卡点,则

$$c^2 a^2 \overrightarrow{PA} + a^2 b^2 \overrightarrow{PB} + b^2 c^2 \overrightarrow{PC} = \mathbf{0}. \tag{①}$$

如图 11.2(4) 所示,设点 P' 是 $\triangle(\theta)$ 的正勃罗卡点,其边长为 a',b',c',且

$\dfrac{a'}{a} = \dfrac{b'}{b} = \dfrac{c'}{c} = k(\theta) = \dfrac{\sin(\alpha-\theta)}{\sin \alpha}$,则

$$c'^2 a'^2 \overrightarrow{P'A} + a'^2 b'^2 \overrightarrow{P'B} + b'^2 c'^2 \overrightarrow{P'C} = \mathbf{0}. \tag{②}$$

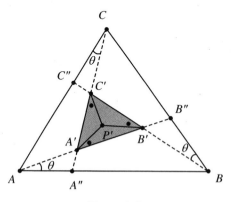

图 11.2(4)

由相似比换掉 a',b',c',则

$$c^2 a^2 \overrightarrow{P'A} + a^2 b^2 \overrightarrow{P'B} + b^2 c^2 \overrightarrow{P'C} = \mathbf{0}.$$

与式 ① 相减得

$$c^2 a^2(\overrightarrow{PA} - \overrightarrow{P'A}) + a^2 b^2(\overrightarrow{PB} - \overrightarrow{P'B}) + b^2 c^2(\overrightarrow{PC} - \overrightarrow{P'C}) = \mathbf{0}, \qquad ③$$

即 $(c^2 a^2 + a^2 b^2 + b^2 c^2)\overrightarrow{PP'} = \mathbf{0}$,则点 P 与 P' 重合.这就证明了 $\triangle(\theta)$ 与 $\triangle(0)$ 有相同的勃罗卡点.

以上证法近乎完美,是容易理解的证明.

如图 11.2(5)所示,过点 A,B,C 分别作 AC,AB,BC 的垂线 AA_1,BB_1,CC_1,相交得到 A_1,B_1,C_1,取 AA_1,BB_1,CC_1 的中点 O_1,O_2,O_3 作三个圆,显然它们交于一点 P.注意到 CA,AB,BC 分别是圆 O_1,O_2,O_3 的切线,易见,点 P 是 $\triangle ABC$ 和 $\triangle A_1 B_1 C_1$ 的负勃罗卡点.

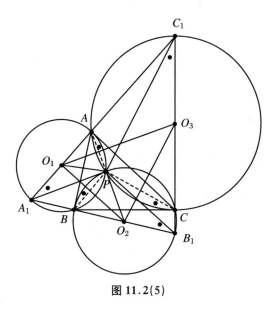

图 11.2(5)

再由 9.3(7a)①知 $\triangle PAB$,$\triangle PBC$,$\triangle PCA$ 的外接圆半径分别为 R_1,R_2,R_3,$\triangle ABC$ 的外接圆半径为 R,有 $R_1 R_2 R_3 = R$.因为三个圆的直径是 AA_1,BB_1,CC_1,所以 $AA_1 \cdot BB_1 \cdot CC_1 = 8R^3$.

再考虑 $\triangle ABC$ 与 $\triangle A_1 B_1 C_1$,显然 A 与 A_1 都是 $\angle A_1 AB$ 的余角,所以 $A = A_1$.同理,$B = B_1$.所以 $\triangle ABC \backsim \triangle A_1 B_1 C_1$.另一方面,在 $\mathrm{Rt}\triangle AA_1 B$ 与 $\mathrm{Rt}\triangle BB_1 C$ 中,

$$A_1 B_1 = A_1 B + BB_1 = c \cdot \cot A_1 + \frac{a}{\sin B_1} = c \cdot \frac{\cos A}{\sin A} + \frac{a}{\sin B}$$

$$= \frac{c\sin B\cos A + a\sin A}{\sin A\sin B} = \frac{c \cdot \dfrac{b}{2R} \cdot \dfrac{b^2 + c^2 - a^2}{2bc} + a \cdot \dfrac{a}{2R}}{\dfrac{a}{2R} \cdot \dfrac{b}{2R}}$$

$$= \frac{(a^2 + b^2 + c^2)R}{ab} = \frac{(a^2 + b^2 + c^2)R}{abc} \cdot c = \frac{a^2 + b^2 + c^2}{4 \cdot \dfrac{abc}{4R}} \cdot c$$

$$= \frac{a^2 + b^2 + c^2}{4\Delta} \cdot c = c\cot\alpha \quad (9.2(7)).$$

同理，$B_1C_1 = a\cot\alpha$，$C_1A_1 = b\cot\alpha$．所以

$$\frac{A_1B_1}{AB} = \frac{(a^2 + b^2 + c^2)R}{abc} = \frac{a^2 + b^2 + c^2}{4\Delta} = \cot\alpha.$$

于是得到以下结论：

> (7) 如图 11.2(5) 所示，过 $\triangle ABC$ 的三个顶点 A，B，C 分别作 AC，AB，BC 的垂线，相交于 A_1，B_1，C_1，取 AA_1，BB_1，CC_1 的中点 O_1，O_2，O_3，作 $\triangle AA_1B$，$\triangle BB_1C$，$\triangle CC_1A$ 的三个外接圆，三圆交于一点 P，$\triangle ABC$ 的外接圆半径为 R，勃罗卡角为 α，$\triangle ABC$，$\triangle A_1B_1C_1$ 的面积分别为 Δ，Δ'，则
>
> ① P 是 $\triangle ABC$ 与 $\triangle A_1B_1C_1$ 的负勃罗卡点，且这两个三角形的勃罗卡角相等；
>
> ② $AA_1 \cdot BB_1 \cdot CC_1 = 8R^3$；
>
> ③ $A_1B_1 = c\cot\alpha$，$B_1C_1 = a\cot\alpha$，$C_1A_1 = b\cot\alpha$；
>
> ④ $\triangle A_1B_1C_1 \backsim \triangle ABC$，且相似比为 $\cot\alpha$；
>
> ⑤ $\Delta' \geqslant 3\Delta$，等号当且仅当 $\triangle ABC$ 为正三角形时成立．

上述中的⑤由 9.2(14) $0 < \alpha \leqslant \frac{\pi}{6}$，$\frac{\Delta'}{\Delta} = \cot^2\alpha \geqslant 3$ 得到．

同理，如图 11.2(6) 所示，过 $\triangle ABC$ 的顶点 A，B，C 分别作 AB，BC，CA 的垂线，相交于 A_1'，B_1'，C_1'，再过 BB_1'，CC_1'，AA_1' 的中点 O_1，O_2，O_3 分别作 $\text{Rt}\triangle ABB_1'$，$\text{Rt}\triangle BCC_1'$，$\text{Rt}\triangle CAA_1'$ 的外接圆，三圆交于一点 P'．由于 BC，CA，AB 分别是圆 O_1，O_2，O_3 的切线，易见，点 P' 是 $\triangle ABC$ 和 $\triangle A_1B_1C_1$ 的正勃罗卡点．

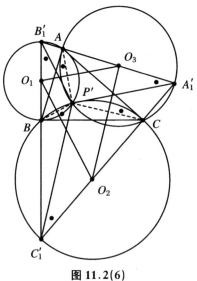

图 11.2(6)

与 (7) 类似,显然有 $AA_1' \cdot BB_1' \cdot CC_1' = 8R^3$ 以及 $\triangle ABC \backsim \triangle A_1'B_1'C_1'$,则

$$A_1'B_1' = A_1'A + AB_1' = \frac{b}{\sin A} + c \cdot \cot B = \frac{b}{\sin A} + c \cdot \frac{\cos B}{\sin B}$$

$$= \frac{b\sin B + c\sin A\cos B}{\sin A\sin B} = \frac{b \cdot \dfrac{b}{2R} + c \cdot \dfrac{a}{2R} \cdot \dfrac{c^2 + a^2 - b^2}{2ca}}{\dfrac{a}{2R} \cdot \dfrac{b}{2R}}$$

$$= \frac{(a^2 + b^2 + c^2)R}{ab} = c\cot\alpha.$$

同理,$B_1'C_1' = a\cot\alpha$,$C_1'A_1' = b\cot\alpha$.

于是得到下面的结论:

---

(8) 如图 11.2(6) 所示,过 $\triangle ABC$ 的顶点 A,B,C 分别作 AB,BC,CA 的垂线,相交于 A_1',B_1',C_1',再过 BB_1',CC_1',AA_1' 的中点 O_1,O_2,O_3 分别作 $\text{Rt}\triangle ABB_1'$,$\text{Rt}\triangle BCC_1'$,$\text{Rt}\triangle CAA_1'$ 的外接圆,三圆交于一点 P',$\triangle ABC$ 的外接圆半径为 R,勃罗卡角为 α,则

① P' 是 $\triangle ABC$ 与 $\triangle A_1'B_1'C_1'$ 的正勃罗卡点,且这两个三角形的勃罗卡角相等;

② $AA_1' \cdot BB_1' \cdot CC_1' = 8R^3$;

③ $A_1'B_1' = c\cot\alpha$,$B_1'C_1' = a\cot\alpha$,$C_1'A_1' = b\cot\alpha$;

④ $\triangle ABC \backsim \triangle A_1'B_1'C_1'$,且相似比为 $\cot\alpha$;

⑤ $\Delta' \geqslant 3\Delta$,等号当且仅当 $\triangle ABC$ 为正三角形时成立.

上述图 11.2(5)、图 11.2(6) 中,$\triangle O_1O_2O_3$ 与 $\triangle ABC$ 的关系如何呢? 我们得到以下结论:

---

(9) 在图 11.2(7) 中,$\triangle ABC$ 的勃罗卡角为 α,$\triangle ABC$ 的周长为 l,面积为 Δ,$\triangle O_1O_2O_3$ 的周长为 l',面积为 Δ',则

① $\triangle ABC \backsim \triangle O_1O_2O_3$,且相似比为 $2\sin\alpha$;

② $l \leqslant l'$,等号当且仅当 $\triangle ABC$ 为正三角形时成立;

③ $\Delta \leqslant \Delta'$,等号当且仅当 $\triangle ABC$ 为正三角形时成立.

证明　① 在图 11.2(7) 中,显然 $\angle O_1A_1B = \angle O_1BA_1$,$\angle AO_1O_3 = \angle PO_1O_2$,$\angle BO_1O_2 = \angle PO_1O_2$,所以

$$\angle O_2O_1O_3 = \frac{180° - \angle A_1O_1B}{2} = \frac{180° - (180° - 2\angle O_1A_1B)}{2}$$

$$= \angle O_1A_1B = \angle BAC.$$

同理,$\angle O_1O_2O_3 = \angle ABC$. 所以 $\triangle ABC \backsim \triangle O_1O_2O_3$.

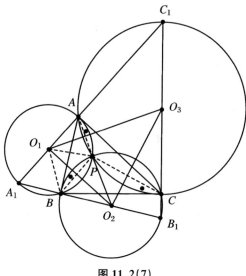

图 11.2(7)

另一方面,考察 $\triangle O_2 B_1 O_3$ 以及 $\mathrm{Rt}\triangle B_1 BC$ 与 $\mathrm{Rt}\triangle C_1 AC$,则

$$B_1 O_3 = B_1 C + \frac{1}{2} CC_1 = a\cot B_1 + \frac{1}{2} \cdot \frac{b}{\sin C_1} = a \cdot \frac{\cos B}{\sin B} + \frac{1}{2} \cdot \frac{b}{\sin C}$$

$$= \frac{2a\sin C\cos B + b\sin B}{2\sin B\sin C} = \frac{2a \cdot \dfrac{c}{2R} \cdot \dfrac{c^2 + a^2 - b^2}{2ca} + b \cdot \dfrac{b}{2R}}{2 \cdot \dfrac{b}{2R} \cdot \dfrac{c}{2R}}$$

$$= \frac{(c^2 + a^2)R}{bc},$$

$$O_2 B_1 = \frac{1}{2} \cdot BB_1 = \frac{1}{2} \cdot \frac{a}{\sin B_1} = \frac{aR}{b}.$$

在 $\triangle O_2 O_3 B_1$ 中,由余弦定理得

$$O_2 O_3^2 = O_2 B_1^2 + B_1 O_3^2 - 2 O_2 B_1 \cdot B_1 O_3 \cos B_1.$$

由于 $\cos B_1 = \cos B = \dfrac{c^2 + a^2 - b^2}{2ca}$,将上述 $B_1 O_3, O_2 B_1$ 代入上式,化简得

$$O_2 O_3^2 = \frac{(a^2 b^2 + b^2 c^2 + c^2 a^2)R^2}{b^2 c^2}.$$

所以 $O_2 O_3 = \dfrac{R\sqrt{a^2 b^2 + b^2 c^2 + c^2 a^2}}{bc}$. 同理,$O_1 O_2 = \dfrac{R\sqrt{a^2 b^2 + b^2 c^2 + c^2 a^2}}{ab}$,

$O_3 O_1 = \dfrac{R\sqrt{a^2 b^2 + b^2 c^2 + c^2 a^2}}{ca}$. 所以,相似比为

$$\frac{BC}{O_2 O_3} = \frac{abc}{R\sqrt{a^2 b^2 + b^2 c^2 + c^2 a^2}} = 2 \cdot \frac{2\Delta}{\sqrt{a^2 b^2 + b^2 c^2 + c^2 a^2}} = 2\sin \alpha.$$

② 因为 $\triangle ABC \backsim \triangle O_1 O_2 O_3$，所以 $\dfrac{l}{l'} = 2\sin \alpha$，而 $0 < \alpha \leqslant \dfrac{\pi}{6}$，故 $l \leqslant l'$，等号当且仅当 $\triangle ABC$ 是正三角形时成立.

③ 因为 $\triangle ABC \backsim \triangle O_1 O_2 O_3$，相似比为 $2\sin \alpha$，所以 $\triangle : \triangle' = 4\sin^2 \alpha \leqslant 1$，即 $\triangle \leqslant \triangle'$，等号当且仅当 $\triangle ABC$ 是正三角形时成立.

对应于图 11.2(6) 中的 $\triangle O_1 O_2 O_3$ 也有类似的结果（为区别图 11.2(5) 中的 $\triangle O_1 O_2 O_3$，将图 11.2(6) 中的 $\triangle O_1 O_2 O_3$ 记为 $\triangle O_1' O_2' O_3'$）. 最后我们给出下列结果，实际上这些结果都已经证出，请读者思考上述的证明.

> (10) 在图 11.2(5)、图 11.2(6) 中，
> ① $\triangle A_1 B_1 C_1 \cong \triangle A_1' B_1' C_1'$；
> ② $\triangle O_1 O_2 O_3 \cong \triangle O_1' O_2' O_3'$.

我们接着上述结论 (3)，给出下列命题，这个命题几乎是显然的.

> (11) 如图 11.2(8) 所示，等边 $\triangle ABC$ 的三边 AB, BC, CA 上各有点 A_1，$B_1, C_1, \triangle A_1 B_1 C_1$ 也是等边三角形，这两个三角形在一个平面上的投影三角形分别是 $\triangle A'B'C'$ 和 $\triangle A_1' B_1' C_1'$，则 $\triangle A'B'C'$ 和 $\triangle A_1' B_1' C_1'$ 的勃罗卡角相等.

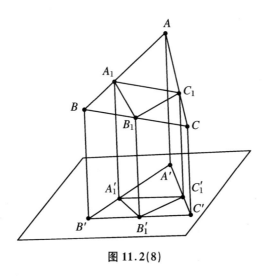

图 11.2(8)

事实上，显然

$$\frac{AA_1}{A_1 B} = \frac{BB_1}{B_1 C} = \frac{CC_1}{C_1 A} = \lambda = \frac{A'A_1'}{A_1' B'} = \frac{B'B_1'}{B_1' C'} = \frac{C'C_1'}{C_1' A'},$$

利用 (3) 已经证毕.

(12) 设 $\triangle ABC$ 的 BC 边给定（a 给定），$\triangle ABC$ 的勃罗卡角确定为 θ. 当顶点 A 变化时，顶点 A 的轨迹是一个圆，这个圆的圆心对 BC 的张角为 2θ，圆的半径为 $r = \dfrac{a}{2}\sqrt{\cot^2\theta - 3}$.

证明　如图 11.2(9) 所示，圆心 O 对 BC 的张角为 2θ，记 $AO_1 = m_1$（中线），$AO = r$，$\angle AO_1O = x$，则下面的关系是成立的：

$$\begin{cases} 2\Delta = am_1\cos x \\ a^2 + b^2 + c^2 = 4\Delta\cot\theta \\ b^2 + c^2 = \dfrac{1}{2}a^2 + 2m_1^2 \end{cases},$$

其中，第二个式子和第三个式子分别见 9.2(7) 和 2.2(1)①.

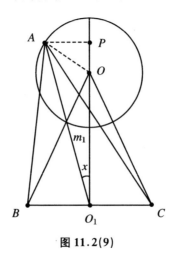

图 11.2(9)

由上述三式可得

$$\frac{3}{2}a^2 + 2m_1^2 = 2am_1\cos x \cot\theta.$$

记 $u = OO_1 = \dfrac{a}{2}\cot\theta$，则在 $\triangle AO_1O$ 中，由余弦定理得

$$AO^2 = AO_1^2 + O_1O^2 - 2AO_1 \cdot O_1O\cos x$$
$$= m_1^2 + \left(\frac{a}{2}\cot\theta\right)^2 - 2m_1 \cdot \left(\frac{a}{2}\cot\theta\right)\cos x,$$

将上述结果代入，并化简得 $AO^2 = \dfrac{a^2}{4}(\cot^2\theta - 3)$，所以 $AO = \dfrac{a}{2}\sqrt{\cot^2\theta - 3}$. 这就证明了点 A 的轨迹是一个圆.

上述证明，本质上是在已知 BC 与 $OO_1 = \dfrac{a}{2}\cot\theta$ 的条件下，求 AO. 这个结论

没有告知我们为什么 $\angle BOC = 2\theta$. 显然这不是这个问题的第一解法.

这里给出一个可能的做法思考. 可以取 BC 在 x 轴上, BC 中点为 O, 将点 A 设为 (x, y), 由 10.3(5)① 知

点 P 为正勃罗卡点 $\quad\Leftrightarrow\quad c^2 a^2 \overrightarrow{PA} + a^2 b^2 \overrightarrow{PB} + b^2 c^2 \overrightarrow{PC} = \mathbf{0}$.

取原点为 O, 则

$$\overrightarrow{OP} = \frac{c^2 a^2}{k} \overrightarrow{OA} + \frac{a^2 b^2}{k} \overrightarrow{OB} + \frac{b^2 c^2}{k} \overrightarrow{OC},$$

其中 $k = a^2 b^2 + b^2 c^2 + c^2 a^2$, 且 $\overrightarrow{OB} = \left(-\dfrac{a}{2}, 0\right)$, $\overrightarrow{OC} = \left(\dfrac{a}{2}, 0\right)$. 设 $A(x, y)$, $P(x_0, y_0)$, 利用这个向量关系, 可以得到 (x, y) 与 (x_0, y_0) 的关系, 注意到 $\sin\theta = \dfrac{2\Delta}{\sqrt{k}}$, 这是一个含有 (x, y) 的方程, 剩下的仅仅是运算而已. 有兴趣的读者可以尝试计算这个圆的方程.

结论(12)表明, 确定 $\triangle ABC$ 的一条边和勃罗卡角, 存在无数个三角形, 它们都有相同的底边和勃罗卡角.

11.3　勃罗卡点与其他心的距离

本节是勃罗卡点与其他巧合点之间距离的求法综述.

在第 7 章 7.3 节中, 我们专门讨论了心距问题, 在那里, 我们给出了心与心之间的距离, 并且这些心距的求法不那么简单. 这一节我们将专门讨论勃罗卡点与五心之间的距离问题. 在给定的 $\triangle ABC$ 中, 这些心距是确定的. 对于求出的心距, 其表达允许的量是边长、半径、勃罗卡角, 并且力求表达简洁. 值得一说的是, 不同的方法得出的结果在形式上可能不一样, 读者在后面的阅读中可以看到.

在 11.1(4)中, 我们已经得到 $\triangle ABC$ 的正勃罗卡点 P 到外心 O 的距离 $OP = R\sqrt{1 - 4\sin^2\alpha}$ (负勃罗卡点 Q 相应地有 $OQ = OP$); 负勃罗卡点 Q 与正勃罗卡点 P 的距离 $PQ = 2R\sin\alpha\sqrt{1 - 4\sin^2\alpha}$. 这两个结果非常经典, 而且表达简洁. 在 11.1 (5)中, 我们还得到了很有意思的不等式 $OP \geqslant OI$ (I 为 $\triangle ABC$ 的内心). 下面考虑勃罗卡点到其他心的距离.

在图 11.3(1)中, 有五心与两个勃罗卡点, 共七个巧合点. 首先, 我们大体上说明勃罗卡点(比如正勃罗卡点 P)到其他几个巧合点之间距离的求解方法.

第一种可能的方法是解三角形.

比如, 在图 11.3(1)中, 可以在 $\triangle PBI_c$ (I_c 是与边 c 相应的旁切圆圆心(旁心))中求 PI_c. 因为 PB, BI_c 是前面我们已经求出的, $\angle PBI_c = \dfrac{\pi}{2} + \dfrac{B}{2} - \alpha$ (B, α 是已知

的),所以可以尝试用余弦定理求 PI_c.

同样,在 $\triangle PAI$ 中,PA,AI 是前面已经求出的,$\angle PAI = \dfrac{A-2\alpha}{2} = \dfrac{A}{2} - \alpha$($A$,$\alpha$ 是已知的),所以可以考虑用余弦定理.

第二种可能的方法是利用面积坐标的距离公式.

在 8.4 节中,我们介绍了面积坐标的定义.对于给定的 $\triangle ABC$,点 P 的面积坐标定义如下:

若 P 是 $\triangle ABC$ 内一点,O 为 $\triangle ABC$ 所在平面上的点,且 $\overrightarrow{OP} = \lambda_1 \overrightarrow{OA} + \lambda_2 \overrightarrow{OB} + \lambda_3 \overrightarrow{OC}$,其中 $\lambda_1,\lambda_2,\lambda_3 > 0$,且 $\lambda_1 + \lambda_2 + \lambda_3 = 1$,则称 $(\lambda_1,\lambda_2,\lambda_3)$ 为点 P 的面积坐标,记为 $P(\lambda_1,\lambda_2,\lambda_3)$.

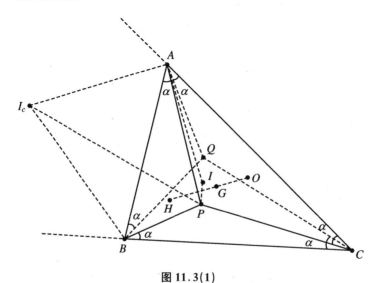

图 11.3(1)

在那里,我们求得了五心的面积坐标,为方便阅读,将其写成下列结果:

(1) 设 $\triangle ABC$ 的重心、内心、外心、垂心、旁心分别为 $G,I,O,H,I_a(I_b,I_c)$,则它们的面积坐标分别是

① $\triangle ABC$ 的重心 G 的面积坐标是 $G\left(\dfrac{1}{3},\dfrac{1}{3},\dfrac{1}{3}\right)$;

② $\triangle ABC$ 的内心 I 的面积坐标是 $I\left(\dfrac{a}{a+b+c},\dfrac{b}{a+b+c},\dfrac{c}{a+b+c}\right) = \left(\dfrac{a}{2p},\dfrac{b}{2p},\dfrac{c}{2p}\right) = \left(\dfrac{ar}{2\Delta},\dfrac{br}{2\Delta},\dfrac{cr}{2\Delta}\right)$(这很容易证明,请读者思考);

③ $\triangle ABC$ 的外心 O 的面积坐标是

$$O\left(\frac{\sin 2A}{\sin 2A + \sin 2B + \sin 2C}, \frac{\sin 2B}{\sin 2A + \sin 2B + \sin 2C}, \frac{\sin 2C}{\sin 2A + \sin 2B + \sin 2C}\right)$$

$$= \left(\frac{1 - \cot B \cot C}{2}, \frac{1 - \cot C \cot A}{2}, \frac{1 - \cot A \cot B}{2}\right)$$

$$= \left(\frac{R^2(b^2 + c^2 - a^2)}{b^2 c^2}, \frac{R^2(c^2 + a^2 - b^2)}{c^2 a^2}, \frac{R^2(a^2 + b^2 - c^2)}{a^2 b^2}\right)$$

$$= \left(\frac{2R^2 \cos A}{bc}, \frac{2R^2 \cos B}{ca}, \frac{2R^2 \cos C}{ab}\right);$$

④ $\triangle ABC$ 的垂心 H 的面积坐标是

$$H\left(\frac{\tan A}{\tan A + \tan B + \tan C}, \frac{\tan B}{\tan A + \tan B + \tan C}, \frac{\tan C}{\tan A + \tan B + \tan C}\right)$$

$$= H(\cot B \cot C, \cot C \cot A, \cot A \cot B)$$

$$= \left(\frac{R^2(c^2 + a^2 - b^2)(a^2 + b^2 - c^2)}{a^2 b^2 c^2}, \frac{R^2(b^2 + a^2 - c^2)(b^2 + c^2 - a^2)}{a^2 b^2 c^2},\right.$$

$$\left.\frac{R^2(b^2 + c^2 - a^2)(c^2 + a^2 - b^2)}{a^2 b^2 c^2}\right);$$

⑤ $\triangle ABC$ 的三个旁心 I_a, I_b, I_c 的面积坐标分别是

$$I_a\left(\frac{-a}{2(p-a)}, \frac{b}{2(p-a)}, \frac{c}{2(p-a)}\right),$$

$$I_b\left(\frac{a}{2(p-b)}, \frac{-b}{2(p-b)}, \frac{c}{2(p-b)}\right),$$

$$I_c\left(\frac{a}{2(p-c)}, \frac{b}{2(p-c)}, \frac{-c}{2(p-c)}\right).$$

事实上,对于三个旁心,因为

$$-a \overrightarrow{I_a A} + b \overrightarrow{I_a B} + c \overrightarrow{I_a C} = \mathbf{0},$$

$$a \overrightarrow{I_b A} - b \overrightarrow{I_b B} + c \overrightarrow{I_b C} = \mathbf{0},$$

$$a \overrightarrow{I_c A} + b \overrightarrow{I_c B} - c \overrightarrow{I_c C} = \mathbf{0},$$

注意到 $\overrightarrow{I_a A} = \overrightarrow{OA} - \overrightarrow{OI_a}$ 等,所以上述三式可以变为下面的三个结果:

$$\overrightarrow{OI_a} = \frac{-a}{-a + b + c} \overrightarrow{OA} + \frac{b}{-a + b + c} \overrightarrow{OB} + \frac{c}{-a + b + c} \overrightarrow{OC},$$

$$\overrightarrow{OI_b} = \frac{a}{a - b + c} \overrightarrow{OA} + \frac{-b}{a - b + c} \overrightarrow{OB} + \frac{c}{a - b + c} \overrightarrow{OC},$$

$$\overrightarrow{OI_c} = \frac{a}{a + b - c} \overrightarrow{OA} + \frac{b}{a + b - c} \overrightarrow{OB} + \frac{-c}{a + b - c} \overrightarrow{OC}.$$

这表明, I_a, I_b, I_c 的面积坐标分别为 $(2p = a + b + c)$

$$I_a\left(\frac{-a}{2(p-a)}, \frac{b}{2(p-a)}, \frac{c}{2(p-a)}\right),$$

$$I_b\left(\frac{a}{2(p-b)},\frac{-b}{2(p-b)},\frac{c}{2(p-b)}\right),$$

$$I_c\left(\frac{a}{2(p-c)},\frac{b}{2(p-c)},\frac{-c}{2(p-c)}\right).$$

而由 10.3(5) 知

ⅰ. 点 P 为 $\triangle ABC$ 的正勃罗卡点 $\Leftrightarrow c^2 a^2 \overrightarrow{PA} + a^2 b^2 \overrightarrow{PB} + b^2 c^2 \overrightarrow{PC} = 0$;

ⅱ. 点 Q 为 $\triangle ABC$ 的负勃罗卡点 $\Leftrightarrow a^2 b^2 \overrightarrow{QA} + b^2 c^2 \overrightarrow{QB} + c^2 a^2 \overrightarrow{QC} = 0$.

注意到 $\overrightarrow{PA} = \overrightarrow{OA} - \overrightarrow{OP}$ 等,于是由 ⅰ 得

$$\overrightarrow{OP} = \frac{c^2 a^2}{a^2 b^2 + b^2 c^2 + c^2 a^2} \overrightarrow{OA} + \frac{a^2 b^2}{a^2 b^2 + b^2 c^2 + c^2 a^2} \overrightarrow{OB}$$

$$+ \frac{b^2 c^2}{a^2 b^2 + b^2 c^2 + c^2 a^2} \overrightarrow{OC},$$

取 $k = a^2 b^2 + b^2 c^2 + c^2 a^2$,得点 P 的面积坐标为 $P\left(\frac{c^2 a^2}{k},\frac{a^2 b^2}{k},\frac{b^2 c^2}{k}\right)$. 同理,可得点 Q 的面积坐标.

于是得到以下结论:

---

(2) 设 $\triangle ABC$ 的正勃罗卡点与负勃罗卡点分别为 P,Q,则

① 点 P 的面积坐标为 $P\left(\dfrac{c^2 a^2}{k},\dfrac{a^2 b^2}{k},\dfrac{b^2 c^2}{k}\right)$;

② 点 Q 的面积坐标为 $Q\left(\dfrac{a^2 b^2}{k},\dfrac{b^2 c^2}{k},\dfrac{c^2 a^2}{k}\right)$.

其中 $k = a^2 b^2 + b^2 c^2 + c^2 a^2$.

在 8.4 节,我们还给出了两个点的面积坐标给定的时候,两点的距离公式.

---

(3) $\triangle ABC$ 的三边长为 $a = BC, b = CA, c = AB$,而点 P,Q 的面积坐标为 $P(x,y,z), Q(x',y',z')(x+y+z=1, x'+y'+z'=1)$,则

$$PQ^2 = -c^2 \alpha - a^2 \beta - b^2 \gamma,$$

其中 $\alpha = (x-x')(y-y'), \beta = (y-y')(z-z'), \gamma = (z-z')(x-x')$.

由距离公式以及上述面积坐标,在理论上,就可以求得勃罗卡点到其他心的心距了.

下面用面积坐标计算 PI.

因为 $P\left(\dfrac{c^2 a^2}{k},\dfrac{a^2 b^2}{k},\dfrac{b^2 c^2}{k}\right) = (x,y,z)$, $I\left(\dfrac{a}{2p},\dfrac{b}{2p},\dfrac{c}{2p}\right) = (x',y',z')$,其中 $k = a^2 b^2 + b^2 c^2 + c^2 a^2$,所以 $PI^2 = -c^2 \alpha - a^2 \beta - b^2 \gamma$,其中

$$\alpha = (x-x')(y-y') = \left(\frac{c^2 a^2}{k} - \frac{a}{2p}\right)\left(\frac{a^2 b^2}{k} - \frac{b}{2p}\right)$$

$$= \frac{1}{k^2} \cdot c^2 a^2 \cdot a^2 b^2 - \frac{1}{2pk}(a \cdot a^2 b^2 + b \cdot c^2 a^2) + \frac{ab}{4p^2}.$$

同理，

$$\beta = (y - y')(z - z') = \frac{1}{k^2} \cdot a^2 b^2 \cdot b^2 c^2 - \frac{1}{2pk}(c \cdot a^2 b^2 + b \cdot b^2 c^2) + \frac{bc}{4p^2},$$

$$\gamma = (z - z')(x - x') = \frac{1}{k^2} \cdot b^2 c^2 \cdot c^2 a^2 - \frac{1}{2pk}(c \cdot c^2 a^2 + a \cdot b^2 c^2) + \frac{ca}{4p^2}.$$

所以

$$PI^2 = -c^2 \alpha - a^2 \beta - b^2 \gamma$$

$$= -\frac{1}{k^2}(c^4 a^4 b^2 + a^4 b^4 c^2 + b^4 c^4 a^2)$$

$$\quad + \frac{1}{2pk}(a^3 b^2 c^2 + a^2 bc^4 + a^4 b^2 c + a^2 b^3 c^2 + a^2 b^2 c^3 + ab^4 c^2)$$

$$\quad - \frac{c^2 ab + a^2 bc + b^2 ca}{4p^2}$$

$$= -\frac{a^2 b^2 c^2}{k^2}(c^2 a^2 + a^2 b^2 + b^2 c^2)$$

$$\quad + \frac{abc}{2pk}\left[abc(a + b + c) + a^3 b + b^3 c + c^3 a \right] - \frac{abc}{4p^2}(a + b + c)$$

$$= -\frac{a^2 b^2 c^2}{k} + \frac{a^2 b^2 c^2}{k} + \frac{abc(a^3 b + b^3 c + c^3 a)}{2pk} - \frac{abc}{4p^2} \cdot 2p$$

$$= \frac{abc(a^3 b + b^3 c + c^3 a)}{2pk} - \frac{abc}{2p},$$

即

$$\frac{2p \cdot PI^2}{abc} = \frac{a^3 b + b^3 c + c^3 a}{k} - 1 = \frac{a^3 b + b^3 c + c^3 a - a^2 b^2 - b^2 c^2 - c^2 a^2}{a^2 b^2 + b^2 c^2 + c^2 a^2}.$$

注意到 $\Delta = \dfrac{abc}{4R} = pr$，即 $abc = 4Rrp$，代入上式，化简得

$$PI^2 = \frac{a^2 b(a - b) + b^2 c(b - c) + c^2 a(c - a)}{a^2 b^2 + b^2 c^2 + c^2 a^2} \cdot 2Rr.$$

同理，对于负勃罗卡点 Q，由前面(2)知其面积坐标为 $Q\left(\dfrac{a^2 b^2}{k}, \dfrac{b^2 c^2}{k}, \dfrac{c^2 a^2}{k}\right)$，同样可以求得

$$QI^2 = \frac{ab^2(b - a) + bc^2(c - b) + ca^2(a - c)}{a^2 b^2 + b^2 c^2 + c^2 a^2} \cdot 2Rr.$$

于是得到以下结论：

(4) 设 △ABC 的正勃罗卡点为 P，负勃罗卡点为 Q，内心为 I，外接圆与内切圆半径分别为 R,r，则

① $PI^2 = \dfrac{a^2 b(a-b) + b^2 c(b-c) + c^2 a(c-a)}{a^2 b^2 + b^2 c^2 + c^2 a^2} \cdot 2Rr$；

② $QI^2 = \dfrac{ab^2(b-a) + bc^2(c-b) + ca^2(a-c)}{a^2 b^2 + b^2 c^2 + c^2 a^2} \cdot 2Rr$.

用解三角形的方法求 PI.

如图 11.3(2) 所示，在 △PAI 中，$\angle PAI = \dfrac{A-2\alpha}{2} = \dfrac{A}{2} - \alpha$，其中 α 是勃罗卡角.

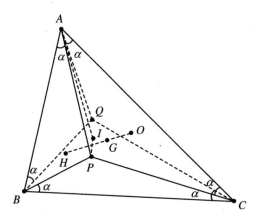

图 11.3(2)

由 1.3(9) 知 $\sin\dfrac{A}{2} = \sqrt{\dfrac{(p-b)(p-c)}{bc}}$，$\cos\dfrac{A}{2} = \sqrt{\dfrac{p(p-a)}{bc}}$.

由 3.3(2)① 知 $AI = \sqrt{\dfrac{bc(p-a)}{p}} = \sqrt{bc - 4Rr}$.

由 9.3(2)① 知 $PA = \dfrac{b^2 c}{\sqrt{k}}$，其中 $k = a^2 b^2 + b^2 c^2 + c^2 a^2$.

由 9.1(6)，9.2(13)① 知 $\cos\alpha = \dfrac{a^2 + b^2 + c^2}{2\sqrt{k}}$，$\sin\alpha = \dfrac{2\Delta}{\sqrt{k}}$.

如图 11.3(2) 所示. 先计算

$$
\begin{aligned}
\cos\angle PAI &= \cos\left(\dfrac{A}{2} - \alpha\right) = \cos\dfrac{A}{2}\cos\alpha + \sin\dfrac{A}{2}\sin\alpha \\
&= \sqrt{\dfrac{p(p-a)}{bc}} \cdot \dfrac{a^2 + b^2 + c^2}{2\sqrt{k}} + \sqrt{\dfrac{(p-b)(p-c)}{bc}} \cdot \dfrac{2\Delta}{\sqrt{k}} \\
&= \dfrac{1}{\sqrt{k}} \cdot \sqrt{\dfrac{1}{bc}}\left[\sqrt{p(p-a)} \cdot \dfrac{a^2 + b^2 + c^2}{2} + \sqrt{(p-b)(p-c)} \cdot 2\Delta\right].
\end{aligned}
$$

所以,在 △*PAI* 中,由余弦定理得

$$PI^2 = PA^2 + AI^2 - 2 \cdot PA \cdot AI \cdot \cos\angle PAI$$

$$= \frac{b^4 c^2}{k} + \frac{bc(p-a)}{p} - 2 \cdot \frac{b^2 c}{\sqrt{k}} \cdot \sqrt{\frac{bc(p-a)}{p}} \cdot \frac{1}{\sqrt{k}} \cdot \sqrt{\frac{1}{bc}} \cdot$$

$$\left[\sqrt{p(p-a)} \cdot \frac{a^2 + b^2 + c^2}{2} + \sqrt{(p-b)(p-c)} \cdot 2\Delta \right]$$

$$= \frac{b^4 c^2}{k} + \frac{bc(p-a)}{p} - 2 \cdot \frac{b^2 c}{k} \cdot$$

$$\left[(p-a) \cdot \frac{a^2 + b^2 + c^2}{2} + \sqrt{\frac{p(p-a)(p-b)(p-c)}{p^2}} \cdot 2\Delta \right]$$

$$= \frac{b^4 c^2}{k} + \frac{bc(p-a)}{p} - 2 \cdot \frac{b^2 c}{k} \cdot$$

$$\left[(p-a) \cdot \frac{a^2 + b^2 + c^2}{2} + \frac{\Delta}{p} \cdot 2\Delta \right].$$

由 1.3(4)中的海伦公式 $\Delta^2 = p(p-a)(p-b)(p-c)$ 得

$$上式 = \frac{b^4 c^2}{k} + \frac{bc(p-a)}{p} - 2 \cdot \frac{b^2 c}{k} \cdot (p-a) \cdot (a^2 + bc)$$

$$= \frac{abc[a^2 b(a-b) + b^2 c(b-c) + c^2 a(c-a)]}{(a+b+c)(a^2 b^2 + b^2 c^2 + c^2 a^2)}$$

由 1.3(5), $\Delta = \dfrac{abc}{4R} = pr \Leftrightarrow 2Rr = \dfrac{abc}{a+b+c}$,所以

$$上式 = \frac{a^2 b(a-b) + b^2 c(b-c) + c^2 a(c-a)}{a^2 b^2 + b^2 c^2 + c^2 a^2} \cdot 2Rr.$$

下面求重心与勃罗卡点的距离.

因为勃罗卡点 P 与重心 G 的面积坐标分别为 $P\left(\dfrac{c^2 a^2}{k}, \dfrac{a^2 b^2}{k}, \dfrac{b^2 c^2}{k}\right) = (x, y, z)$, $G\left(\dfrac{1}{3}, \dfrac{1}{3}, \dfrac{1}{3}\right) = (x', y', z')$,所以

$$\alpha = (x - x')(y - y') = \left(\frac{c^2 a^2}{k} - \frac{1}{3}\right)\left(\frac{a^2 b^2}{k} - \frac{1}{3}\right)$$

$$= \frac{1}{k^2} \cdot c^2 a^2 \cdot a^2 b^2 - \frac{1}{3k}(c^2 a^2 + a^2 b^2) + \frac{1}{9}.$$

同理,

$$\beta = (y - y')(z - z') = \frac{1}{k^2} \cdot a^2 b^2 \cdot b^2 c^2 - \frac{1}{3k}(a^2 b^2 + b^2 c^2) + \frac{1}{9},$$

$$\gamma = (z - z')(x - x') = \frac{1}{k^2} \cdot b^2 c^2 \cdot c^2 a^2 - \frac{1}{3k}(b^2 c^2 + c^2 a^2) + \frac{1}{9}.$$

以下在计算 $PG^2 = -c^2 \alpha - a^2 \beta - b^2 \gamma$ 时,将 $-\dfrac{1}{k^2}, \dfrac{1}{3k}, -\dfrac{1}{9}$ 对应的"系数"分

开计算,所以

$$PG^2 = -c^2\alpha - a^2\beta - b^2\gamma$$

$$= -\frac{1}{k^2}(c^2 \cdot c^2 a^2 \cdot a^2 b^2 + a^2 \cdot a^2 b^2 \cdot b^2 c^2 + b^2 \cdot b^2 c^2 \cdot c^2 a^2)$$

$$+ \frac{1}{3k}[c^2(c^2 a^2 + a^2 b^2) + a^2(a^2 b^2 + b^2 c^2) + b^2(b^2 c^2 + c^2 a^2)]$$

$$- \frac{1}{9}(a^2 + b^2 + c^2)$$

$$= -\frac{1}{k^2} \cdot a^2 b^2 c^2 (a^2 b^2 + b^2 c^2 + c^2 a^2)$$

$$+ \frac{1}{3k}(3a^2 b^2 c^2 + c^4 a^2 + a^4 b^2 + b^4 c^2) - \frac{1}{9}(a^2 + b^2 + c^2).$$

注意到 $k = a^2 b^2 + b^2 c^2 + c^2 a^2$,所以

$$上式 = \frac{1}{3k}(c^4 a^2 + a^4 b^2 + b^4 c^2) - \frac{1}{9}(a^2 + b^2 + c^2)$$

$$= \frac{3(a^4 b^2 + b^4 c^2 + c^4 a^2) - (a^2 + b^2 + c^2)(a^2 b^2 + b^2 c^2 + c^2 a^2)}{9(a^2 b^2 + b^2 c^2 + c^2 a^2)},$$

即

$$PG^2 = \frac{3(a^4 b^2 + b^4 c^2 + c^4 a^2) - (a^2 + b^2 + c^2)(a^2 b^2 + b^2 c^2 + c^2 a^2)}{9(a^2 b^2 + b^2 c^2 + c^2 a^2)}.$$

同理,对于负勃罗卡点 Q,有

$$QG^2 = \frac{3(b^4 a^2 + c^4 b^2 + a^4 c^2) - (a^2 + b^2 + c^2)(a^2 b^2 + b^2 c^2 + c^2 a^2)}{9(a^2 b^2 + b^2 c^2 + c^2 a^2)}.$$

于是得到下列结论:

> (5) 设 △ABC 的正勃罗卡点为 P,负勃罗卡点为 Q,重心为 G,则
>
> ① $PG^2 = \dfrac{3(a^4 b^2 + b^4 c^2 + c^4 a^2) - (a^2 + b^2 + c^2)(a^2 b^2 + b^2 c^2 + c^2 a^2)}{9(a^2 b^2 + b^2 c^2 + c^2 a^2)}$;
>
> ② $QG^2 = \dfrac{3(b^4 a^2 + c^4 b^2 + a^4 c^2) - (a^2 + b^2 + c^2)(a^2 b^2 + b^2 c^2 + c^2 a^2)}{9(a^2 b^2 + b^2 c^2 + c^2 a^2)}$.

下面考虑勃罗卡点 P 到垂心 H 的距离.

首先,在 11.1(4) 中,我们已经得到勃罗卡点 P 到外心 O 的距离,即 $PO^2 = R^2(1 - 4\sin^2\alpha)$. 又由 9.2(3) 知 $\cos\alpha = \dfrac{a^2 + b^2 + c^2}{2\sqrt{a^2 b^2 + b^2 c^2 + c^2 a^2}}$,于是可得

$$PO^2 = \frac{(a^2 + b^2 + c^2)^2 - 3(a^2 b^2 + b^2 c^2 + c^2 a^2)}{a^2 b^2 + b^2 c^2 + c^2 a^2} \cdot R^2$$

$$= \frac{a^4 + b^4 + c^4 - a^2 b^2 - b^2 c^2 - c^2 a^2}{a^2 b^2 + b^2 c^2 + c^2 a^2} \cdot R^2.$$

由于 PO, PG 已求出,而 O, G, H 共线,且 G 分 OH 为 $1:2$(图 11.3(3)),故

我们利用斯图尔特定理(7.1(1))并参看图 11.3(3),得

$$PG^2 = \frac{1}{3}PH^2 + \frac{2}{3}PO^2 - \frac{2}{9}OH^2, \qquad ①$$

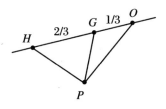

图 11.3(3)

即

$$PH^2 = 3PG^2 - 2PO^2 + \frac{2}{3}OH^2. \qquad ②$$

其中 OH^2 见 7.1(2)③.

以下记

$$\sum a^4b^2 = a^4b^2 + b^4c^2 + c^4a^2, \qquad \sum a^2 = a^2 + b^2 + c^2,$$

$$k = a^2b^2 + b^2c^2 + c^2a^2 = \sum a^2b^2.$$

将 PG^2, PO^2, OH^2 代入式②,得

$$PH^2 = \frac{\sum a^4b^2 - \sum a^2b^2 \cdot \sum a^2 + (8\sum a^2b^2 - 2\sum a^4)R^2}{\sum a^2b^2}. \qquad ③$$

式③中,易知

$$\sum a^4b^2 - \sum a^2b^2 \cdot \sum a^2 = -3a^2b^2c^2 - a^2b^4 - b^2c^4 - c^2a^4,$$

而

$$\Delta = \frac{1}{2}bc\sin A = \frac{1}{2}bc\sqrt{1 - \cos^2 A} = \frac{1}{2}bc\sqrt{1 - \left(\frac{b^2 + c^2 - a^2}{2bc}\right)^2} = \frac{abc}{4R},$$

即 $a^2b^2c^2 = R^2(2\sum a^2b^2 - \sum a^4)$,所以

$$\sum a^4b^2 - \sum a^2b^2 \cdot \sum a^2 = -3a^2b^2c^2 - a^2b^4 - b^2c^4 - c^2a^4$$
$$= -3R^2\left(2\sum a^2b^2 - \sum a^4\right) - a^2b^4 - b^2c^4 - c^2a^4.$$

式③变为

$$PH^2 = \frac{-3R^2\left(2\sum a^2b^2 - \sum a^4\right) - a^2b^4 - b^2c^4 - c^2a^4 + (8\sum a^2b^2 - 2\sum a^4)R^2}{\sum a^2b^2}$$

$$= \frac{(a^2 + b^2 + c^2)R^2 - a^2b^4 - b^2c^4 - c^2a^4}{a^2b^2 + b^2c^2 + c^2a^2}.$$

由式①得 $OH^2 = \frac{3}{2}PH^2 - \frac{9}{2}PG^2 + 3PO^2$,又由 7.1(1)知 $IG^2 = \frac{1}{3}IH^2 +$

$\dfrac{2}{3}IO^2 - \dfrac{2}{9}OH^2$. 将 OH 代入,整理得

$$IG^2 + \dfrac{1}{3}PH^2 + \dfrac{2}{3}PO^2 = \dfrac{1}{3}IH^2 + \dfrac{2}{3}IO^2 + PG^2,$$

即

$$PH^2 + 2PO^2 - 3PG^2 = IH^2 + 2IO^2 - 3IG^2.$$

综合上面的讨论,实际上,我们得到如下结论:

> (6) 设 $\triangle ABC$ 的正勃罗卡点为 P,内心、外心、垂心、重心分别为 $I, O, H,$ G,则
>
> ① $PH^2 = \dfrac{(a^2 + b^2 + c^2)^2 R^2 - a^2 b^4 - b^2 c^4 - c^2 a^4}{a^2 b^2 + b^2 c^2 + c^2 a^2}$;
>
> ② $PG^2 = \dfrac{1}{3}PH^2 + \dfrac{2}{3}PO^2 - \dfrac{2}{9}OH^2$;
>
> ③ $PH^2 + 2PO^2 - 3PG^2 = IH^2 + 2IO^2 - 3IG^2$.

下面求勃罗卡点 P 到旁心 I_a 的距离. 我们用两种方法给出.

方法 1 如图 11.3(4)所示,显然 $\angle PBI_a = \dfrac{\pi - B}{2} + \alpha = \dfrac{\pi}{2} - \left(\dfrac{B}{2} - \alpha\right)$,则

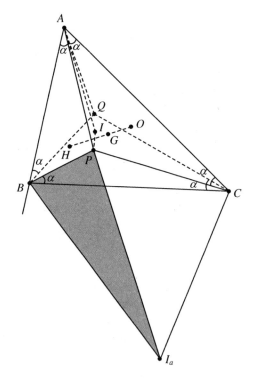

图 11.3(4)

$$\cos \angle PBI_a = \sin\left(\frac{B}{2} - \alpha\right) = \sin\frac{B}{2}\cos\alpha - \cos\frac{B}{2}\sin\alpha$$

$$= \sqrt{\frac{(p-c)(p-a)}{ac}}\cos\alpha - \sqrt{\frac{p(p-b)}{ac}}\sin\alpha.$$

上面用到了 1.3(9)中关于 $\sin\frac{B}{2},\cos\frac{B}{2}$ 的结论. 由 6.3(4)知 $BI_a = 4R\cos\frac{C}{2}$ · $\sin\frac{A}{2} = \sqrt{\frac{ca(p-c)}{p-a}}$, 由 9.3(2)知 $PB = \dfrac{c^2 a}{\sqrt{b^2 c^2 + c^2 a^2 + a^2 b^2}}$ (以下 $k = a^2 b^2 + b^2 c^2 + c^2 a^2$). 而由 9.1(6),9.2(13)①知 $\cos\alpha = \dfrac{a^2 + b^2 + c^2}{2\sqrt{k}}$, $\sin\alpha = \dfrac{2\Delta}{\sqrt{k}}$. 所以在 $\triangle PBI_a$ 中,

$$PI_a^2 = PB^2 + BI_a^2 - 2PB \cdot BI_a \cos\angle PBI_a$$

$$= \frac{c^4 a^2}{k} + \frac{ca(p-c)}{p-a} - 2 \cdot \frac{c^2 a}{\sqrt{k}} \cdot \sqrt{\frac{ca(p-c)}{p-a}}$$

$$\cdot \left(\sqrt{\frac{(p-c)(p-a)}{ac}}\cos\alpha - \sqrt{\frac{p(p-b)}{ac}}\sin\alpha\right)$$

$$= \frac{c^4 a^2}{k} + \frac{ca(p-c)}{p-a} - 2 \cdot \frac{c^2 a}{\sqrt{k}}$$

$$\cdot \left[(p-c) \cdot \frac{a^2 + b^2 + c^2}{2\sqrt{k}} - \sqrt{\frac{p(p-b)(p-c)}{p-a}} \cdot \frac{2\Delta}{\sqrt{k}}\right]$$

$$= \frac{c^4 a^2}{k} + \frac{ca(p-c)}{p-a} - 2 \cdot \frac{c^2 a}{k}$$

$$\cdot \left[(p-c) \cdot \frac{a^2 + b^2 + c^2}{2} - \sqrt{\frac{p(p-b)(p-c)}{p-a}} \cdot 2\Delta\right].$$

因为 $\Delta = \sqrt{p(p-a)(p-b)(p-c)}$, 所以

$$上式 = \frac{c^4 a^2}{k} + \frac{ca(p-c)}{p-a} - 2 \cdot \frac{c^2 a}{k}$$

$$\cdot \left[(p-c) \cdot \frac{a^2 + b^2 + c^2}{2} - 2 \cdot p(p-b)(p-c)\right]$$

$$= \frac{c^4 a^2}{k} + \frac{ca(p-c)}{p-a} - \frac{c^2 a}{k} \cdot (p-c)[a^2 + b^2 + c^2 - 4p(p-b)]$$

$$= \frac{c^4 a^2}{k} + \frac{ca(p-c)}{p-a} - \frac{c^2 a}{k} \cdot (p-c)(2b^2 - 2ac).$$

接下来,不知应该向何处去. 换一种方法求 PI_a^2.

方法 2　如图 11.3(5)所示,由 7.2 节开始的讨论知,任意一点 P 到内心 I 的距离满足

$$PI^2 = \frac{a \cdot PA^2 + b \cdot PB^2 + c \cdot PC^2 - abc}{a + b + c} = f(a, b, c).$$

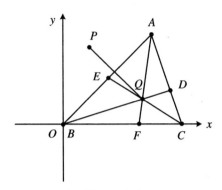

图 11.3(5)

在那里,我们还指出,P 到旁心 I_a 的距离是

$$PI_a^2 = \frac{-a \cdot PA^2 + b \cdot PB^2 + c \cdot PC^2 + abc}{-a + b + c} = f(-a, b, c).$$

而当 P 是勃罗卡点时,由上述(4)知

$$PI^2 = \frac{a^2 b(a - b) + b^2 c(b - c) + c^2 a(c - a)}{a^2 b^2 + b^2 c^2 + c^2 a^2} \cdot 2Rr.$$

又根据 7.2(3),7.2(4)关于 r 与 r_a, r_b, r_c 的代换规则,结合

$$PI^2 = \frac{a^2 b(a - b) + b^2 c(b - c) + c^2 a(c - a)}{a^2 b^2 + b^2 c^2 + c^2 a^2} \cdot 2Rr,$$

只要将 PI^2 中的 a 换成 $-a$,r 换成 $-r_a$,就得到

$$PI_a^2 = \frac{-a^2 b(a + b) + b^2 c(b - c) - c^2 a(c + a)}{a^2 b^2 + b^2 c^2 + c^2 a^2} \cdot 2R \cdot (-r_a)$$

$$= \frac{a^2 b(a + b) - b^2 c(b - c) + c^2 a(c + a)}{a^2 b^2 + b^2 c^2 + c^2 a^2} \cdot 2Rr_a.$$

同理,

$$PI_b^2 = \frac{a^2 b(a + b) + b^2 c(b + c) - c^2 a(c - a)}{a^2 b^2 + b^2 c^2 + c^2 a^2} \cdot 2Rr_b,$$

$$PI_c^2 = \frac{-a^2 b(a - b) + b^2 c(b + c) + c^2 a(c + a)}{a^2 b^2 + b^2 c^2 + c^2 a^2} \cdot 2Rr_c.$$

看起来是莫名其妙的代换,有效吗? 其实我们在 7.2(3),7.2(4)中已经说明,在这里,我们来计算 PI_a^2,以体会上述代换的正确性,增加感性认识. 实际上,对于从 XI 到 XI_a 的距离代换,除了从公式结构能看出来,对其他的涉及 I, I_a 的距离代换,作者对其一般性原理并不十分清楚. 下面给出代换前后的比较.

因为 $PI_a^2 = \dfrac{-a \cdot PA^2 + b \cdot PB^2 + c \cdot PC^2 + abc}{-a + b + c}$,而 $PA = \dfrac{b^2 c}{\sqrt{k}}$, $PB = \dfrac{c^2 a}{\sqrt{k}}$,

$PC = \dfrac{a^2 b}{\sqrt{k}}$，其中 $k = a^2 b^2 + b^2 c^2 + c^2 a^2$，所以

$$PI_a^2 = \dfrac{-a \cdot \dfrac{b^4 c^2}{k} + b \cdot \dfrac{c^4 a^2}{k} + c \cdot \dfrac{a^4 b^2}{k} + abc}{-a + b + c}$$

$$= \dfrac{-ab^4 c^2 + bc^4 a^2 + ca^4 b^2 + kabc}{k(-a + b + c)},$$

将 $kabc = (a^2 b^2 + b^2 c^2 + c^2 a^2) abc$ 展开，则

$$上式 = \dfrac{a^2 b(a + b) - b^2 c(b - c) + c^2 a(c + a)}{k(-a + b + c)} \cdot abc.$$

注意到 1.3(5)，因为

$$PI^2 = \dfrac{a^2 b(a - b) + b^2 c(b - c) + c^2 a(c - a)}{a^2 b^2 + b^2 c^2 + c^2 a^2} \cdot 2Rr$$

$$= \dfrac{a^2 b(a - b) + b^2 c(b - c) + c^2 a(c - a)}{a^2 b^2 + b^2 c^2 + c^2 a^2} \cdot \dfrac{abc}{a + b + c} = f(a, b, c),$$

所以

$$PI_a^2 = \dfrac{a^2 b(-a - b) + b^2 c(b - c) - c^2 a(c + a)}{a^2 b^2 + b^2 c^2 + c^2 a^2} \cdot \dfrac{-abc}{-a + b + c}$$

$$= \dfrac{a^2 b(a + b) - b^2 c(b - c) + c^2 a(c + a)}{k(-a + b + c)} \cdot abc = f(-a, b, c).$$

另一方面，

$$PI_a^2 = \dfrac{a^2 b(a + b) - b^2 c(b - c) + c^2 a(c + a)}{k(-a + b + c)} \cdot 4R\Delta$$

$$= \dfrac{a^2 b(a + b) - b^2 c(b - c) + c^2 a(c + a)}{k(-a + b + c)}$$

$$\cdot 4R(p - a) r_a \quad \left(由\ 6.1(4)② 知\ r_a = \dfrac{\Delta}{p - a} \right)$$

$$= \dfrac{a^2 b(a + b) - b^2 c(b - c) + c^2 a(c + a)}{2k(p - a)} \cdot 4R(p - a) r_a$$

$$= \dfrac{a^2 b(a + b) - b^2 c(b - c) + c^2 a(c + a)}{k} \cdot 2Rr_a.$$

这个结果与代换得到的结果一致，这就说明代换是正确的.

我们把得到的结果写成如下结论：

> (7) 设 $\triangle ABC$ 的勃罗卡点为 P，外心为 I_a, I_b, I_c，则
>
> ① $PI_a^2 = \dfrac{a^2 b(a + b) - b^2 c(b - c) + c^2 a(c + a)}{a^2 b^2 + b^2 c^2 + c^2 a^2} \cdot 2Rr_a$；
>
> ② $PI_b^2 = \dfrac{a^2 b(a + b) + b^2 c(b + c) - c^2 a(c - a)}{a^2 b^2 + b^2 c^2 + c^2 a^2} \cdot 2Rr_b$；
>
> ③ $PI_c^2 = \dfrac{-a^2 b(a - b) + b^2 c(b + c) + c^2 a(c + a)}{a^2 b^2 + b^2 c^2 + c^2 a^2} \cdot 2Rr_c$.

点 P 到五心的距离问题已经解决,但距离表达式应该有更简洁的、更"优雅"的形式.

11.4 由心距公式得到的几何不等式

显然,任意两点之间的距离是非负的,从而由我们得到的六心的心距,就可以得到很多不等式.最简单的心距公式是内心与外心的距离 $IO^2 = R^2 - 2Rr$,在 8.4 节和 5.2(3)中分别用不同的方法得到,这是所有心距中表达形式最简洁、最优雅的一个公式.由 $IO^2 \geqslant 0$,推得 $R \geqslant 2r$,这个不等式叫欧拉不等式,在 1.4(9)中也有证法证得.这个不等式在几何不等式中具有重要地位.

于是得到下列不等式:

> (1) $\triangle ABC$ 的外接圆和内切圆半径分别是 R,r,则 $R \geqslant 2r$,等号当且仅当 $\triangle ABC$ 是正三角形时成立.

当然,几何不等式也可以由其他方法得到,细心的读者可能已经发现,本书内容实际上是围绕三角形产生的几何量的等式与不等式展开的,先前在对五心性质的探讨中,不时会出现不等式,这些不等式产生的办法与距离无关.

由 7.1(2)① 知,外心 O 与重心 G 的距离满足 $OG^2 = \dfrac{1}{9}(9R^2 - \sum a^2) \geqslant 0$,由此得到 $\sum a^2 \leqslant 9R^2$.实际上,在 1.4(8)⑤中,我们得到了更好的结果:$36r^2 \leqslant a^2 + b^2 + c^2 \leqslant 9R^2$,为方便叙述,写成如下结果:

> (2) $\triangle ABC$ 的外接圆和内切圆半径分别是 R,r,三边为 a,b,c,则 $36r^2 \leqslant \sum a^2 \leqslant 9R^2$.

由 7.1(4)知 $IH^2 = 4R^2 + 2r^2 - \dfrac{1}{2}(a^2 + b^2 + c^2)$,$IG^2 = \dfrac{1}{18}(a^2 + b^2 + c^2) + \dfrac{2}{3}(r^2 - 2Rr)$,由 $IH \geqslant 0$,$IG \geqslant 0$ 得到 $a^2 + b^2 + c^2 \leqslant 8R^2 + 4r^2$,$a^2 + b^2 + c^2 \geqslant 24Rr - 12r^2$,综合得

$$24Rr - 12r^2 \leqslant a^2 + b^2 + c^2 \leqslant 8R^2 + 4r^2.$$

由 1.4(12)②知 $ab + bc + ca = p^2 + r^2 + 4Rr$,注意到

$$a^2 + b^2 + c^2 = (a + b + c)^2 - 2(ab + bc + ca)$$
$$= 4p^2 - 2(p^2 + r^2 + 4Rr)$$

$$= \frac{1}{2}(a + b + c)^2 - 2r^2 - 8Rr,$$

代入 IH^2 的表达式中,得

$$IH^2 = 4R^2 + 4Rr + 3r^2 - \frac{1}{4}(a + b + c)^2 \geqslant 0,$$

所以

$$(a + b + c)^2 \leqslant 4(4R^2 + 4Rr + 3r^2).$$

同理,

$$IG^2 = \frac{1}{36}(a + b + c)^2 + \frac{5}{9}r^2 - \frac{16}{9}Rr \geqslant 0,$$

所以 $(a + b + c)^2 \geqslant 64Rr - 20r^2$.

综合得

$$64Rr - 20r^2 \leqslant (a + b + c)^2 \leqslant 4(4R^2 + 4Rr + 3r^2).$$

于是可得以下结论:

> (3) $\triangle ABC$ 的外接圆和内切圆半径分别是 R, r, 三边为 a, b, c, 则
>
> ① $24Rr - 12r^2 \leqslant a^2 + b^2 + c^2 \leqslant 8R^2 + 4r^2$, 等号当且仅当 $\triangle ABC$ 为正三角形时成立;
>
> ② $64Rr - 20r^2 \leqslant (a + b + c)^2 \leqslant 4(4R^2 + 4Rr + 3r^2)$, 等号当且仅当 $\triangle ABC$ 为正三角形时成立.

值得指出的是,由于 $R \geqslant 2r$,因此不等式(3)①加强了(2).请读者将(3)①中的不等式与结论 1.4(8)⑤中列出的不等式对照,并体会这两个不等式的优劣对比.

在 7.2 节开始的讨论中,当 I 为内心时,对 $\triangle ABC$ 平面内的任意一点 P,实际上我们得到了如下结果:

$$PI^2 = \frac{a \cdot PA^2 + b \cdot PB^2 + c \cdot PC^2 - abc}{a + b + c},$$

于是,当 P 为垂心 H、外心 O、重心 G 时,下列结论是显然的:

> (4) 设 $\triangle ABC$ 的垂心为 H,外心为 O,重心为 G,则
>
> ① $a \cdot HA^2 + b \cdot HB^2 + c \cdot HC^2 \geqslant abc$, 等号当且仅当 $\triangle ABC$ 为正三角形时成立;
>
> ② $a \cdot OA^2 + b \cdot OB^2 + c \cdot OC^2 \geqslant abc \Leftrightarrow (a + b + c)R^2 \geqslant abc$, 等号当且仅当 $\triangle ABC$ 为正三角形时成立;
>
> ③ $a \cdot GA^2 + b \cdot GB^2 + c \cdot GC^2 \geqslant abc$, 等号当且仅当 $\triangle ABC$ 为正三角形时成立.

而当 I 为 $I_x(I_a, I_b, I_c)$ 时,由 7.2 节指出的代换规则,知

$$PI_a^2 = \frac{-a \cdot PA^2 + b \cdot PB^2 + c \cdot PC^2 + abc}{-a + b + c} \geq 0,$$

即 $-a \cdot PA^2 + b \cdot PB^2 + c \cdot PC^2 + abc \geq 0$,等号当且仅当 P 与 I_a 重合时成立.同理,$a \cdot PA^2 - b \cdot PB^2 + c \cdot PC^2 + abc \geq 0$,等号当且仅当 P 与 I_b 重合时成立;$a \cdot PA^2 + b \cdot PB^2 - c \cdot PC^2 + abc \geq 0$,等号当且仅当 P 与 I_c 重合时成立.

于是得到下列结论:

> (5) 设 P 为 $\triangle ABC$ 平面上的任意点,则
>
> ① $-a \cdot PA^2 + b \cdot PB^2 + c \cdot PC^2 + abc \geq 0$,等号当且仅当 P 与 I_a 重合时成立;
>
> ② $a \cdot PA^2 - b \cdot PB^2 + c \cdot PC^2 + abc \geq 0$,等号当且仅当 P 与 I_b 重合时成立;
>
> ③ $a \cdot PA^2 + b \cdot PB^2 - c \cdot PC^2 + abc \geq 0$,等号当且仅当 P 与 I_c 重合时成立.

由 11.3(4)知,$\triangle ABC$ 的正勃罗卡点为 P,负勃罗卡点为 Q,内心为 I,外接圆与内切圆的半径分别为 R,r,则

$$PI^2 = \frac{a^2 b(a - b) + b^2 c(b - c) + c^2 a(c - a)}{a^2 b^2 + b^2 c^2 + c^2 a^2} \cdot 2Rr,$$

$$QI^2 = \frac{ab^2(b - a) + bc^2(c - b) + ca^2(a - c)}{a^2 b^2 + b^2 c^2 + c^2 a^2} \cdot 2Rr.$$

于是得到下列不等式:

> (6) 在任意 $\triangle ABC$ 中,有以下不等式成立:
>
> ① $a^2 b(a - b) + b^2 c(b - c) + c^2 a(c - a) \geq 0$,等号当且仅当 $\triangle ABC$ 是正三角形时成立;
>
> ② $ab^2(b - a) + bc^2(c - b) + ca^2(a - c) \geq 0$,等号当且仅当 $\triangle ABC$ 是正三角形时成立.

由 11.3(5)知,$\triangle ABC$ 的正勃罗卡点 P、负勃罗卡点 Q 到重心 G 的距离分别是

$$PG^2 = \frac{3(a^4 b^2 + b^4 c^2 + c^4 a^2) - (a^2 + b^2 + c^2)(a^2 b^2 + b^2 c^2 + c^2 a^2)}{9(a^2 b^2 + b^2 c^2 + c^2 a^2)},$$

$$QG^2 = \frac{3(b^4 a^2 + c^4 b^2 + a^4 c^2) - (a^2 + b^2 + c^2)(a^2 b^2 + b^2 c^2 + c^2 a^2)}{9(a^2 b^2 + b^2 c^2 + c^2 a^2)}.$$

于是得到下述结论:

(7) 在任意 $\triangle ABC$ 中,有以下不等式成立:

① $3(a^4b^2 + b^4c^2 + c^4a^2) - (a^2 + b^2 + c^2)(a^2b^2 + b^2c^2 + c^2a^2) \geqslant 0$,等号当且仅当 $\triangle ABC$ 是正三角形时成立;

② $3(b^4a^2 + c^4b^2 + a^4c^2) - (a^2 + b^2 + c^2)(a^2b^2 + b^2c^2 + c^2a^2) \geqslant 0$,等号当且仅当 $\triangle ABC$ 是正三角形时成立.

由 11.3(6)①知,$\triangle ABC$ 的正勃罗卡点 P 到重心 H 的距离是

$$PH^2 = \frac{(a^2 + b^2 + c^2)^2 R^2 - a^2b^4 - b^2c^4 - c^2a^4}{a^2b^2 + b^2c^2 + c^2a^2}.$$

于是得到下述结论:

(8) 在任意 $\triangle ABC$ 中,有以下不等式成立:

$$(a^2 + b^2 + c^2)^2 R^2 \geqslant a^2b^4 + b^2c^4 + c^2a^4,$$

等号当且仅当 $\triangle ABC$ 是正三角形时成立.

第12章 勃罗卡点从三角形到四边形再到 Yff 点

12.1 四边形的勃罗卡点和勃罗卡角

定义 如图 12.1(1)所示,(凸)四边形 $ABCD$ 内一点 P 满足 $\angle PCD = \angle PDA = \angle PAB = \angle PBC = \theta$,则称点 P 是四边形的勃罗卡点,而 θ 称为勃罗卡角.

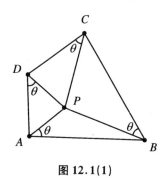

图 12.1(1)

关于一般四边形的勃罗卡点(角)我们知道的不多,但是,人们已经发现的结论非常有趣.

我们先看圆内接四边形的几个结论:

---

(1) 如图 12.1(2)所示,$ABCD$ 是圆内接四边形,且 $\angle PCD = \angle PDA = \angle PAB = \angle PBC = \theta$,则

$$\frac{2}{\sin^2 \theta} = \frac{1}{\sin^2 A} + \frac{1}{\sin^2 B} + \frac{1}{\sin^2 C} + \frac{1}{\sin^2 D}.$$

式中 A, B, C, D 表示四边形 $ABCD$ 的内角.

我们称这个恒等式为四边形的勃罗卡角恒等式.

这个结论的证明,我们暂且搁置.先说说这个恒等式的其他表现形式,以及 θ

的范围.

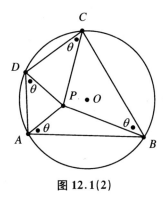

图 12.1(2)

读者应该还记得,在 9.2(8) 中,我们得到的 △ABC 的勃罗卡角 α 满足关系:

$$\frac{1}{\sin^2 \alpha} = \frac{1}{\sin^2 A} + \frac{1}{\sin^2 B} + \frac{1}{\sin^2 C}.$$

这个结论与四边形的勃罗卡角恒等式如此相似,令人吃惊,以至于作者甚至猜想,圆内接五边形如果有勃罗卡点(角),应该也有类似的结论.这真是一个值得思考的问题.

其次,注意到 $1 + \cot^2 x = 1 + \dfrac{\cos^2 x}{\sin^2 x} = \dfrac{1}{\sin^2 x}$,所以(1)中关于四边形的勃罗卡角恒等式可以变为

$$2\cot^2 \theta = 2 + \cot^2 A + \cot^2 B + \cot^2 C + \cot^2 D.$$

由于圆内接四边形的对角互补,即 $A + C = B + D = \pi$,因此

$$\cot^2 C = \cot^2 (\pi - A) = \cot^2 A, \quad \cot^2 D = \cot^2 B,$$

所以 $\cot^2 \theta = 1 + \cot^2 A + \cot^2 B$,两边都加 1,得

$$\frac{1}{\sin^2 \theta} = \frac{1}{\sin^2 A} + \frac{1}{\sin^2 B} \quad 或 \quad \csc^2 \theta = \csc^2 A + \csc^2 B$$

$$\Leftrightarrow \quad \cot^2 \theta = 1 + \cot^2 A + \cot^2 B.$$

同理,

$$\csc^2 \theta = \csc^2 C + \csc^2 D \quad \Leftrightarrow \quad \cot^2 \theta = 1 + \cot^2 C + \cot^2 D.$$

再者,在四边形的勃罗卡角的恒等式中,显然 $\sin^2 A \leqslant 1, \sin^2 B \leqslant 1, \sin^2 C \leqslant 1,$ $\sin^2 D \leqslant 1$,所以

$$\frac{2}{\sin^2 \theta} = \frac{1}{\sin^2 A} + \frac{1}{\sin^2 B} + \frac{1}{\sin^2 C} + \frac{1}{\sin^2 D} \geqslant 4 \quad \Rightarrow \quad \sin^2 \theta \leqslant \frac{1}{2},$$

即 $\sin \theta \leqslant \dfrac{\sqrt{2}}{2}$,亦即 $0 < \theta \leqslant \dfrac{\pi}{4}$.显然,当 $\theta = \dfrac{\pi}{4}$ 时,$A = B = C = D = 90°$,这时的四边形 ABCD 是正方形.又显然,这里 θ 不可能是钝角,否则,四边形的每个角都是钝角,这不可能.

我们将上述讨论写成如下结论：

> （2）四边形 $ABCD$ 是圆内接四边形，且 $\angle PCD = \angle PDA = \angle PAB = \angle PBC = \theta$，则
>
> ① $\cot^2\theta = 1 + \dfrac{1}{2}\sum\cot^2 A$；
>
> ② $\csc^2\theta = \csc^2 A + \csc^2 B \Leftrightarrow \cot^2\theta = 1 + \cot^2 A + \cot^2 B$，$\csc^2\theta = \csc^2 C + \csc^2 D \Leftrightarrow \cot^2\theta = 1 + \cot^2 C + \cot^2 D$；
>
> ③ $0 < \theta \leqslant \dfrac{\pi}{4}$，等号当且仅当四边形 $ABCD$ 是正方形时成立.

下面给出四边形的勃罗卡角的恒等式（1）的证明，顺带的结论（2）也自然成立.

如图 12.1(3) 所示，在 $\triangle DAP$ 中，$\angle DAP + \theta = \pi - \gamma$，$\angle DAP + \theta = A$，所以 $A = \pi - \gamma$. 又在圆内接四边形 $ABCD$ 中，$A = \pi - C$，所以 $\gamma = C$.

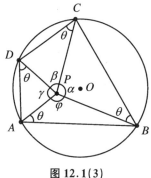

图 12.1(3)

同理，$\alpha = A$，$\beta = B$，$\varphi = D$.

在 $\triangle DPA$，$\triangle APB$ 中，分别由正弦定理得 $\dfrac{AD}{\sin\gamma} = \dfrac{AP}{\sin\theta}$，$\dfrac{AB}{\sin\varphi} = \dfrac{AP}{\sin(B-\theta)}$，即 $\dfrac{AD}{\sin C} = \dfrac{AP}{\sin\theta}$，$\dfrac{AB}{\sin D} = \dfrac{AP}{\sin(B-\theta)}$，所以

$$\frac{AD}{AB}\cdot\frac{1}{\sin C} = \frac{\sin(B-\theta)}{\sin\theta\sin D} = \cot\theta - \cot B.$$

同理，

$$\frac{AB}{BC}\cdot\frac{1}{\sin D} = \cot\theta - \cot C,$$

$$\frac{BC}{CD}\cdot\frac{1}{\sin A} = \cot\theta - \cot D,$$

$$\frac{CD}{DA}\cdot\frac{1}{\sin B} = \cot\theta - \cot A.$$

四个式子相乘，得

$$\frac{1}{\sin A\sin B\sin C\sin D} = (\cot\theta - \cot A)(\cot\theta - \cot B)$$

$$\cdot (\cot\theta - \cot C)(\cot\theta - \cot D),$$

其中 C,D 可用 A,B 代换,即 $\sin C\sin D = \sin(\pi - A)\sin(\pi - B) = \sin A\sin B$,以及 $(\cot\theta - \cot C)(\cot\theta - \cot D) = (\cot\theta + \cot A)(\cot\theta + \cot B)$,于是上式变为

$$\frac{1}{\sin^2 A\sin^2 B} = (\cot^2\theta - \cot^2 A)(\cot^2\theta - \cot^2 B),$$

化简得 $\csc^2\theta = \csc^2 A + \csc^2 B$.同理,$\csc^2\theta = \csc^2 C + \csc^2 D$.两式相加得

$$2\csc^2\theta = \csc^2 A + \csc^2 B + \csc^2 C + \csc^2 D.$$

(1)证毕.

利用上面的证法中得到的结论:

将 $\dfrac{AB}{BC}\cdot\dfrac{1}{\sin D} = \cot\theta - \cot C$ 与 $\dfrac{CD}{DA}\cdot\dfrac{1}{\sin B} = \cot\theta - \cot A$ 相乘,得

$$\frac{AB\cdot CD}{BC\cdot DA} = \sin B\sin D(\cot\theta - \cot C)(\cot\theta - \cot A).$$

因为 $B + D = \pi, A + C = \pi, \csc^2\theta = \csc^2 A + \csc^2 B$,所以上式变为

$$\frac{AB\cdot CD}{BC\cdot DA} = \sin^2 B(\cot^2\theta - \cot^2 A) = \sin^2 B\cdot\csc^2 B = 1,$$

即 $AB\cdot CD = BC\cdot DA$.

因圆内接四边形有著名的定理(关于圆内接四边形的托勒密定理):$AB\cdot DC + BC\cdot DA = AC\cdot BD$.对于存在勃罗卡点的圆内接四边形 $ABCD$,因为 $AB\cdot CD = BC\cdot DA$,所以在存在勃罗卡点的圆内接四边形 $ABCD$ 中,$AC\cdot BD = 2AB\cdot DC = 2BC\cdot DA$.

于是得到存在勃罗卡点的圆内接四边形的如下有趣性质:

> (3) 圆内接四边形 $ABCD$ 有勃罗卡点,则 $AC\cdot BD = 2AB\cdot DC = 2BC\cdot DA$.

注意,(1)中所说的勃罗卡角恒等式是圆内接四边形的勃罗卡角满足的关系.那么一般的四边形如果有勃罗卡点,勃罗卡角怎么计算? 勃罗卡角有什么范围? 还有一个问题是:什么样的四边形存在勃罗卡点? 或者说,是不是所有的四边形都存在勃罗卡点?

对一般的凸四边形而言,有的四边形是存在勃罗卡点的,比如正方形的中心就是正方形的勃罗卡点,但是,不是所有的凸四边形都存在勃罗卡点,事实上可以构造出不存在勃罗卡点的四边形.

如图 12.1(4)所示,在折线 AB,BC,CT 内,过 A,B 作圆 O_1 且与 BC 切于点 B,过 B,C 作圆 O_2 且与 CT 切于点 C.

圆 O_1 与圆 O_2 交于 B,P,则 $\angle PAB = \angle PBC = \angle PCT$(设都等于 θ).不难看

到,在折线 AB,BC,CT 构成的折线图中,点 P 是唯一的一点,且满足 $\angle PAB = \angle PBC = \angle PCT$.再过 A,P 作圆 O_3 且与 AB 切于点 A,在图 12.1(4)中,圆 O_3 与 CT 不相交,这时,在 CT 上任取点 D,则 $\angle ADP < \angle AD'P = \theta$.也就是说,四边形 $ABCD$ 不存在勃罗卡点.

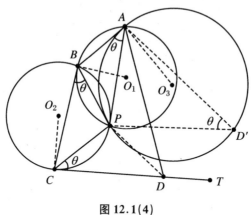

图 12.1(4)

于是得到了关于四边形的勃罗卡点与三角形不同的结论:

（4）不是所有的(凸)四边形都有勃罗卡点.

下面我们用另外的方法证明,若(凸)四边形存在勃罗卡点,则勃罗卡角一定在 $\left(0,\dfrac{\pi}{4}\right]$ 范围内.正如上面所指出的,正方形的勃罗卡角是 $\dfrac{\pi}{4}$,后面我们将看到,如果一个四边形的勃罗卡角是 $\dfrac{\pi}{4}$,则这个四边形是正方形.

先证明如下结论:

（5）设四边形 $ABCD$ 的勃罗卡角为 θ,则
① $\sin^4\theta = \sin(A-\theta)\sin(B-\theta)\sin(C-\theta)\sin(D-\theta)$;
② $0 < \theta \leqslant \dfrac{\pi}{4}$,等号当且仅当(凸)四边形 $ABCD$ 是正方形时成立.

证明 ① 如图 12.1(5)所示,设 P 为四边形的勃罗卡点,θ 为勃罗卡角.易知 $\angle APB = \pi - B$,$\angle BPC = \pi - C$,$\angle CPD = \pi - D$,$\angle DPA = \pi - A$,所以在 $\triangle APB$ 中,由正弦定理得

$$\frac{PA}{PB} = \frac{\sin(B-\theta)}{\sin\theta}.$$

同理,可得

$$\frac{PB}{PC} = \frac{\sin(C-\theta)}{\sin\theta}, \quad \frac{PC}{PD} = \frac{\sin(D-\theta)}{\sin\theta}, \quad \frac{PD}{PA} = \frac{\sin(A-\theta)}{\sin\theta}.$$

四式相乘,即得①.

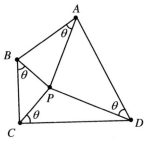

图 12.1(5)

② 很显然,①可变为

$$4\ln \sin \theta = \ln \sin(A - \theta) + \ln \sin(B - \theta) + \ln \sin(C - \theta) + \ln(D - \theta)$$

$$\Leftrightarrow \quad \ln \sin \theta = \frac{\ln \sin(A - \theta) + \ln \sin(B - \theta) + \ln \sin(C - \theta) + \ln(D - \theta)}{4}.$$

取函数 $f(x) = \ln \sin(x - \theta)$,$\pi > x > \theta > 0$,则 $f''(x) = -\dfrac{1}{\sin^2(x - \theta)} < 0$,所以 $f(x)$ 在 $(0,\pi)$ 上是上凸函数,由琴生不等式得

$$f\left(\frac{A + B + C + D}{4}\right) \geqslant \frac{f(A) + f(B) + f(C) + f(D)}{4},$$

等号当且仅当 $A = B = C = D$ 时成立,即

$$\ln \sin\left(\frac{A + B + C + D}{4} - \theta\right)$$

$$\geqslant \frac{\ln \sin(A - \theta) + \ln \sin(B - \theta) + \ln \sin(C - \theta) + \ln \sin(D - \theta)}{4}$$

$$= \frac{1}{4}\ln\left[\sin(A - \theta)\sin(B - \theta)\sin(C - \theta)\sin(D - \theta)\right].$$

由①并注意到 $A + B + C + D = 2\pi$,得 $\ln \sin\left(\dfrac{\pi}{2} - \theta\right) \geqslant \dfrac{1}{4}\ln \sin^4 \theta$,即 $\sin \theta \leqslant \cos \theta$,所以 $0 < \theta \leqslant \dfrac{\pi}{4}$,显然,等号当且仅当 $A = B = C = D = \dfrac{\pi}{2}$ 时成立,此时勃罗卡点是正方形 $ABCD$ 的中心.

与(5)类似,对于凸 $n(n \geqslant 3)$ 边形,有下列更一般的结论:

> (6) 设凸 $n(n \geqslant 3)$ 边形 $A_1 A_2 \cdots A_n$ 存在勃罗卡点,且勃罗卡角为 θ,则
>
> ① $\sin^n \theta = \sin(A_1 - \theta)\sin(A_2 - \theta)\cdots\sin(A_n - \theta)$;
>
> ② $0 < \theta \leqslant \dfrac{(n - 2)\pi}{2n}$.

上述(6)的证明与(5)的证明完全相同,请读者自行写出证明过程.上述(5)的

证明用到了导数,我们将在后面给出这个问题的初等解法.

由(5)知,四边形的勃罗卡角就是方程

$$\sin^4 x = \sin(A - x)\sin(B - x)\sin(C - x)\sin(D - x)$$

的解,这是一个大胆的转化.那么,这个方程的解是什么呢? 我们将在后面给出解的存在性的证明,从而在理论上解决这个方程的解的问题.

那么,勃罗卡角有没有其他求解方法呢? 答案是肯定的,这就是下面的结论:

> (7) 设凸四边形 $ABCD$ 存在勃罗卡点 P,相应的勃罗卡角为 θ,四边形 $ABCD$ 的面积为 Δ,四条边为 a,b,c,d,则 $\cot \theta = \dfrac{a^2 + b^2 + c^2 + d^2}{4\Delta}$.

证明 如图 12.1(6)所示,为方便起见,将四条边 AB,BC,CD,DA 分别记为 a,b,c,d；AP,BP,CP,DP 的长分别记为 m,n,s,t；$\omega_1 = \overrightarrow{AP} \cdot \overrightarrow{AB}$,$\omega_2 = \overrightarrow{BP} \cdot \overrightarrow{BC}$,$\omega_3 = \overrightarrow{CP} \cdot \overrightarrow{CD}$,$\omega_4 = \overrightarrow{DP} \cdot \overrightarrow{DA}$；$\Delta_1,\Delta_2,\Delta_3,\Delta_4$ 分别是 $\triangle PAB$,$\triangle PBC$,$\triangle PCD$,$\triangle PDA$ 的面积；而四边形 $ABCD$ 的面积为 Δ.则

$$\omega_1 = am\cos \theta = 2 \cdot \frac{1}{2} am\sin \theta \cdot \frac{\cos \theta}{\sin \theta} = 2\Delta_1 \cot \theta.$$

同理,可得 $\omega_2,\omega_3,\omega_4$.将四个结果相加,得

$$\sum_{i=1}^{4} \omega_i = 2\Delta \cot \theta \quad \left(\text{其中} \sum_{i=1}^{4} \omega_i = \omega_1 + \omega_2 + \omega_3 + \omega_4\right).$$

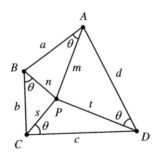

图 12.1(6)

另一方面,分别在 $\triangle PAB$,$\triangle PBC$,$\triangle PCD$,$\triangle PDA$ 中应用余弦定理,可得

$$n^2 = a^2 + m^2 - 2am\cos \theta = a^2 + m^2 - 2\omega_1.$$

同理,还有以下三个式子:

$$s^2 = b^2 + n^2 - 2\omega_2, \quad t^2 = s^2 + c^2 - 2\omega_3, \quad m^2 = t^2 + d^2 - 2\omega_4.$$

将这四个式子相加,得

$$\sum_{i=1}^{4} \omega_i = \frac{1}{2} \sum a^2 \quad \left(\text{其中} \sum a^2 = a^2 + b^2 + c^2 + d^2\right).$$

所以 $2\Delta \cot \theta = \dfrac{1}{2}(a^2 + b^2 + c^2 + d^2)$,即

$$\cot \theta = \frac{a^2 + b^2 + c^2 + d^2}{4\Delta}.$$

证毕.

我们知道,三角形的勃罗卡角有一个关系是 $\cot \theta = \dfrac{a^2 + b^2 + c^2}{4\Delta}$(即 9.2(7)中的结论). 显然,四边形中的 $\cot \theta = \dfrac{a^2 + b^2 + c^2 + d^2}{4\Delta}$ 是三角形结论的完美推广.

凸四边形的勃罗卡角 θ 还有以下两个结论:

> (8) 设凸四边形的四条边为 a, b, c, d,勃罗卡角为 θ,则
>
> ① $\dfrac{1}{\sin^2 \theta} = \dfrac{1}{2\Delta}\left(\dfrac{ab}{\sin B} + \dfrac{bc}{\sin C} + \dfrac{cd}{\sin D} + \dfrac{da}{\sin A}\right)$;
>
> ② $\dfrac{1}{2\sin^2 \theta} = \dfrac{\dfrac{ab}{\sin B} + \dfrac{bc}{\sin C} + \dfrac{cd}{\sin D} + \dfrac{da}{\sin A}}{ab\sin B + bc\sin C + cd\sin D + da\sin A}$.

证明 ① 如图 12.1(6)所示,有

$$\Delta = \Delta_1 + \Delta_2 + \Delta_3 + \Delta_4 = \frac{1}{2}(am\sin \theta + bn\sin \theta + cs\sin \theta + dt\sin \theta). \quad ①$$

在 $\triangle ABP$ 中,$\angle APB = \pi - B$,由正弦定理得

$$\frac{a}{\sin \angle APB} = \frac{n}{\sin \theta} \Rightarrow \frac{a}{\sin B} = \frac{n}{\sin \theta} \Rightarrow n = \frac{a\sin \theta}{\sin B}.$$

同理,$m = \dfrac{d\sin \theta}{\sin A}$,$s = \dfrac{b\sin \theta}{\sin C}$,$t = \dfrac{c\sin \theta}{\sin D}$,代入式①即得①.

② 该证明很简单,只要将式①中的

$$\Delta = \frac{1}{2}(am\sin \theta + bn\sin \theta + cs\sin \theta + dt\sin \theta)$$

代入结论①即可.

作者不喜欢上述(8)中的两个结论,因为长得"丑". 有长得"好看"一点的,需要利用任意凸四边形的一个恒等式,这个结果本书不证明而直接引用杨学枝发表在《中学数学杂志》上的《平面凸四边形的一个恒等式》一文中的内容:

设凸四边形 $ABCD$ 的四条边为 a, b, c, d,对角线 $AC = x$,$BD = y$,面积为 Δ,则

$$16\Delta^2 + (a^2 + b^2 + c^2 + d^2)^2 = 4(a^2 b^2 + b^2 c^2 + c^2 d^2 + d^2 a^2 + x^2 y^2).$$

利用这个结果,注意到 $1 + \tan^2 \theta = 1 + \dfrac{\sin^2 \theta}{\cos^2 \theta} = \dfrac{1}{\cos^2 \theta}$,结合(7)中 $\cot \theta = \dfrac{a^2 + b^2 + c^2 + d^2}{4\Delta}$,整理即得下述结论:

(9) 设凸四边形 $ABCD$ 的四条边为 a, b, c, d, 对角线 $AC = x$, $BD = y$, 勃罗卡角为 θ, 则 $\cos^2\theta = \dfrac{(a^2 + b^2 + c^2 + d^2)^2}{4(a^2b^2 + b^2c^2 + c^2d^2 + d^2a^2 + x^2y^2)}$.

这个结果比较整齐, 明确反映了勃罗卡角与四边形的边、对角线的关系. 由结论(9)和(5), 因为 $0 < \theta \leqslant \dfrac{\pi}{4}$, 所以 $\cos^2\theta \geqslant \dfrac{1}{2}$, 代入(9), 化简得

$$(a^2 + c^2)^2 + (b^2 + d^2)^2 \geqslant 2x^2y^2.$$

由此得到四边形 $ABCD$ 存在勃罗卡点的充要条件:

(10) 设凸四边形 $ABCD$ 的四条边为 a, b, c, d, 对角线 $AC = x$, $BD = y$, 则这个四边形存在勃罗卡点的充要条件是 $(a^2 + c^2)^2 + (b^2 + d^2)^2 \geqslant 2x^2y^2$, 等号当且仅当四边形 $ABCD$ 是正方形时成立.

下面我们用初等方法证明勃罗卡角的范围是 $\left(0, \dfrac{\pi}{4}\right]$. 这个证明过程很长.

由(5)①知 $\sin^4\theta = \sin(A - \theta)\sin(B - \theta)\sin(C - \theta)\sin(D - \theta)$, 对于给定的四个角 A, B, C, D, 勃罗卡角就是方程

$$\sin^4 x = \sin(A - x)\sin(B - x)\sin(C - x)\sin(D - x) \qquad ②$$

的解. 显然 $0 < x < \min\{A, B, C, D\} \leqslant \dfrac{\pi}{2}$.

在解这个方程之前, 先给出任意凸四边形内的几个恒等式, 这些恒等式将在下面的叙述中直接应用. 恒等式只要用寻常的和差化积(类似于 1.4 节那里的方法)即可证明, 具体过程留给读者.

(11) 在任意凸四边形 $ABCD$ 中, 有以下恒等式:

① $\sum \sin 2A = \sin 2A + \sin 2B + \sin 2C + \sin 2D = 4\sin(B + C) \cdot \sin(C + D)\sin(D + B)$;

② $\sum \cos 2A = \cos 2A + \cos 2B + \cos 2C + \cos 2D = 4\cos(B + C) \cdot \cos(C + D)\cos(D + B)$;

③ $\sum \sin^2 A = \sin^2 A + \sin^2 B + \sin^2 C + \sin^2 D = 2 - 2\cos(B + C) \cdot \cos(C + D)\cos(D + B)$.

下面解方程②.

因为

$$\sin(A - x)\sin(B - x) = -\dfrac{1}{2}[\cos(A + B - 2x) - \cos(A - B)],$$

$$\sin(C - x)\sin(D - x) = -\frac{1}{2}[\cos(C + D - 2x) - \cos(C - D)],$$

代入式②,所以

$$4\sin^4 x = \cos(A + B - 2x)\cos(C + D - 2x) - \cos(A + B - 2x)\cos(C - D)$$
$$- \cos(C + D - 2x)\cos(A - B) + \cos(A - B)\cos(C - D).$$

注意到

$$\cos(A + B - 2x)\cos(C + D - 2x)$$
$$= \frac{1}{2}[\cos(A + B + C + D - 4x) + \cos(A + B - C - D)]$$
$$= \frac{1}{2}\{\cos(2\pi - 4x) + \cos[2\pi - 2(C + D)]\}$$
$$= \frac{1}{2}[\cos 4x + \cos 2(C + D)],$$

$$\cos(A + B - 2x)\cos(C - D)$$
$$= \frac{1}{2}[\cos(A + B + C - D - 2x) + \cos(A + B + D - C - 2x)]$$
$$= \frac{1}{2}[\cos(2D + 2x) + \cos(2C + 2x)],$$

$$\cos(C + D - 2x)\cos(A - B)$$
$$= \frac{1}{2}[\cos(C + D + A - B - 2x) + \cos(C + D + B - A - 2x)]$$
$$= \frac{1}{2}[\cos(2B + 2x) + \cos(2A + 2x)],$$

$$\cos(A - B)\cos(C - D)$$
$$= \frac{1}{2}[\cos(A + C - B - D) + \cos(A + D - B - C)]$$
$$= \frac{1}{2}[\cos 2(B + D) + \cos 2(B + C)],$$

代入上述的等价方程,得

$$8\sin^4 x - \cos 4x$$
$$= \cos 2(B + C) + \cos 2(C + D) + \cos 2(D + B)$$
$$- [\cos(2A + 2x) + \cos(2B + 2x) + \cos(2C + 2x) + \cos(2D + 2x)].$$

又 $8\sin^4 x - \cos 4x = 3 - 4\cos 2x$,而

$$\cos(2A + 2x) + \cos(2B + 2x) + \cos(2C + 2x) + \cos(2D + 2x)$$
$$= (\cos 2A + \cos 2B + \cos 2C + \cos 2D)\cos 2x$$
$$- (\sin 2A + \sin 2B + \sin 2C + \sin 2D)\sin 2x,$$

所以方程变为

$$3 - 4\cos 2x = \cos 2(B + C) + \cos 2(C + D) + \cos 2(D + B)$$
$$- (\cos 2A + \cos 2B + \cos 2C + \cos 2D)\cos 2x$$

$$+ (\sin 2A + \sin 2B + \sin 2C + \sin 2D)\sin 2x,$$

整理得

$$[4 - (\cos 2A + \cos 2B + \cos 2C + \cos 2D)]\cos 2x$$
$$+ (\sin 2A + \sin 2B + \sin 2C + \sin 2D)\sin 2x$$
$$- [3 - \cos 2(B + C) - \cos 2(C + D) - \cos 2(D + B)]$$
$$= 0.$$

由(11)知

$$4 - (\cos 2A + \cos 2B + \cos 2C + \cos 2D) = 2\sum \sin^2 A = 2m,$$

$$\sum \sin 2A = 4\sin(B + C)\sin(C + D)\sin(D + B) = 2n,$$

$$3 - \cos 2(B + C) - \cos 2(C + D) - \cos 2(D + B)$$
$$= 2[\sin^2(B + C) + \sin^2(C + D) + \sin^2(D + B)]$$
$$= -2k,$$

于是方程②最后可以化为 $m\cos 2x + n\sin 2x + k = 0, x \in \left(0, \dfrac{\pi}{2}\right)$，其中

$$m = \sum \sin^2 A = \sin^2 A + \sin^2 B + \sin^2 C + \sin^2 D,$$
$$n = 2\sin(B + C)\sin(C + D)\sin(D + B),$$
$$k = -\sin^2(B + C) - \sin^2(C + D) - \sin^2(D + B).$$

做代换 $\sin 2x = \dfrac{2t}{1 + t^2}, \cos 2x = \dfrac{1 - t^2}{1 + t^2}$，其中 $t = \tan x > 0$，则方程②变为

$$(k - m)t^2 + 2nt + k + m = 0.$$

取 $f(t) = (k - m)t^2 + 2nt + k + m$，则只要证明 $f(t) = 0$ 有且仅有一个正数解，

且这个解在$(0,1]$内，即只要证明 $\begin{cases} k - m < 0 \\ f(0) < 0 \\ f(1) \leqslant 0 \end{cases}$.

因为 $k - m < 0$，所以 $f(x)$ 开口向下，注意到(11)③，

$$f(0) = m + k$$
$$= \sin^2 A + \sin^2 B + \sin^2 C + \sin^2 D - \sin^2(B + C)$$
$$- \sin^2(C + D) - \sin^2(D + B)$$
$$= 2 - 2\cos(B + C)\cos(C + D)\cos(D + B) - \sin^2(B + C)$$
$$- \sin^2(C + D) - \sin^2(D + B)$$
$$= \cos^2(B + C) + \cos^2(C + D) + \cos^2(D + B)$$
$$- 2\cos(B + C)\cos(C + D)\cos(D + B) - 1,$$

令 $\alpha = B + C, \beta = C + D, \gamma = D + B$，则

$$f(0) = k + m = \cos^2 \alpha + \cos^2 \beta + \cos^2 \gamma - 2\cos\alpha\cos\beta\cos\gamma - 1$$
$$= (\cos\alpha - \cos\beta\cos\gamma)^2 + \cos^2\beta + \cos^2\gamma - \cos^2\beta\cos^2\gamma - 1$$
$$= (\cos\alpha - \cos\beta\cos\gamma)^2 - \sin^2\beta\sin^2\gamma$$

$$= (\cos\alpha - \cos\beta\cos\gamma + \sin\beta\sin\gamma)(\cos\alpha - \cos\beta\cos\gamma - \sin\beta\sin\gamma)$$

$$= [\cos\alpha - \cos(\beta + \gamma)][\cos\alpha - \cos(\beta - \gamma)]$$

$$= -4\sin\frac{\alpha + \beta + \gamma}{2}\sin\frac{\beta + \gamma - \alpha}{2}\sin\frac{\alpha + \beta - \gamma}{2}\sin\frac{\alpha + \gamma - \beta}{2}.$$

因为 $\alpha + \beta + \gamma = 2(B + C + D) = 2(2\pi - A)$，所以

$$\sin\frac{\alpha + \beta + \gamma}{2} = \sin(2\pi - A) = -\sin A < 0.$$

类似地，

$$\sin\frac{\beta + \gamma - \alpha}{2} > 0, \quad \sin\frac{\alpha + \beta - \gamma}{2} > 0, \quad \sin\frac{\alpha + \gamma - \beta}{2} > 0.$$

故 $f(0) > 0$. 又

$$f(1) = 2k + 2n = 2(k + n)$$

$$= -2[\sin^2(B + C) + \sin^2(C + D) + \sin^2(D + B)$$

$$\quad - 2\sin(B + C)\sin(C + D)\sin(D + B)],$$

令 $x = B + C, y = C + D, t = D + B$，则

$$f(1) = -2(\sin^2 x + \sin^2 y + \sin^2 z - 2\sin x\sin y\sin z)$$

$$= -2[(\sin x - \sin y\sin z)^2 + \sin^2 y + \sin^2 z - \sin^2 y\sin^2 z]$$

$$= -2[(\sin x - \sin y\sin z)^2 + \sin^2 y\cos^2 z + \sin^2 z] \leqslant 0,$$

且

$$\text{当等号成立时} \quad \Leftrightarrow \quad \begin{cases} \sin x = \sin y\sin z \\ \sin y\cos z = 0 \\ \sin z = 0 \end{cases} \quad \Leftrightarrow \quad \sin x = \sin y = \sin z = 0$$

$$\Leftrightarrow \quad \sin(B + C) = \sin(C + D) = \sin(D + B) = 0$$

$$\Leftrightarrow \quad B + C = C + D = D + B = \pi$$

$$\Leftrightarrow \quad A = B = C = D = \frac{\pi}{2}.$$

也即函数 $f(t) = (k - m)t^2 + 2nt + k + m$ 满足 $\begin{cases} k - m < 0 \\ f(0) > 0 \\ f(1) \leqslant 0 \end{cases}$，所以 $f(x) = 0$ 在

$(0, 1]$ 上有一个解. 故勃罗卡角 θ 满足 $0 < \theta \leqslant \frac{\pi}{4}$，等号当且仅当四边形 $ABCD$ 是正方形时成立.

最后，综合上面的讨论，由 $\theta \in \left(0, \frac{\pi}{4}\right]$，结合 (7)、(8)①、(10)，易得以下结论：

> (12) 设凸四边形 $ABCD$ 的四条边为 a, b, c, d，对角线为 x, y，且存在勃罗卡点，则
>
> ① $a^2 + b^2 + c^2 + d^2 \geqslant 4\Delta$，等号当且仅当四边形 $ABCD$ 是正方形时成立；

② $\dfrac{ab}{\sin B}+\dfrac{bc}{\sin C}+\dfrac{cd}{\sin D}+\dfrac{da}{\sin A}\geqslant 4\Delta$，等号当且仅当四边形 $ABCD$ 是正方形时成立；

③ $(a^2+c^2)^2+(b^2+d^2)^2=2x^2y^2\Leftrightarrow$四边形 $ABCD$ 是正方形.

12.2　三角形的 Yff 点

　　Yff(Peter Yff,皮特·伊夫)是美国数学家,根据有关资料,他在勃罗卡点研究领域因提出 Yff 不等式($8\alpha^3\leqslant ABC$,本书 9.2(16)③)而闻名于世.1963 年他将勃罗卡点问题类比到三角形的边上,得到了一些有趣结论,发表在《美国数学月刊》(*Amer. math. monthly*,1963,70:495-501)上.作者手里没有详细资料,只能东拼西凑,根据可以找到的有限的信息,尝试对这个问题做一个简单的尽可能详细的介绍,希望能再现 Yff 对这个问题的类比研究,同时提供给读者继续研究这个问题的一个启发.

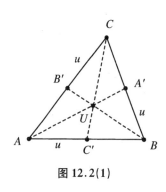

图 12.2(1)

　　Yff 点的定义　在图 12.2(1)中,△ABC 内一点 U 使得 $CB'=AC'=BA'=u$,这样的点叫△ABC 的(正)Yff 点,而 u 称为 Yff 值.

　　显然,在图 12.2(2)中,存在点 U' 使得 $AB'=BC'=CA'=u'$,U'叫负 Yff 点.也就是一个三角形存在两个 Yff 点 U,U'.

　　类比是两个领域的有限对应结果,推知其他,这是一种非常有价值的非逻辑思维,常常是获得数学发现的重要方法.

　　我们看看如何从勃罗卡点类比到 Yff 点.

　　在图 12.2(3)中,存在点 P 使得 $\angle PCA=\angle PAB=\angle PBC=\alpha$,而在图 12.2(1)中,存在点 U 使得 $CB'=AC'=BA'=u$,故可将角 α 类比为 u.于是,前述围绕 α 的勃罗卡点问题可以类比为围绕 u 的问题(当然也不排除图 12.2(1)和图 12.2(2)中自身提出的其他问题).这里将类比重点放在正 Yff 点上.可以进行如下类比思考:

　　① 由点 P 的存在性,推知图 12.2(1)中的点 U 是否存在(相当于 u 存在);

　　② 由 $\alpha\in\left(0,\dfrac{\pi}{6}\right]$,推知 u 的范围;

　　③ 由图 12.2(3)中有两个勃罗卡点,推知图 12.2(1)中存在几个 U;

④ 由图 12.2(3)中两个勃罗卡点的距离,推知图 12.2(1)中两个 U 点的距离;
……

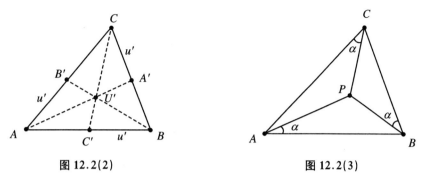

图 12.2(2)　　　　　　　　　　图 12.2(3)

下面尝试依据上面的几个问题,对勃罗卡点与 Yff 点做类比研究.首先,有下列结论:

> **(1)** 对于给定的 $\triangle ABC$,存在符合图 12.2(1)的唯一的点 U,u 也是唯一存在的值.

证明　如图 12.2(1)所示,由于 $\triangle ABC$ 中,AA',BB',CC' 相交于一点 U,因此由 1.5 节塞瓦定理可得 $\dfrac{CB'}{B'A} \cdot \dfrac{AC'}{C'B} \cdot \dfrac{BA'}{A'C} = 1$,即

$$u^3 = (a - u)(b - u)(c - u), \qquad ①$$

亦即

$$2u^3 - (a + b + c)u^2 + (ab + bc + ca)u - abc = 0. \qquad ②$$

为方便起见,记 $\begin{cases} p = a + b + c \\ q = ab + bc + ca \\ r = abc \end{cases}$,则 u 是方程 $2x^3 - px^2 + qx - r = 0$ 的解.

取 $f(x) = 2x^3 - px^2 + qx - r$,则 $f'(x) = 6x^2 - 2px + q$,所以

$$\Delta = 4p^2 - 24q = 4[(a + b + c)^2 - 6(ab + bc + ca)]$$
$$= 4[(a^2 + b^2 + c^2 - 2ab - 2bc - 2ca) - 2ab - 2bc - 2ca].$$

因为 $|a - b| < c$,所以 $a^2 - 2ab + b^2 < c^2$.同理,$b^2 - 2bc + c^2 < a^2$,$c^2 - 2bc + b^2 < a^2$.三式相加,得 $a^2 + b^2 + c^2 < 2ab + 2bc + 2ca$,所以 $\Delta < 0$,则 $f'(x) = 0$ 没有实数根.由此可知 $f'(x) > 0$,即 $f(x)$ 是增函数,如图 12.2(4)所示.又 $f(0) = -r < 0$,所以 $f(x) = 0$ 有唯一正数解.这就证明了结论(1).

同样对于满足图 12.2(2)的负 Yff 点,有 $\dfrac{b - u}{u} \cdot \dfrac{c - u}{u} \cdot \dfrac{a - u}{u} = 1$,此即方程 ①,可见两个 Yff 点对应的 Yff 值相等,这与三角形的两个勃罗卡点对应的勃罗卡角相等一致.

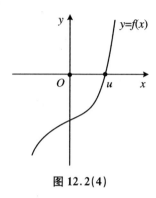

图 12.2(4)

于是得出以下结论：

（2）对于给定的三角形，存在两个 Yff 点，其对应的两个 Yff 值相等．

因为 $u < \min\{a, b, c\}$，所以 $a - u > 0, b - u > 0, c - u > 0$，根据 1.1(6)① 知 $\dfrac{a + b + c}{3} \geqslant \sqrt[3]{abc}$，结合式①，由三个数的平均不等式得

$$u^3 = (a - u)(b - u)(c - u) \leqslant \left(\frac{a - u + b - u + c - u}{3} \right)^3,$$

所以

$$6u \leqslant a + b + c \iff 3u \leqslant \frac{a + b + c}{2} = p,$$

即 $0 < u \leqslant \dfrac{p}{3}$，这里的 p 是三角形的半周长．

这个结论与勃罗卡角的范围 $0 < \alpha \leqslant \dfrac{\pi}{3}$ 有惊人的相似性．而当 $u = \dfrac{p}{3}$ 时，$a - u = b - u = c - u$，即 $a = b = c$，此时 $u = \dfrac{a}{2}$，所以 Yff 点 U 是 $\triangle ABC$ 的中心．

于是得到下述结论：

（3）对于给定的 $\triangle ABC$，其半周长为 p，则 $0 < u \leqslant \dfrac{p}{3}$，等号当且仅当 $\triangle ABC$ 是正三角形时成立，此时 $u = \dfrac{a}{2}$，所以 Yff 点 U 是正 $\triangle ABC$ 的中心．

（4）在图 12.2(5) 中，U 为 $\triangle ABC$ 的 Yff 点，$\triangle A'B'C'$ 是第一 Yff 三角形，其面积为 Δ'，则 $\Delta' = \dfrac{u^3}{2R}$，其中 R 是 $\triangle ABC$ 的外接圆半径．

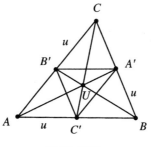

图 12.2(5)

证明　如图 12.2(5)所示,$\triangle AB'C'$,$\triangle BC'A'$,$\triangle CA'B'$ 的面积分别是 Δ_1,Δ_2,Δ_3,则

$$\Delta_1 + \Delta_2 + \Delta_3 = \frac{1}{2}u(b-u)\sin A + \frac{1}{2}u(c-u)\sin B + \frac{1}{2}u(a-u)\sin C$$

$$= \frac{1}{2}u\left[(b-u)\cdot\frac{a}{2R} + (c-u)\cdot\frac{b}{2R} + (a-u)\cdot\frac{c}{2R}\right].$$

注意到式②,$2u^3 - (a+b+c)u^2 + (ab+bc+ca)u - abc = 0$,所以

$$\Delta_1 + \Delta_2 + \Delta_3 = \frac{1}{2}\cdot\frac{1}{2R}\left[(ab+bc+ca)u - (a+b+c)u^2\right]$$

$$= \frac{1}{4R}(abc - 2u^3),$$

则

$$\Delta' = \Delta - (\Delta_1 + \Delta_2 + \Delta_3) = \frac{abc}{4R} - \frac{1}{4R}(abc - 2u^3) = \frac{u^3}{2R}.$$

由于在内接于 $\triangle ABC$ 三边的 $\triangle A'B'C'$ 中,$\dfrac{\Delta'}{\Delta} \leqslant \dfrac{1}{4}$,因此由上述(4)可得以下结论:

> (5) 设 u 是 $\triangle ABC$ 的 Yff 值,R 为 $\triangle ABC$ 的外接圆半径,Δ 为 $\triangle ABC$ 的面积,则 $2u^3 \leqslant R\Delta$.

最后,我们给出一个非常有意思的结论,这个结论是关于两个 Yff 点 U,U' 的.

> (6) 设 $\triangle ABC$ 的两个 Yff 点为 U,U',$\triangle ABC$ 的内切圆圆心为 I,外接圆半径为 R,O 为外心,面积为 Δ,则 $UU' \perp IO$,且 $UU' = \dfrac{4u\Delta \cdot IO}{u^3 + abc}$.

作者手中资料有限,只是在有关资料上知道了这个结果,却不知道 Yff 是如何证明的,剩下的只有惊叹其简洁与优雅.

不过作者有两个思路,或许可以尝试证明这个结果(证明中可能会用到 $IO^2 = R^2 - 2Rr$).

思路 1 如图 12.2(6)所示,建立平面直角坐标系,将 AB 边对称放置在 x 轴上,这时候 $\triangle ABC$ 的三个顶点不难求出,其中 $C(b\cos A, b\sin A)$.然后,求出直线 AA',BB' 的方程,从而可以求出点 U 的坐标.同理,求出点 U' 的坐标,以及外心、内心的坐标.接下来,读者应该知道要干什么了.

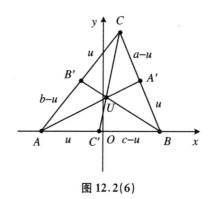

图 12.2(6)

思路 2 用面积坐标.首先,求出点 U,U' 的面积坐标.然后,用面积坐标的距离公式去证明.

实际上,由梅涅劳斯定理不难求出 $\dfrac{CU}{UC'}$,从而可以求出 $\triangle ABU$ 与 $\triangle ABC$ 的面积比,等等.

在以上运算中,$u^3 = (a - u)(b - u)(c - u)$ 以及 $2u^3 - (a + b + c)u^2 + (ab + bc + ca)u - abc = 0$ 的化简是必不可少的.有兴趣的读者可以继续探讨.

参 考 文 献

［ 1 ］ 徐鉴堂.勃罗卡点与勃罗卡角的几个计算公式[J].安顺师专学报(自然科学版),1994(2)：
43-47.

［ 2 ］ 司徒筱芬.勃罗卡点的两个新性质[J].中学数学研究,2006(3)：19-20.

［ 3 ］ 吴嘉程.关于勃罗卡角的几个计算公式[J].苏州市职业大学学报,2007,18(4)：99-100.

［ 4 ］ 王明建.三角形旁心与外心、重心与勃罗卡点到各边距离之和的两个不等式[J].中学数
学研究,2001(11)：17-18.

［ 5 ］ 吴嘉程.三角形勃罗卡点和重心的形似貌合及妙用[J].中学数学月刊,2008(6)：27-28.

［ 6 ］ 李有毅,胡明生.关于布罗卡点的存在性[J].中学数学教学,1993(3)：5-6.

［ 7 ］ 饶克勇.三角形五心线的统一参数公式及性质[J].昭通师专学报(自然科学版),1995,17
(3)：43-50.

［ 8 ］ 孙凤军,李双成.与勃罗卡点相关的几个命题推广[J].兵团教育学院学报,1999,9(2)：
63-64.

［ 9 ］ 陈胜利.Brocard 点的一个有趣性质[J].中等数学,1999(1)：22.

［10］ 张赟.关于勃罗卡点的两个命题[J].中等数学,1999(5)：21-23.

［11］ 沈建平.勃罗卡点的一个计算公式[J].数学通报,1993(3)：23-24.

［12］ 丁介平.勃罗卡角的计算公式[J].数学通报,2000(5)：23-26.

［13］ 屠新民,赵振华.布勃卡角在圆内接四边形中的推广[J].中等数学,1997(2)：19.

［14］ 熊曾润.关于多边形 Brocard 点的一个性质:对文[1]的注记[J].中学数学,2006(4)：28.

［15］ 续铁权.与费马问题相关的几何不等式[J].数学通讯,1995(7)：14-17.

［16］ 陈松凯,郑少锋.四边形内勃罗卡点的充要条件[J].漳州师院学报(自然科学版),1995
(4)：54-56,119.

［17］ 苗大文.关于勃罗卡点的两个命题[J].数学通讯,1998(2)：33.

［18］ 姜卫东,华云.关于 Brocard 和的上下界估计[J].中等数学,1997(6)：21.

［19］ 吴跃生.《三角形特殊点的一般坐标公式》一文的注记[J].数学通讯,1999(5)：23-24.

［20］ 沈建平.勃罗卡角的作图[J].中学数学(苏州),1990(11).

［21］ 谢培珍.勃罗卡角问题的几种证法[J].中学数学(苏州),1990(2).

［22］ 梁绍鸿.初等数学复习及研究(平面几何)[M].北京:人民教育出版社,1958.

［23］ 龙敏信.与勃罗卡点(角)相关的几个命题[J].中学数学(苏州),1994(10)：20-21.

［24］ 张永召.关于勃罗卡角、点的两个关系式[J].中学数学教学参考,1997(6)：43.

［25］ 吴崇兵,汪小玉.关于勃罗卡点与勃罗卡角[J].数学通讯,1993(12).

［26］ 王雨友.关于布洛卡点的几个充要条件[J].福建中学数学,1995(1).

［27］ 傅华,孙四周.一个欧拉定理的推广及应用[J].中学数学,2004(4)：44-45.

[28] 张云.双圆四边形勃罗卡点的一个性质[J].中学数学,2005(7):40.

[29] 黄书绅.勃罗卡点到三角形三顶点的距离公式[J].中学数学(苏州),1994(2):37-38.

[30] 魏春强.勃罗卡点到三顶点及三边的距离公式[J].陕西教育学院学报,1998(4):71.

[31] 沈建平.勃罗卡角作图[J].中学数学(苏州),1990(4).

[32] 沈建平.关于勃罗卡角的一个不等式[J].中学数学,1992(1):32-33.

[33] 苗大文.四边形的勃罗卡角范围[J].中学数学杂志,2018(9):62-63.

[34] 董军,宋志敏.四边形内勃罗卡角的几个计算公式[J].中学数学杂志,2013(9):27.

[35] 宋志敏,吴灵霞.凸四边形内勃罗卡角的一个计算公式[J].中学数学杂志,2012(1):33.

[36] 杨世明.三角形趣谈[M].哈尔滨:哈尔滨工业大学出版社,2012.

[37] 约翰逊.近代欧氏几何学[M].单墫,译.哈尔滨:哈尔滨工业大学出版社,2012.

[38] 沈文选,杨清桃.几何瑰宝(上、下)[M].哈尔滨:哈尔滨工业大学出版社,2010.

[39] 董林.关于勃罗卡点的基本结论及若干推论[J].数学通讯,2016(24):42-44.

[40] 唐立华.关于Brocard角的Yff的猜想[J].中学数学(湖北),1994(9):30-32.

[41] 邓洲恒,吴康.旁心三角形的性质赏析[J].中学数学研究,2015(3):46-47.

[42] 黄全福.关于布洛卡点的几个结论[J].中等数学,2015(1):17-20.

[43] 陈明.关于勃罗卡角的一个有趣问题[J].中学数学(湖北),1995(4):36.

[44] 刘南山.三角形中勃罗卡点到三顶点距离的几个不等式[J].中学数学研究,2014(9):21-22.

[45] 黄海波.一道预赛题的背景揭示与研讨[J].数学通讯,2015(19):35-36.

[46] 陈清,钟建新.对数学问题2251号的探究[J].数学通报,2018,57(3):44-45.

[47] 渠怀莲.探究三角形"四心"到三边距离的等量关系[J].中学数学教学,2012(6):23-24.

[48] 黄海波,苗大文.2019年安徽省中考数学第23题拓展研究[J].数学通讯,2020(13):36-38,42.

[49] 胡炳生.布罗卡和布罗卡问题[J].中学数学教学,1993(4):36-38.

[50] 樊秀珍.关于等腰直角三角形中的一个特殊点——一道几何题解法的探讨[J].数学通报,1991(11):39-41.

[51] 黄书绅.关于三角形中的一个特殊点[J].数学通报,1994(02):24-25.

[52] 杨学枝.平面凸四边形的一个恒等式[J].中学数学杂志,2011(5):23-24.

[53] Guggenbuhl L. Henri Brocard and the geometry of the triangle[J]. Math. Gazette,1996,80:492-500.

[54] Honsberger R. Episodes in Nineteenth and Twentieth Century Euclidean Geometry[M]. Washington. D. C. :Math. Assoc. America,1995:101-106.

[55] Mitrinović D S,Pečarić J E,Volenec V. Recent advances in geometric inequalities[J]. Kluwer Acad. Publ,1989:977-980.

[56] Stroeker R J, Hoogland H J T. Brocardian geometry revisited or some remarkable Inequalities[J]. Nieuw Arch. Wisk,1984,2(4):281-310.

[57] Abi-Khuzam F. Proof of Yff's conjecture on the Brocard angle of a triangle[J]. Elem. Math. ,1974,29:141-142.

[58] Abi-Khuzam F F,Boghossian A B. Some recent geometric inequalities[J]. Amer. Math. Monthly,1989,96(7):576-589.

[59] Klamkin M S, Newman D J. Cyclic Pursuit or "the Three Bugs Problem"[J]. Amer. Math. Monthly, 1971, 78(6):631-639.

[60] Kimberling C. Central points and central lines in the plane of a triangle[J]. Math. Mag. , 1994, 67:163-187.

[61] Sastry K R S. Brocard Point and Euler Function[J]. Mathematics and Computer Education, 2007, 41(1):6-11.

[62] Benisrael A, Foldes S. Complementary halfspaces and trigonometric Ceva-Brocard inequalities for polygons[J]. Math. Ineq. Appl. , 1999, 2(2):307-316.

[63] Kimberling C. Triangle centers as function[J]. Rocky Mountain J. Math. , 1993, 23(4): 1269-1286.

[64] Shail R. Some Properties of Brocard Points[J]. The Mathematical Gazette, 1996, 80 (489):485-491.

[65] Peter Y. An Analogue of the Brocard points[J]. Amer. Math. Monthly, 1963, 70(5): 495-501.

[66] Guggenbuhl L. Henri Brocard and the Geometry of the Triangle[J]. Math. Gazette, 1953, 37(322):241-243.